고졸 검정고시

핵심이론 + 기출문제 + 기출동형 모의고사

한국사

고졸검정고시 [한국사]

핵심이론 + 기출문제 + 기출동형 모의고사

초판 인쇄	2026년 3월 26일
초판 발행	2026년 3월 30일

편 저 자 | 교육개발팀

발 행 처 | ㈜서원각

등록번호 | 1999-1A-107호

주　　소 | 경기도 고양시 일산서구 덕산로 88-45(가좌동)

교재주문 | 031-923-2051

팩　　스 | 031-923-3815

교재문의 | 카카오톡 플러스 친구[서원각]

홈페이지 | goseowon.com

고등학교 졸업 검정고시는 각 시·도교육청이 주관하여 매년 2회 실시되는 국가고사로, 고등학교를 졸업한 사람과 동등한 학력을 인정받을 기회를 제공하는 시험입니다.

응시과목은 6개의 필수 과목(국어, 수학, 영어, 사회, 과학, 한국사)과 1개의 선택 과목(도덕, 기술·가정, 체육, 음악, 미술 택1)으로 총 7개입니다. 모든 과목은 2015년 개정 교육과정에 따른 내용으로 출제됩니다. 시험은 각 과목을 100점 만점으로 하여 전 과목 평균 점수를 60점 이상 취득하였을 때 합격 처리됩니다.

본서는 2026년 고졸 검정고시 한국사 과목을 준비하기 위한 교재입니다. 실제 시험에서의 출제 경향과 핵심 이론, 2021~2025년까지의 기출문제와 해설을 수록하여 개념 점검과 문제 풀이를 동시에 할 수 있습니다.

[교재 활용 방법]

1. 실제 시험에서 주로 출제되는 문제의 유형이 무엇인지 출제 경향을 통해 파악한다.
2. 출제 경향과 함께 수록된 핵심 이론을 익힌다.
3. 5개년 기출문제를 풀어보며 학습을 점검한다.
4. 해설을 활용하여 오답을 확인하고, 틀린 문제를 위주로 개념을 다시 복습한다.
5. 기출동형 모의고사를 풀어 보고 오답 점검을 하며 최종적으로 마무리한다.

목표를 가지고 나아가는 사람만큼 아름다운 이는 없습니다. 수험생 여러분의 꿈이 날개를 달고 훨훨 날아갈 수 있도록 서원각이 응원하겠습니다.

핵심 이론

+ 최신 출제 경향과 이를 바탕으로 한 핵심 개념을 수록하였습니다.

+ 효율적이고 확실하게 시험을 준비해보세요.

5개년 기출문제

+ 5개년(2021 ~ 2025년) 총 10회의 기출문제와 쉽게 확인하고 이해할 수 있는 정답 및 해설을 수록하였습니다.

+ 열심히 익힌 개념을 점검해 보세요.

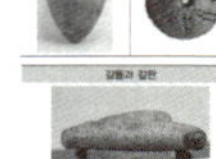

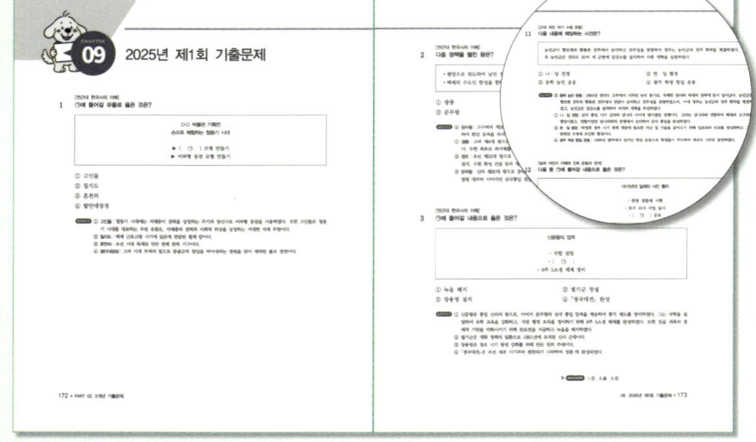

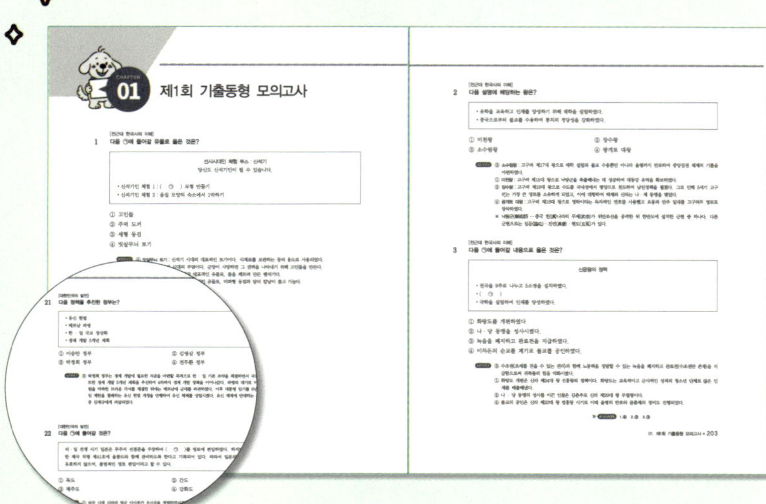

기출동형 모의고사

+ 가장 최근 시험에서 자주 등장한 개념을 바탕으로 만들어진 모의고사 2회분을 수록하였습니다.

+ 한층 올라간 난도의 모의고사를 실제 시험처럼 풀어 보세요.

이 책의 차례

고졸 검정고시 한국사
- 문항 수 : 25문항
- 시험 시간 : 30분
- 문항 형식 및 배점 : 객관식 4지 택1, 1문항당 4점

고졸 검정고시 [한국사] 총평

- 한국사 전체가 시험 범위이기 때문에 공부해야 할 내용이 방대한 편입니다. 그러나 각 시대별로 할당되는 비중이 다르므로 출제 경향을 확인한 뒤 출제 비중이 높은 부분에 조금 더 시간을 투자하는 것이 효과적인 방법입니다.

- 전근대 한국사 챕터에서는 주로 고려와 조선 시대 내용이 높은 비중을 차지하는 편이며, 선사 시대 관련 문항은 한 문제 정도만 출제되는 편입니다. 선사 시대 문제는 크게 어렵지 않은 유형이므로 해당 시대의 특징적인 부분과 몇몇 유물들을 중심으로 익혀 둔다면 확정적으로 맞힐 수 있습니다.

- 일제 식민지 지배와 민족 운동의 전개, 대한민국의 발전 챕터의 문항은 시험에서 큰 비중으로 출제됩니다. 두 챕터는 헷갈리는 내용이 많을뿐더러 생소한 단어도 종종 등장하므로 주의를 기울여 학습하는 것이 좋습니다.

- 검정고시 시험은 국어, 수학, 영어를 제외하고는 모두 30분씩 치러집니다. 그러니 시간 분배를 잘하여 촉박하지 않게 마무리할 수 있는 연습이 필요합니다.

챕터별 문항수

챕터	2021년 1회	2021년 2회	2022년 1회	2022년 2회	2023년 1회	2023년 2회	2024년 1회	2024년 2회	2025년 1회	2025년 2회
전근대 한국사	13문항	13문항	6문항	7문항	10문항	6문항	6문항	7문항	7문항	7문항
근대 국민 국가 수립 운동	5문항	4문항	6문항	5문항	3문항	6문항	6문항	7문항	5문항	6문항
일제 식민지 지배와 민족 운동의 전개	4문항	5문항	6문항	7문항	6문항	6문항	5문항	5문항	7문항	7문항
대한민국의 발전	3문항	3문항	7문항	6문항	6문항	7문항	8문항	6문항	6문항	5문항

난이도 ★★☆ **전근대 한국사**	내용 자체의 어려움보다도 방대한 범위 때문에 학습에 어려움을 느낄 수 있는 챕터입니다. 그에 따라 출제 문항수도 매년 일정한 비중으로 유지되지만, <u>범위가 넓은 만큼 어려운 문항이 출제되는 편은 아닙니다.</u> 또한 유물과 관련된 문제도 두세 개 정도 출제됩니다. 인내를 갖고 중도 포기하지 않는 것이 중요합니다.
난이도 ★★☆ **근대 국민 국가 수립 운동**	근대의 여러 사건들과 주요 인물·단체가 등장함에 따라 급격히 어려워졌다는 인상을 받을 수 있는 챕터입니다. <u>근대사의 중요 내용인 일제 강점기로 이어지는 내용이기 때문에 꼼꼼히 학습하는 것이 필요합니다. 대한 제국을 둘러싼 열강들의 패권 다툼을 중심으로 역사의 흐름을 이해하는 것이 도움이 될 것입니다.</u>
난이도 ★★★ **일제 식민지 지배와 민족 운동의 전개**	근대사의 핵심이라고 할 수 있는 챕터입니다. 일제의 식민지 통치 방식, 독립 운동가, 대한민국 임시 정부를 비롯한 다양한 독립 운동 단체의 활동 내용이 주를 이룹니다. 여러 인물과 단체가 등장하고 <u>바뀌는 일제의 통치 방식에 따라 독립 운동 활동 방식에도 변화가 생기므로 이 점에 유의하여 학습</u>한다면 헷갈리지 않을 것입니다.
난이도 ★★★ **대한민국의 발전**	오늘날의 대한민국이 있기까지 어떤 사건들이 있었는지를 알 수 있는 챕터입니다. 현재와 연관이 깊은 만큼 시험에서도 꽤 큰 비중으로 다뤄집니다. <u>광주 5·18 운동, 6월 민주 항쟁 등 민주화 운동 관련 내용과 역대 대통령들의 정부 시기에 어떤 사건과 정책이 있었는지를 묻는 문항 등은 고정적으로 출제된다고 보아도 무방합니다. 또한 6·25 전쟁의 전개, 대한민국이 단독 정부를 수립하기까지 어떤 과정을 거쳤는지도 자주 출제되는 편입니다.</u>

PART 01

핵심 이론

시험 출제경향

■ 5개년 출제 경향

전근대 한국사의 경우 선사 시대부터 조선 시대까지 방대한 범위의 내용을 담고 있습니다. 그렇지만 실제 시험에서는 주로 출제되는 시대들이 존재합니다. 선사 시대 관련 문항의 경우 한 회에 한 문제 정도가 출제되는 편이며, 고려와 조선 시대 관련 문항이 비중 있게 출제되었습니다. 특정 인물의 설명을 보기로 제시하고 누구인지 묻는 유형, 유물에 대한 설명을 보기로 제시하고 어떤 유물인지 고르는 유형, 그림 속 인물 간의 대화 등을 통해 역사적 사건을 추론하는 유형 등이 고정적으로 등장합니다. 이는 시대별 주요 사건과 관련된 인물에 대한 지식을 종합적으로 평가하는 문항들이라고 할 수 있습니다.

■ 학습 팁

1. 시간의 흐름에 따라 주요 사건 파악하기

시간의 순서에 따른 전개를 알고 있어야 사건의 발생원인 · 경과 · 결과를 온전히 이해하고 암기할 수 있습니다. '태조 이성계가 조선을 건국하였다.'라는 단편적인 사실만 알고 있다면 문제 풀이가 쉽지 않을 것이며, 사건의 선후 관계를 종합적으로 익히는 것이 중요합니다.

2. 각 시대의 정치 체제 익히기

삼국 시대, 고려 시대, 조선 시대 등과 관련된 문항 중 중앙 정치 체제 혹은 지방 행정 체제를 묻는 문제가 더러 출제됩니다. 따라서 각 시대별 · 국가별로 어떤 정치 체제를 선택하여 운영했는지 암기하고 있어야 합니다. 특히 고려의 경우 당나라의 중앙 정치 체제인 3성 6부 제도를 고려 실정에 맞게 변형하여 2성 6부로 변형하여 운영하였다는 점도 기억하고 있는 것이 유리합니다.

---

1 선사 시대(先史時代)

※ **선사시대** … 역사 이전의 시대라는 뜻으로 문헌 자료가 남아있지 않은 석기 시대와 청동기 시대를 가리킨다.

01 │ 석기 시대(石器時代)

(1) 구석기 시대(舊石器時代)

① 구석기 시대의 생활 방식

　㉠ 이동 생활 : 구석기 시대 사람들은 무리를 지어 다니며 한곳에 계속 머물지 않고 이동 생활을 하였다.

　㉡ 먹을 것을 찾아 이동하며 비와 추위를 피할 수 있는 동굴에서 생활하거나, 강변에 막집을 짓고 살았다.

　㉢ 주로 동물을 사냥하거나 나무 열매를 채집하여 식량을 구하였다.

　※ **막집** … 나뭇잎이나 줄기를 엮어 간단하게 지은 집이다.

② 구석기 시대의 사회와 예술

　㉠ 계급이 없는 평등 사회였으며, 무리를 이끄는 지도자는 연장자 혹은 지혜가 뛰어난 사람일 뿐 권력적으로 우위에 있지 않았다.

　㉡ 동굴 벽에 동물 그림(어미와 새끼가 함께 있는 그림 등)을 그리거나 동물 조각을 만들기도 하였다. 이는 풍요와 다산을 기원하는 주술적인 신앙과 관련이 있다고 볼 수 있다.

③ 구석기 시대의 도구

　㉠ 주로 돌을 깨어 만든 뗀석기 또는 동물의 뼈 등
　　으로 만드는 뼈도구를 사용하였다.

　㉡ 구석기 시대의 대표적인 유물

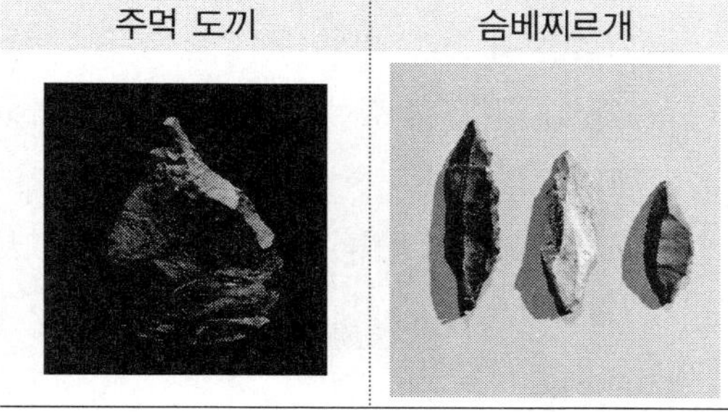

주먹 도끼	슴베찌르개

(2) 신석기 시대(新石器時代)

① 신석기 시대의 생활 방식

　㉠ 신석기 시대 초반에는 구석기 시대와 같이 사냥
　　과 채집을 하며 식량을 확보하였으며, 점차 가
　　축을 기르고 작물을 재배하였다.

　㉡ 정착 생활 : 농사와 목축을 하게 되면서 한곳에
　　움집 등을 짓고 살기 시작하였다.

② 신석기 시대의 사회와 예술

　㉠ 정착 생활이 시작되면서 부족 사회가 형성되었
　　다. 부족의 기본적 단위는 씨족(혈연관계에 의
　　한 집단)이었다.

　㉡ 부족 사회이긴 하나, 부족의 지도자는 대표자일
　　뿐 지배자가 아니었으므로 구석기와 마찬가지로
　　계급은 발생하지 않았다.

　㉢ 신앙의 발달

　　• 애니미즘 : 물이나 태양 같은 자연물, 번개와 바
　　　람 등의 자연현상에 영혼이 깃들어 있다고 보고
　　　숭배하는 신앙이다.

　　• 토테미즘 : 동·식물을 씨족의 기원이라고 믿으
　　　며 숭배하는 신앙이다. 단군 신화의 곰 부족과
　　　호랑이 부족이 대표적이다.

　　• 샤머니즘 : 영혼과 같은 초자연적 존재와 교류하
　　　여 점을 치거나 영혼과 인간의 사이를 매개하는
　　　등의 행위를 하는 주술사의 존재를 인정하는 원
　　　시 종교이다.

③ 신석기 시대의 도구

　㉠ 주로 돌을 갈아 만든 간석기를 사용하였다. 또
　　한 식량을 저장하거나 조리하는 용도로 토기를
　　제작하여 사용하였다.

　㉡ 신석기 시대의 대표적인 유물

빗살무늬 토기	가락바퀴

갈돌과 갈판

02 │ 청동기 시대(靑銅器時代)

(1) 청동기 시대의 생활과 계급의 발생

① 돌을 부수거나 갈아서 만드는 도구가 아닌 금속을
　녹여 만드는 청동기가 사용되기 시작하였다.

　㉠ 농기구 제작에는 여전히 석기를 사용하였고, 청
　　동기는 주로 무기 혹은 장신구를 제작하는 데
　　사용되었다.

　㉡ 청동으로 만든 무기는 부족 간의 전쟁을 유발하였다.

② 신석기 시대에 시작된 농업이 청동기 시대에 이르러 벼농사로 발전하고, 잉여 생산물이 발생하였다.

- ㉠ 사유 재산의 발생 : 농업의 발전으로 생산되는 식량이 늘어남에 따라 식량의 여유분이 생겼고, 이것이 사유 재산이 되었다.
- ㉡ 계급의 발생 : 사유 재산으로 인해 빈부 격차가 생기고 청동 무기의 사용으로 부족 간의 싸움이 활발해지면서 평등했던 사회가 붕괴되고 지배자(군장)가 나타났다.
  - 지배 계급의 사람이 죽으면 권력을 나타내기 위해 고인돌을 만들어 매장하였다.
  - 제정일치 사회 : 군장은 부족을 이끄는 족장이자, 제사를 주관하는 제사장이기도 했다.

④ 청동기 시대의 대표적인 유물

비파형 동검	고인돌

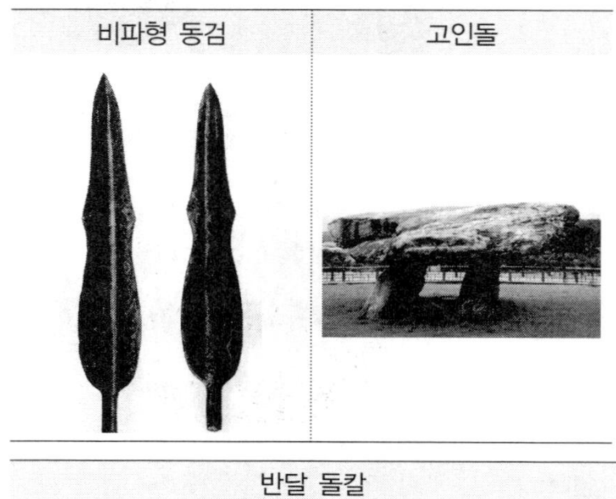

반달 돌칼

(2) 고조선(古朝鮮)

① 단군 조선

- ㉠ 우리나라 최초의 국가로 청동기 문화를 바탕으로 발전하였다.
- ㉡ 고려 시대 승려 일연이 집필한 역사서 「삼국유사」에서 고조선의 건국 신화를 찾아볼 수 있다.
- ㉢ 고조선의 대표적인 유물인 비파형 동검과 고인돌의 출토 범위를 추적하면 고조선의 영향력 범위를 파악할 수 있다.

② 위만 조선

- ㉠ 중국의 진·한(秦·漢) 교체기의 혼란을 피해 고조선으로 넘어온 위만(衛滿)이 당시 고조선의 왕이었던 준왕(準王)을 몰아내고 왕위를 차지하면서 성립되었다.
- ㉡ 중국의 한(漢)과 한반도 남부 국가 사이에서 중계 무역을 통해 이익을 얻으며 번성하였다.
- ㉢ 한나라 무제(武帝)의 침입으로 왕검성이 함락당하고 멸망하였다(기원전 108년). 위만 조선의 멸망 이후 한나라의 군현이 설치되었다.

※ 고조선의 8조법(현재는 3조만 전해진다)
  ㉠ 사람을 죽인 자는 즉시 사형에 처한다.
  ㉡ 남을 다치게 한 자는 곡물로 배상한다.
  ㉢ 남의 물건을 훔친 자는 노비로 삼는다.

01 | 여러 나라의 성장

(1) 부여

① 만주 송화강 유역의 평야 지대에 세워진 나라이다.

② 마가(馬加)·우가(牛加)·저가(豬加)·구가(狗加)라고 하는 부족장들이 사출도(四出道)를 관할하고 중앙을 국왕이 다스리는 '연맹 왕국'의 형태였다.

③ 왕이 죽으면 껴묻거리를 비롯해 왕을 따르던 신하 등을 함께 매장하는 순장이 존재했다.

④ 12월마다 제천 행사 '영고(迎鼓)'를 열었다.

⑤ 5세기 무렵 고구려에 통합되었다.

　※ **껴묻거리** … 시체와 함께 묻는 물건이다.
　※ **제천 행사** … 풍요를 기원하여 하늘에 지내는 제사를 말한다.

(2) 고구려

① 부여 출신의 주몽이 졸본 지역에 건국한 나라이다.

② 5개의 부족(계루부·소노부·절노부·관노부·순노부)이 연맹하여 성립된 '연맹 왕국'의 형태였다.

③ 남편이 처가에서 지내며 한동안 노동력을 제공하다가 자식을 낳아 그 자식이 성장하면 본래의 집으로 돌아가는 '서옥제'가 결혼 풍습이었다.

④ 10월마다 제천 행사 '동맹(東盟)'을 열었다.

(3) 옥저와 동예

① 동해안 지역에서 성장한 나라들이다.

② 왕이 존재하지 않았고, '읍군'과 '삼로'라는 군장이 다스렸다.

③ 옥저에는 10세 정도의 여자 아이를 예비 신랑의 집안이 데려와 키운 뒤 아이가 성장하면 여자의 집에 예물을 주고 정식으로 혼인하는 '민며느리제'가 있었다.

④ 동예의 풍습

　㉠ 족외혼 : 같은 씨족 간 혼인하지 않는 풍습이다.

　㉡ 책화(責禍) : 다른 부족의 영역을 침범했을 시 소나 말로 배상하는 풍습이다.

　㉢ 10월마다 '무천(舞天)'이라는 제천 행사를 열었다.

(4) 삼한(마한·진한·변한)

① 한반도 남부에서 성장한 나라들이다.

② 삼한 안의 소국들을 다스리는 군장을 신지, 읍차 등으로 불렀다.

③ 마한 목지국의 군장이 삼한을 대표하였다.

④ 제정 분리 사회

　㉠ '천군'이라고 불리는 제사장이 '소도'라는 지역을 관할하였다.

　㉡ 소도는 천군이 제사 의식을 진행하는 공간이었으며, 도망자가 숨어도 함부로 찾을 수 없었다.

⑤ 벼농사의 발달로 1년에 두 번, 5월과 10월마다 제천 행사를 열었다.

02 | 고대 국가

(1) 중앙 집권 국가로의 발전

① 왕위를 아들이 세습하게 되고, 기존의 군장 세력은 독자적인 힘이 줄어들면서 왕권이 강화되었다.

② 활발한 정복 전쟁을 통해 큰 영토를 보유하게 되었다.

③ 율령의 반포로 사회 질서를 유지하였다.

④ 중국으로부터 불교를 수용하여 백성들을 통합하고 국왕의 통치권에 정당성을 부여하였다.

　※ **율령** … 법률을 뜻하는 말로 범죄에 대한 처벌 규정과 제도나 행정에 관한 규정을 총칭한다.

(2) 고구려

① 태조왕(6대 왕, 재위 53 ~ 146년)

  ㉠ 동해안의 옥저를 복속시키고 요동 지역으로 진출하였다.

  ㉡ 계루부 고 씨의 왕위 세습권을 확립하였다.

  → 왕권의 강화

  ※ **계루부(桂婁部)** ··· 초기 고구려를 구성한 5개의 부족 중 하나이다.

② 고국천왕(9대 왕, 재위 179 ~ 197년)

  ㉠ 수도와 지방을 5개의 부로 나누었다.

  ㉡ 식량이 부족한 봄에 곡식을 빌려주고 수확을 하는 가을에 갚게 하는 진대법을 실시하였다.

③ 미천왕(15대 왕, 재위 300 ~ 330년) : 낙랑군을 멸망시켜 중국 세력을 축출하였다.

④ 고국원왕(16대 왕, 재위 331 ~ 371년)

  ㉠ 선비족이 세운 국가인 전연(前燕)의 침입을 받아 수도가 함락되었다.

  ㉡ 고국원왕은 백제 근초고왕의 공격을 받아 전사하였다.

⑤ 소수림왕(17대 왕, 재위 371 ~ 384년)

  ㉠ 고국원왕 대의 위기를 극복하고, 국가 체제를 정비하여 중앙 집권 국가로의 기틀을 다졌다.

  ㉡ 중국의 전진(前秦)으로부터 불교를 수용하였다.

  ㉢ 유학 교육과 인재 양성을 위해 태학을 설립하였다.

  ㉣ 율령을 반포하여 통치의 근간을 마련하였다.

⑥ 광개토 대왕(19대 왕, 재위 391 ~ 413년)

  ㉠ 후연(後燕)을 공격하여 요동 지역을 장악하였다.

  ㉡ 백제를 공격하여 한강 이북 지역을 차지하였다.

  ㉢ 신라에 침입한 왜(倭)를 격퇴함으로써 신라에 대한 영향력을 강화하였다.

  ㉣ 영락(永樂)이라는 독자적인 연호를 사용하였다.

※ **연호** ··· 국왕이 자신의 치세 연차에 붙이는 이름이다. 중국에서 처음 시작되었다.

⑦ 장수왕(20대 왕, 재위 143 ~ 490년)

  ㉠ 중국의 남조(南朝)와 북위(北魏) 양측과 외교적으로 우호 관계를 맺었다.

  ㉡ 수도를 국내성에서 평양으로 옮겼다.

  ㉢ 남진 정책(南進政策)을 추진하여 신라와 백제를 압박하였다.

  → 신라와 백제는 나·제 동맹을 맺어 고구려를 견제하였다(433년, 백제의 비유왕과 신라의 눌지왕).

※ **전성기 고구려의 영토와 광개토대왕릉비**
  ㉠ 5세기는 고구려의 전성기로 가장 큰 영토를 차지하고 있었다.
  ㉡ 장수왕은 고구려 전성기의 기틀을 마련한 광개토 대왕의 업적을 기리기 위해 광개토대왕릉비를 세웠다.

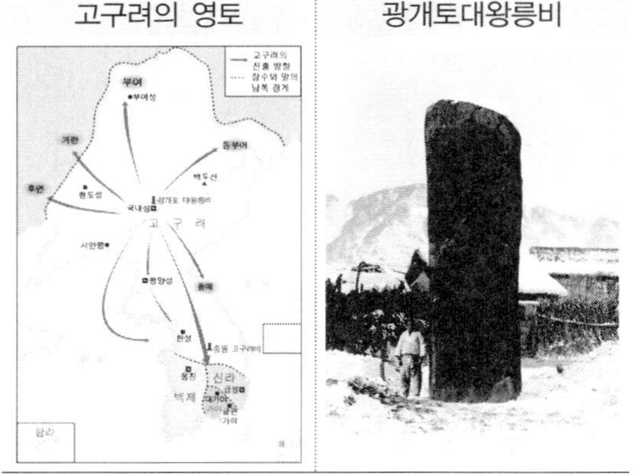

(2) 백제

① 삼한 중 마한의 소국에서 출발하여, 한강의 토착 세력과 부여 및 고구려에서 온 세력이 함께 건국하였다.

② 고이왕(8대 왕, 재위 234 ~ 286년)

  ㉠ 한강 일대 지역 대부분을 차지하였다.

  ㉡ 관리의 등급을 나누고, 등급에 따른 복색을 정하였다.

③ **근초고왕**(13대 왕, 재위 346 ~ 375년)

   ㉠ 마한의 남은 소국들을 점령하여 남해안까지 진출하였다.

   ㉡ 북쪽의 고구려를 공격하여 황해도 일대까지 진출하고, 고구려의 고국원왕을 전사시켰다.

   ㉢ 중국의 동진(東晉)과 왜(倭)와 교류하였다.

   ※ **전성기 백제의 영토와 칠지도**

      ㉠ 4세기 후반은 백제의 전성기라고 할 수 있는 만큼 넓어진 영토를 바탕으로 주변국과 활발히 교류하는 모습이 나타난다.

      ㉡ 칠지도는 백제가 왜와 교류하였다는 증거로 근초고왕 시기에 제작되었을 것으로 추정된다.

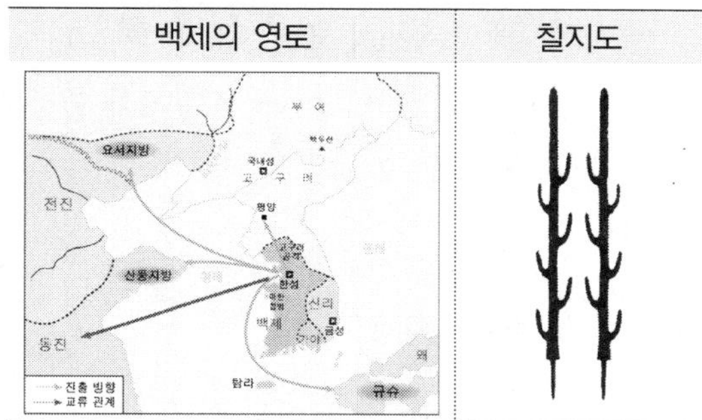

④ **침류왕**(15대 왕, 재위 384 ~ 385년) : 중국의 동진(東晉)으로부터 불교를 받아들였다.

⑤ **개로왕**(21대 왕, 재위 455 ~ 475년)

   ㉠ 고구려 장수왕의 공격을 받아 수도가 함락되고, 개로왕은 살해당했다.

   ㉡ 한강 유역을 고구려에게 빼앗기고 수도를 한성에서 웅진(현 중청남도 공주)으로 천도하였다.

⑥ **무령왕**(25대 왕, 재위 501 ~ 523년)

   ㉠ 고구려를 공격하여 영토의 일부를 회복하였다.

   ㉡ 중국 남조의 양(梁)과 문물을 교류하며 우호관계를 맺었다.

   ㉢ 지방에 22담로를 설치하고 각 담로에 왕족을 파견하여 지방 통제를 강화하였다.

   ※ **담로** … 백제의 행정 구역이다.

⑦ **성왕**(26대 왕, 재위 523 ~ 554년)

   ㉠ 수도를 웅진에서 사비(현 충청남도 부여)로 옮기고 국호를 '남부여'라고 고쳤다.

   ㉡ 22부의 중앙 관청을 설치하고, 수도를 5부, 지방을 5방으로 나누어 통치하였다.

   ㉢ 동맹국 신라와 함께 고구려를 공격하여 한강 유역을 되찾는 데 성공하였다.

   → 그러나 신라 진흥왕의 배신으로 한강 유역을 신라에게 빼앗겼다. 성왕은 신라를 공격하였지만, 관산성에서 패배하고 전사하였다.

(3) 신라

① 진한의 소국 중 하나인 사로국(斯盧國)에서 출발하여 발전하였다.

② **내물왕**(17대 왕, 재위 356 ~ 402년)

   ㉠ 박 · 석 · 김 씨가 교대로 왕위를 계승했던 이전과 달리, 김 씨의 왕위 계승을 확립하였다.

   ㉡ 왕의 칭호를 '마립간(麻立干)'이라고 하였다.

   ㉢ 신라에 침입한 왜를 광개토 대왕의 도움으로 격퇴하였다.

   ※ **신라에서의 왕의 칭호**

      ㉠ 거서간(居西干) : 신라 초기 왕의 호칭으로 귀인을 의미한다. 시조 박혁거세를 거서간이라고 칭했다.

      ㉡ 차차웅(次次雄) : 신라 초기 왕의 호칭으로 제사장을 의미한다. 2대 왕인 남해왕을 차차웅이라고 칭했다.

      ㉢ 이사금(尼師今) : 신라 초기 왕의 호칭으로 연장자, 지혜로운 자를 의미한다. 내물왕 이전까지 왕의 칭호였다.

      ㉣ 마립간(麻立干) : 신라 초기 왕의 호칭으로 대군장을 의미한다. 지증왕 이전까지 왕의 칭호였다.

③ **지증왕**(22대 왕, 재위 500 ~ 514년)

   ㉠ 국호를 사로국에서 신라로 바꾸고, 왕(王)이라는 칭호를 사용하기 시작했다.

   ㉡ 우경을 시작하여 농업 생산량을 늘리고자 하였고, 순장(殉葬)을 금지하였다.

   ㉢ 우산국(현 울릉도)을 복속시켜 영토를 확대하였다.

   ※ **우경**(牛耕) … 소를 이용해 밭을 가는 등의 경작 방식이다.

④ 법흥왕(23대 왕, 재위 514 ~ 540년)

　　㉠ 율령을 반포하고, 관리를 17등급으로 나누어 관복의 색을 구분하였다.

　　㉡ 귀족 회의인 화백 회의를 주도하는 상대등(上大等)을 설치하였다.

　　㉢ 불교를 공인하고, 건원(建元)이라는 독자적인 연호를 사용하였다.

　　㉣ 김해의 금관가야를 정복하였다.

　　※ 골품제
　　　㉠ 신라의 신분 제도로 신분에 따라 올라갈 수 있는 관등, 집의 크기, 마차의 장식에 제약이 있을 정도로 엄격했다.
　　　㉡ 성골과 진골, 6두품으로 나뉘며, 왕이 될 수 있는 신분은 성골뿐이었다.
　　　→ 삼국 통일 시기 성골의 대가 끊기면서 진골 출신이 왕위에 오르게 된다.

⑤ 진흥왕(24대 왕, 재위 540 ~ 576년)

　　㉠ 화랑도를 개편하여 인재를 양성하였다.

　　㉡ 고령의 대가야를 정복하였다.

　　㉢ 백제 성왕과 연합하여 고구려를 공격한 뒤 한강 상류 지역을 차지하였다.

　　→ 이후 백제를 공격하여 한강 하류까지 확보하였다.

　　※ 전성기 신라의 영토와 진흥왕 순수비
　　　㉠ 6세기 후반은 신라의 영토가 가장 확대된 시기이다
　　　㉡ 진흥왕은 넓어진 영토를 확인하고 표시하기 위해 총 4개의 순수비(巡狩碑)를 세웠다(황초령비, 마운령비, 북한산비, 창녕비).
　　　㉢ 순수비(巡狩碑) : 국왕이 살피면서 돌아다닌 곳을 기념할 목적으로 세운 비석이다.

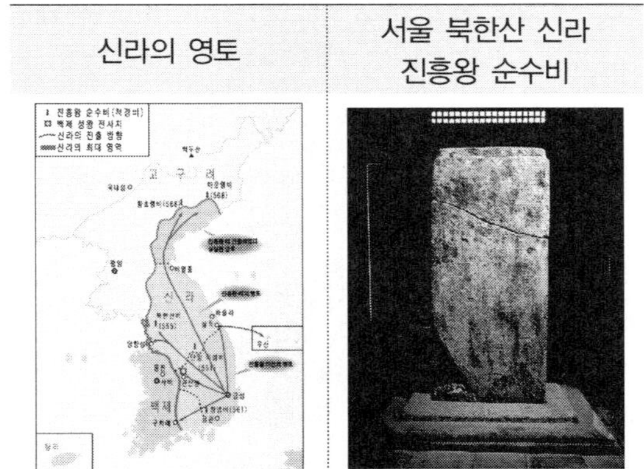

신라의 영토	서울 북한산 신라 진흥왕 순수비

(4) 가야 연맹

① 변한의 소국들이 연맹하여 이루어진 연맹 왕국의 형태였다.

② 금관가야 : 전기 가야 연맹의 맹주였다.

　　㉠ 우수한 기술을 바탕으로 만들어진 철기를 낙랑(樂浪)과 왜에 판매하는 등의 대외적 교류를 하였다.

　　㉡ 고구려 광개토 대왕의 공격으로 타격을 입고, 신라 법흥왕에게 정복당하였다.

④ 대가야 : 후기 가야 연맹의 맹주였다.

　　㉠ 소백산맥 서쪽까지 세력권을 확대하였다.

　　㉡ 신라의 진흥왕에게 정복되면서 가야 연맹은 완전히 신라에 병합되었다.

03 | 삼국 통일 전쟁

(1) 7세기 고구려의 대외 전쟁

① 고구려와 수(隋)의 전쟁

　　㉠ 중국의 수가 분열되어 있던 중국을 통일한 뒤 고구려와 대립하였다.

　　㉡ 고구려가 요서 지방을 선제공격하자 수의 문제(文帝)는 30만 대군을 고구려로 보냈으나, 홍수와 전염병 등으로 퇴각하였다.

　　㉢ 문제에 이어 즉위한 양제(煬帝) 역시 100만 명의 대군을 이끌고 고구려를 공격하였지만, 실패하였다.

　　㉣ 양제는 별동대 30만을 보내 고구려 평양성을 공격하게 하였으나, 살수(현 청천강)에서 을지문덕이 이끄는 고구려군에게 패배하였다(살수 대첩, 612년).

② 고구려와 당(唐)의 전쟁

ㄱ 중국은 고구려와의 무리한 전쟁으로 멸망한 수에 이어 당이 통일 제국을 이루고 있었고, 고구려는 연개소문이 정변을 일으켜 정권을 잡은 상태였다.

ㄴ 당은 연개소문의 정변을 구실로 고구려를 공격하였고, 평양성으로 가는 길목의 안시성에서 철수하였다(안시성 전투, 645년).

(2) 나 · 당 동맹과 백제의 멸망

① 나 · 당 동맹의 결성

ㄱ 백제 의자왕은 신라를 공격하여 대야성을 비롯한 40여 개의 성을 빼앗고, 고구려와 연합하여 신라의 당항성을 공격하였다.

※ **당항성** … 신라에서 당으로 통하는 중요한 거점이다.

ㄴ 계속되는 백제의 공격에 신라의 김춘추는 고구려와 왜에 도움을 청하지만, 모두 실패하고 당과 연합하였다(나 · 당 동맹).

② 백제의 멸망

ㄱ 나 · 당 연합군은 의자왕의 실정과 내분으로 정치가 혼란해진 백제를 먼저 공격하였다.

ㄴ 계백의 군대가 나 · 당 연합군에게 패배하면서 백제는 멸망하였다(황산벌 전투, 660년).

(3) 고구려의 멸망과 나 · 당 전쟁

① 고구려의 멸망

ㄱ 고구려는 나 · 당 연합군의 침입을 수차례 막아내는 데 성공하나, 연개소문 사후 정치적 내분이 일어났고 연이은 전쟁으로 국력이 약해졌다.

ㄴ 계백의 군대가 나 · 당 연합군에게 패배하면서 백제는 멸망하였다(황산벌 전투, 660년).

② 백제와 고구려의 부흥 운동과 나 · 당 전쟁

ㄱ 백제와 고구려의 부흥 운동

• 백제 멸망 이후 복신과 도침 등이 왕자 부여풍을 왕으로 추대하며 백제 부흥을 꾀했으나, 내분으로 실패하였다.

• 고구려 멸망 후 검모잠은 보장왕의 서자 안승을 왕으로 추대하여 고구려 부흥 운동을 전개했지만, 지도층의 분열로 실패하였다.

ㄴ 당은 백제가 멸망한 뒤 그 자리에 당의 행정 기구인 웅진도독부(熊津都督府)를 설치하고, 고구려가 멸망한 자리에 9개의 도독부와 안동도호부(安東都護府)를 설치하였다. 이에 더해 신라의 영토에도 계림도독부(鷄林都督府)를 설치하여 한반도를 손에 넣고자 하였다.

ㄷ 신라의 대당(對唐) 전쟁

• 신라는 고구려 유민을 포섭하고, 백제의 옛 땅을 확보하였다.

• 신라는 매소성 전투와 기벌포 전투에서 승리함으로써 당을 완전히 몰아내고 삼국 통일을 완수하였다.

※ 나 · 당 전쟁의 전개

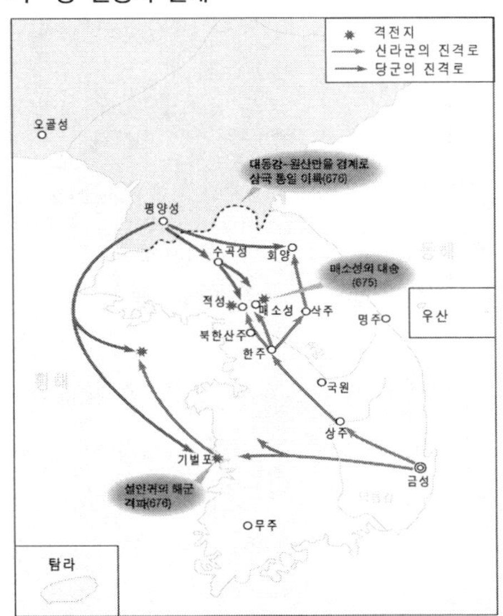

04 | 남북국 시대

(1) 통일 신라의 발전

① 무열왕(김춘추, 29대 왕, 재위 654 ~ 661년)

　㉠ 나·당 동맹을 성사시킨 인물이다.

　㉡ 최초의 진골 출신 왕으로 이후 무열왕의 직계 자손들이 왕위를 계승하였다.

② 문무왕(30대 왕, 재위 661 ~ 681년) : 당나라군과 연합하여 고구려를 멸망시키고, 나·당 전쟁에서 승리함으로써 삼국 통일을 완수하였다.

③ 신문왕(31대 왕, 재위 681 ~ 692년)

　㉠ 김흠돌의 난을 진압하면서 진골 귀족들을 대거 숙청하여 귀족 세력을 약화시켰다.

　㉡ 녹읍을 폐지하고 귀족들에게 관료전을 지급하였다.

　　• 녹읍 : 관료들에게 지급한 토지로 세금을 거둘 수 있는 수조권과 노동력을 징발할 수 있는 권리가 있었다. 귀족들의 경제적인 기반이었다.

　　• 관료전 : 관료들에게 지급한 토지로 해당 토지에 대한 수조권만 존재하였다.

　㉢ 유학 교육을 통한 인재를 양성하기 위해 국학을 설치하였다.

　㉣ 집사부와 시중의 권한을 강화하였다.

　→ 화백 회의의 기능이 약화되었다(귀족의 권한 약화).

　　• 집사부(執事部) : 신라의 중앙 통치 조직으로 왕의 직속 기구이다.

　　• 시중(侍中) : 집사부의 최고 관직이다.

　㉤ 전국을 9주로 나누고 5개의 소경(小京 : 작은 수도)을 설치하였다.

　　• 9개의 주로 나누어 지방관을 파견함으로써 지방 관리의 편리함을 꾀하였다.

　　• 신라의 수도(경주)가 남동쪽으로 치우친 점을 보완할 목적으로 5소경을 설치하였다.

　㉥ 군사 조직 9서당과 10정을 설치하였다.

　　• 9서당 : 수도 방어를 목적으로 하는 중앙군이다. 신라인뿐만 아니라 고구려인, 백제인, 말갈인까지 채용되었다.

　　• 10정 : 지방의 치안 유지를 목적으로 하는 지방군으로 각 주에 1정씩 배치되었다. 단, 국경 지역인 한주에는 2정이 배치되었다.

　㉦ 촌락 문서

　　• 세금 수취와 노동력 파악을 목적으로 촌락의 인구, 토지 등을 기록한 문서이다.

　　• 3년마다 촌주가 조사하여 작성하였다.

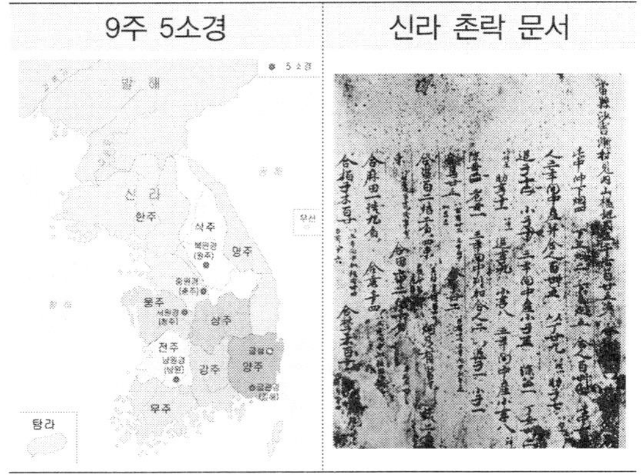

(2) 발해의 발전과 멸망

① 고구려 유민이 주도하여 건국된 나라로서 고구려 계승 의식이 있었다. 일본과의 외교 문서에 고려왕(고구려왕)이라고 칭하였고, 온돌 문화, 무덤 양식 등에서 고구려 양식을 찾아볼 수 있다.

② 대조영(1대 왕, 재위 698 ~ 719년) : 고구려 유민과 말갈족을 이끌고 만주 동모산에 발해를 건국하였다.

③ 무왕(2대 왕, 재위 719 ~ 737년)

　㉠ 인안(仁安)이라는 독자적인 연호를 사용하였다.

　㉡ 일본에 사신을 보내며 친선 관계를 유지하고, 당의 산동 지방을 공격하였다.

④ 문왕(3대 왕, 재위 737 ~ 793년) : 처음으로 당과 친교를 맺고 당의 문물을 수용하였다.

⑤ 선왕(10대 왕, 재위 818 ~ 830년)

　㉠ 연해주, 요동 지역으로까지 영토를 확장하여 과
　　거 고구려의 영토 대부분을 확보하였다.

　㉡ 중국으로부터 해동성국(海東盛國)이라는 명칭으
　　로 불리며 번성하였다.

⑥ 발해는 선왕 이후부터 쇠락하기 시작하여 15대 왕 대
　인선 시기에 거란의 공격을 받고 멸망하였다(926년).

⑦ 발해의 통치 제도

　㉠ 중앙 정치 조직

　　• 3성 6부 : 당의 통치 제도인 3성 6부 제도를 수
　　　용하고, 발해의 실정에 맞게 변화시켜 독자적으
　　　로 운영하였다.

　　• 최고 관부인 정당성을 중심으로 3성이 운영되었
　　　으며, 정당성 아래의 6부가 행정적인 실무를 집
　　　행하였다.

　㉡ 지방 제도의 정비

　　• 전국을 5경 15부 62주로 나누었다.

　　• 가장 작은 행정 구역인 촌락에는 대부분 말갈인
　　　이 거주하였다.

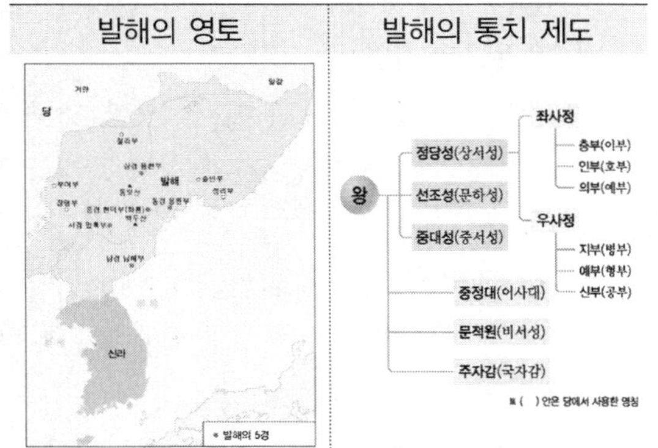

(3) 신라의 분열과 후삼국의 성립

① 왕위 쟁탈전의 격화

　㉠ 일부 진골 귀족들의 권력이 강해지고 왕권이 약
　　해짐에 따라 귀족 세력이 분열하기 시작하였다.
　　그 과정에서 혜공왕이 피살되면서 왕위를 차지
　　하기 위한 다툼이 심화되었다.

　㉡ 김헌창의 난 : 웅주(현 충청남도 공주) 도독 김헌
　　창이 왕위를 차지하기 위해 일으킨 난이다.

　㉢ 장보고의 난 : 청해진을 거점으로 세력을 성장시
　　킨 장보고가 왕위 다툼에 관여하여 일으킨 반란
　　이다.

　　※ 도독(都督) … 신라의 행정 구역인 주(州)의 장관을 이른다.

　　※ 청해진(淸海鎭) … 장보고의 건의로 완도에 설치된 해상 기
　　　지이다. 해상 교역을 방해하는 해적 소탕을 목적으로 설치
　　　되었다.

② 진골 귀족들의 착취와 지나친 세금 독촉으로 민생이
　궁핍해지면서 전국 곳곳에서 농민 봉기가 일어났다
　(원종과 애노의 난 등).

③ 지방 호족의 성장과 6두품

　㉠ 중앙의 통제력이 약해지면서 지방의 일부 세력
　　가들은 독자적으로 힘을 키우며 스스로를 장군
　　(將軍), 성주(城主) 등으로 칭하기 시작했고, 이
　　들이 곧 호족(豪族)이었다.

　㉡ 호족들은 그 지역의 토착 세력인 촌주(村主)가
　　대다수였다.

　㉢ 6두품들은 진골 위주로 운영되는 정치를 비판하
　　며 개혁을 주장하였지만, 받아들여지지 않았다.

　→ 실력이 있어도 골품제의 한계로 인해 6두품은 높
　　은 관직으로 올라갈 수 없었기 때문이다.

　㉣ 일부 6두품들은 호족과 힘을 합쳐 개혁을 꾀하
　　기도 하였다.

④ 후삼국의 성립

　㉠ 후백제 : 한반도 남서부 지역에서 세력을 키운
　　견훤은 완산주를 도읍으로 삼고 후백제를 건국
　　하였다(900년).

　㉡ 후고구려 : 고구려 부흥을 주장한 궁예는 송악(현
　　개성)을 수도로 하고 후고구려를 건국하였다
　　(901년).

※ 후고구려의 명칭
　㉠ 궁예는 원래 국호를 고려라고 하였으나, 왕건의 고려와
　　구분하기 위해 후고구려라고 표현한 것이다.
　㉡ 이후 궁예는 수도를 철원으로 옮기고 국호를 태봉이라
　　고 고쳤다.
※ 후삼국의 지도

01 | 고려의 발전

(1) 후삼국 통일 전쟁

① 왕건의 등장과 고려

　㉠ 궁예의 휘하에 있던 왕건은 후백제의 금성을
　　공격하여 점령하는 등의 공을 세워 신임을 받
　　았다.

　㉡ 궁예는 스스로를 미륵불이라 칭하며 미신적 불
　　교에 빠졌고, 신하들을 숙청하면서 민심을 잃
　　었다.

　㉢ 신숭겸, 홍유 등의 군 지휘관들은 반란을 일으
　　켜 궁예를 몰아내고 왕건을 왕으로 추대하였다.

　㉣ 왕이 된 왕건은 국호를 고려로 고치고 수도를
　　송악으로 옮겼다.

② 후삼국 통일 전쟁

　㉠ 공산 전투(927년)

　　• 견훤은 신라의 경주를 기습하여 함락시키고, 경
　　　애왕을 살해하였다.

　　• 왕건은 신라를 돕기 위해 공산(현 대구 팔공
　　　산 일대)에서 후백제군과 전투하였으나, 대패
　　　하였다.

　㉡ 고창 전투(930년) : 고창(현 안동)에서 주변 호족
　　들의 지원을 받은 고려는 후백제와의 전투에서
　　승리하였다.

　㉢ 후백제 내에서 분열이 일어나 아들 신검에 의해
　　유폐되었던 견훤이 왕건에게 투항하고, 신라의
　　경순왕이 항복하였다.

　㉤ 일선군 전투(936년) : 일선군(현 구미시)에서 후
　　백제군과의 마지막 전투로 고려가 승리를 거두
　　면서 후백제까지 통합하였다.

(2) 고려 초기 정치

① 태조(1대 왕, 재위 918 ~ 943년)

　ㄱ 호족 정책

호족 포섭 정책	호족 견제 정책
• 호족들에게 토지와 왕 씨 성을 하사하였다. • 호족의 딸들과 정략 결혼하여 정치적인 안정을 도모하였다.	• 사심관 제도 : 지방의 호족을 사심관으로 임명하여 출신 지역을 다스리게 한 제도이다. • 기인 제도 : 호족의 자제를 수도에 머물게 하여 출신 지역의 자문관 역할 및 인질로 삼은 제도이다.

　ㄷ 민생을 돌보기 위해 세금을 감면하였다.

　ㄹ 북방 세력을 막고 북방으로의 진출을 위한 목적으로 서경(현 평양)을 중요시 하였다.

　ㅁ 후대 왕들의 지침서 훈요 10조를 남겼다.

　※ **훈요 10조**(일부 내용)
　　ㄱ 불교를 장려할 것
　　ㄴ 당의 문물을 받아들이되, 단순히 모방하지 말고, 거란의 제도는 본받지 말 것
　　ㄷ 서경(평양)은 고려 지맥의 근본이므로 100일 이상 머물 것
　　ㄹ 연등회와 팔관회를 성대하게 열 것

② 광종(4대 왕, 재위 949 ~ 975년)

　ㄱ 노비안검법 실시

　　• 호족이 불법적으로 차지한 노비들을 조사하여 양인으로 해방시킨 제도이다.

　　• 노비안검법으로 호족의 경제 · 군사적 기반을 약화시켰다.

　ㄴ 처음으로 과거제를 실시하여 유교적 능력을 지닌 인재를 선발하였다.

　ㄷ 고려 개국의 공신과 호족들을 대거 숙청하여 왕권을 강화하였다.

　ㄹ 스스로를 황제라고 칭하며 광덕(光德)과 준풍(峻豊) 등의 독자적인 연호를 사용하였다.

③ 성종(6대 왕, 재위 981 ~ 997년)

　ㄱ 최승로의 시무 28조를 수용하여 유교 정치에 따른 국가 기반을 확립하였다.

　　→ 최승로는 과도한 불교 행사 등으로 국력을 낭비하지 말고 유교 이념에 따라 정치를 할 것을 건의하였다.

　ㄴ 개경(송악＝개성)에 국자감을 설립하여 유학 교육을 통한 인재를 양성하였다.

(3) 고려의 통치 체제

① 정치 체제

　ㄱ 2성 6부제(당의 3성 6부를 참고)

　　• 중서문하성 : 고려의 최고 관청으로 정책을 논의하고 결정하였다.

　　• 상서성 : 아래에 6부를 두고 논의된 정책을 집행하였다.

　　• 중추원 : 왕명 출납, 왕궁 호위, 군사 기밀 업무를 담당하는 국왕의 비서 기관이다.

　　• 어사대 : 관리의 비리를 감찰하는 기관이다.

　　• 삼사 : 국가 재정 출납, 회계 업무를 담당하는 기관이다.

　ㄴ 식목도감 : 국가의 제도와 규칙을 제정하는 기관으로 고려에는 공식적인 법전이 없었기 때문에 관례, 관행, 국왕의 명령 등이 법이었다.

　ㄷ 도병마사 : 국방이나 군사상의 문제를 논의하는 기구로 원래는 임시 기구였으나, 이후 상설 기구로 바뀌었다.

　※ **고려의 정치 조직과 지방 행정**

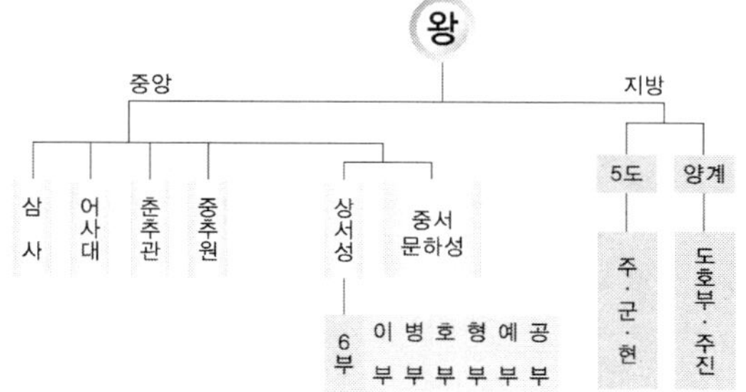

② 지방 행정 제도와 군사 제도

ⓐ 5도와 양계 : 5도와 양계 아래에는 주·군·현을 두었으며, 지방관이 파견된 주현과 파견되지 않은 속현으로 구분하였다.

5도	양계
일반적인 행정 구역으로 안찰사를 파견하여 통치하였다.	여진, 거란과 국경이 맞닿아 있는 군사 지역으로 병마사가 파견되어 통치하였다.

ⓑ 향·소·부곡 : 특수 행정 구역으로 이곳의 사람들은 거주 이전의 자유가 없었고, 일반적인 군·현에 비해 세금 부담이 컸다.

ⓒ 2군 6위

2군	6위
중앙군으로 궁궐 방어 등을 담당하였다.	중앙군으로 개경과 국경 지방 방어를 담당하였다.

ⓓ 주현군과 주진군

주현군	주진군
5도의 방어와 치안을 담당하였다.	양계의 경비를 담당하였다.

※ 고려의 지방 행정 구역

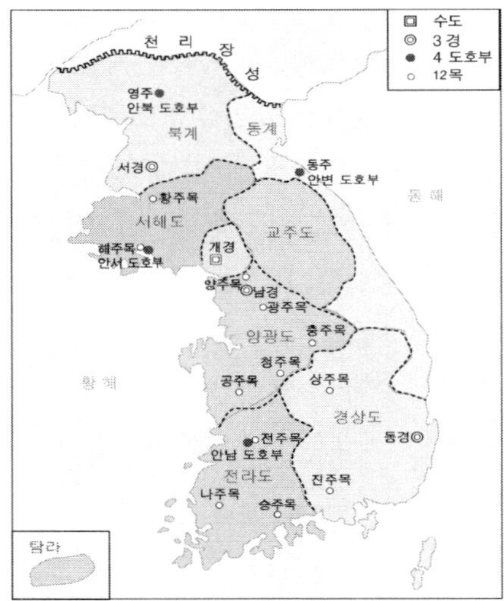

02 | 고려의 대외 관계

(1) 고려와 송의 관계

① 고려는 송과 친선 관계를 유지하며 선진 문물을 수용하였다.

② 송은 거란(요)을 견제할 목적으로 고려와 우호적인 관계를 유지하였다.

(2) 고려와 거란의 관계

① 고려는 거란에 대해 적대적인 태도로 일관하였다.

② 송을 공격할 예정이었던 거란은 고려를 먼저 공격하여 안전을 확보하고자 하였다.

ⓐ 거란의 1차 침입(993년)
- 서희는 거란의 장수 소손녕과의 회담을 통해 강화를 맺고, 강동 6주를 고려의 영토로 인정받았다.
- 고려는 강동 6주에 성벽을 쌓고 거란의 침입에 대비하였다.

ⓑ 거란의 2차 침입(1010년)
- 거란은 강조의 정변을 구실로 고려를 다시 침공하였다.
- 거란군에게 수도 개경까지 함락당했으나, 양규의 기습 공격으로 통주성과 곽주성을 탈환하였고, 결국 거란군은 철수하였다.

ⓒ 거란의 3차 침입(1018년)
- 거란은 고려에게 사대(事大)와 강동 6주의 반환을 요구하였고, 고려가 이를 회피하자 소배압을 필두로 하여 10만 명의 군대를 이끌고 침공하였다.
- 귀주에서 강감찬이 이끄는 고려군이 대승을 거두면서 거란군은 퇴각하였다(귀주 대첩).

※ 초조대장경
  ⓐ 고려 현종 시기에 제작된 우리나라 최초의 대장경이다.
  ⓑ 부처의 힘으로 거란을 물리치고 국가를 지키고자 하는 목적에서 제작되었다.
  ⓒ 몽골의 침입 때 불타 현재까지 전해지는 것이 없다.

(3) 고려와 여진의 관계

① 여진은 고려에 공물을 바치거나, 변경을 침입하여 약탈하는 등의 태도를 취해왔다. 그러나 흩어져 있던 부족들이 통일되고 점차 세력이 강해지면서 고려를 압박하기 시작했다.

② 별무반의 조직

  ㉠ 고려는 윤관의 제안으로 별무반(기병, 보병, 승병 등으로 조직)을 조직하여 여진과의 전투에 대비하였다.

  ㉡ 고려는 여진 정벌을 단행하여 여진의 부락을 소탕한 뒤 고려군의 주요 지점에 동북9성을 쌓았다.

  ③ 이후 세력을 크게 확장하는 데 성공한 여진은 금(金)을 건국하고 고려에 군신 관계를 요구하였다. 당시 고려의 권신이었던 이자겸은 금의 요구를 수용하는 것으로 결정했다.

03 | 문벌 귀족 사회의 붕괴

(1) 이자겸의 난

① 문벌 귀족(門閥貴族)

  ㉠ 집안에 내려오는 지위로 관직에 진출하여 대대로 권세를 누린 집안을 의미한다.

  ㉡ 과거와 음서(蔭敍)를 통해 관직을 독식하였다.

  ㉢ 전시과를 통해 받은 토지와 공음전으로 대토지를 소유하였다.

  ㉣ 왕실과의 혼인으로 외척으로서의 권력을 강화하였다.

  ㉤ 김부식의 경주 김 씨와 이자겸의 경원 이 씨가 대표적이다.

  ※ **음서(蔭敍)** … 현직 관료의 자제를 과거를 치르지 않고 관리로 임명하였던 제도이다.

② 이자겸의 난(1126년)

  ㉠ 이자겸은 자신의 딸 세 명을 예종과 인종의 비로 들이고 막강한 외척으로서 권력을 휘둘렀다.

  ㉡ 인종은 왕위까지 노리는 이자겸을 제거하고자 하였으나, 이자겸과 뜻을 같이 하는 척준경에 의해 실패하였다.

  ㉢ 이자겸은 인종을 없애고 왕이 되기 위해 반란을 일으키나, 척준경과 사이가 벌어지면서 실패하고 인종에 의해 제거되었다.

(2) 묘청의 서경 천도 운동

① 이자겸의 난으로 궁궐이 불타고, 수도인 개경은 황폐해진 상태였다. 이에 인종은 개혁을 단행하기 위해 묘청을 비롯한 서경 세력들을 불러들였다.

② 서경 세력의 주장 내용

  ㉠ 현재 개경의 지덕(地德)이 쇠했으므로 서경(평양)으로 수도를 옮겨야 한다(풍수지리설 바탕).

  ㉡ 서경에 새로운 궁궐을 짓고 황제를 칭해야 한다.

  ㉢ 금을 정벌해야 한다.

  ※ **풍수지리설** … 방위와 지형이 사람의 삶, 즉 길흉화복에 영향을 미친다는 이론으로 집을 짓거나 묫자리를 정할 때 사용되었다.

③ 서경파의 개혁안 중 핵심인 서경 천도는 개경을 중심으로 세력을 갖춘 문벌 귀족인 개경파의 반대로 실행되지 못했다.

④ **묘청의 난(1135년)** : 묘청을 비롯한 서경 세력은 국호를 대위(大爲), 연호를 천개(天開)라고 하며 서경에서 반란을 일으키지만, 김부식이 이끈 정부군에 의해 진압되었다.

04 | 무신 정권(武臣政權)

(1) 무신 정변(1170년)

① 이자겸의 난과 묘청의 난은 고려 문벌 귀족 사회의
폐단과 분열이 극대화되어 나타난 결과였고, 결국
무신 정변으로 붕괴되었다.

② 무신 정변의 결정적 요인

　㉠ 원칙적으로 문신과 무신은 동등한 대우를 받아
　　야 하나, 실질적으로는 그렇지 않았다.

　㉡ 문신이 정치적 권력을 거의 독점하였으며, 군대를
　　지휘하는 사령관에도 문신이 임명되었다.

　※ 군대를 이끌었던 강감찬, 김부식, 윤관은 모두 문신이었다.

③ 무신 정변의 전개 : 보현원으로 행차를 나가는 의종
→ 국왕의 행차 행렬을 호위하던 정중부, 이의방 등
의 무신들이 정변을 일으킴 → 문신들 제거 및 의종
폐위 후 명종 옹립

(2) 무신 정권기

① 초기 무신 정권은 정변을 일으켰던 주역들 간의 경
쟁으로 안정적이지 못했다.

② 최 씨 무신 정권

　㉠ 이의방 → 정중부 → 경대승 → 이의민 순서로 바뀌
　　었던 정권은 최충헌에게 넘어갔다.

　㉡ 교정도감의 설치 : 초기 무신 정권기에 국정을 담
　　당했던 중방을 대신하는 정치 기구이다.

　㉢ 도방의 확대 : 도방은 무신 정권의 사병 집단으로
　　최충헌은 막대한 사병을 조직하여 자신의 신변
　　을 보호하였다.

　㉣ 최충헌의 아들 최우는 치안 유지 목적으로 사병
　　인 야별초를 조직하였다. 이후 수가 늘어난 야
　　별초는 좌별초와 우별초로 나뉘었고, 신의군까
　　지 합하여 삼별초라고 하였다.

※ 신의군 … 몽골과의 전쟁에서 포로로 잡혔다가 돌아온 사람
들이 중심이 되어 편성된 군대이다.

③ 농민 · 천민의 봉기

　㉠ 문신들의 수탈로 인해 일반 농민들의 삶은 이미
　　어려운 상태였다. 무신들이 집권하게 되고, 수
　　탈의 강도가 더 세지면서 봉기로 이어졌다.

　㉡ 망이 망소이의 난(1176년) : 공주 명학소(鳴鶴所)
　　에서 지나친 수탈에 저항하여 일어난 난이다.

　㉢ 만적의 난(1198년) : 최충헌의 노비였던 만적이
　　신분 해방을 목적으로 일으킨 난이다.

(3) 몽골의 침입

① 몽골족은 테무친(칭기즈 칸)의 등장으로 금의 수도
를 점령하는 등 활발한 정복 사업을 펼치며 강대한
세력을 형성한 상태였다.

② 몽골의 1차 침입(1231년)

　㉠ 몽골의 사신 저고여가 고려에 왔다가 본국으로
　　돌아가던 중 살해당한 사건을 계기로 고려를 침
　　략하였다.

　㉡ 고려의 여러 성을 함락시키고 수도를 포위한 몽
　　골군은 화의를 맺고 철수하였다.

③ 몽골의 2차 침입(1232년)

　㉠ 당시 무신 정권의 집권자였던 최우는 몽골에 항
　　전할 의지로 수도를 강화도로 옮겼다.

　㉡ 몽골은 다시 군대를 보내 고려를 침공하나, 몽
　　골군을 이끌던 살리타가 처인성에서 김윤후가
　　지휘하는 군대에 의해 전사하면서 퇴각하였다.

④ 최 씨 정권의 붕괴와 몽골과의 강화

　㉠ 길게 이어지는 전쟁에 백성을 비롯한 왕과 관료
　　들은 몽골과의 강화를 원했으나, 최 씨 정권의
　　항전 의지가 완강하였다.

　㉡ 결국 무신 정권 내부의 분열로 당시 집권자였던
　　최의가 살해되면서 최 씨 정권은 붕괴되었다.

ⓒ 최의 이후 마지막으로 정권을 잡은 문신 임유무가 살해되고, 몽골 세력과 손을 잡은 원종이 개경으로 환도(還都)하면서 몽골과의 전쟁은 끝났다.

⑤ 몽골과의 전쟁이 낳은 결과

㉠ 신라 시대에 건립된 황룡사 9층 목탑이 몽골군의 침략으로 소실되었다.

㉡ 거란의 침입 때 제작되었던 초조대장경이 소실되었다.

㉢ 부처의 힘으로 몽골군을 막고자 하는 소망을 담은 팔만대장경을 제작하였다.

※ **삼별초의 항쟁**
㉠ 삼별초는 고려 정부가 개경으로 환도하는 것에 반발하며 강화도에서 항전 의지를 내세웠다.
㉡ 강화도에서 진도로 이동하여 항전을 이어나가는 삼별초에 고려와 몽골은 여몽 연합군을 결성하여 삼별초를 토벌하고자 하였다.
㉢ 여몽 연합군이 제주도의 삼별초 근거지를 함락시키면서 삼별초의 항쟁이 끝났다.

05 | 원 간섭기

(1) 원 간섭기의 고려

① 고려의 왕은 원의 공주와 결혼하게 되면서 부마국(駙馬國)이 되었다.

② 왕실 용어의 격하

㉠ 왕의 호칭이 '조(祖)'나 '종(宗)'이 아니라 '~ 왕'으로 격하되었다.

㉡ 폐하는 전하로, 태자는 세자로 격하되었다.

③ 원은 쌍성총관부, 동녕부, 탐라총관부 등을 설치하여 고려의 영토에 지배권을 행사하였다.

④ 정동행성을 설치하여 원의 일본 원정에 고려를 동원하였다.

⑤ 원은 고려에 많은 수의 공녀와 공물을 요구하였다.

(2) 권문세족의 성장

① 권문세족(權門勢族) : 고려 후기의 지배 세력으로 전통적인 문벌 귀족, 무신 정권기의 무신 가문, 원과의 관계에서 득세한 가문 등이 주를 이루었다.

② 권문세족의 세력 기반

㉠ 원을 지지하며 친원적인 성격을 지녔다.

㉡ 음서를 통해 관직에 진출하여 정치권력을 장악하였다.

㉢ 불법적으로 토지를 겸병(兼倂)하여 대농장을 소유하였다.

(3) 공민왕의 개혁 정책

① 공민왕(31대 왕, 재위 1351 ~ 1374년)은 권문세족과 원의 간섭을 약화시킬 목적으로 개혁을 펼쳤다.

㉠ 신진 사대부들을 등용하였다.

㉡ 기철과 같은 친원 세력을 제거하였다.

㉢ 정동행성 이문소를 철폐하였다.

㉣ 쌍성총관부를 공격하여 철령 이북의 고려 영토를 회복하였다.

㉤ 전민변정도감을 설치하여 권문세족들이 불법적으로 확보한 토지와 노비를 조사하여 원상태로 복구하였다.

② 공민왕이 측근에 의해 피살되면서 개혁 정책은 중단되었다.

※ **신진 사대부**(新進士大夫) ⋯ 고려 후기에 등장하여 조선 건국에 결정적인 역할을 한 정치 세력이다. 원 간섭기 권문세족의 불법적인 행위로 일어난 사회적 문제를 개혁하고자 하였다.

(4) 이성계의 집권과 고려의 멸망

① 홍건적과 왜구를 토벌하면서 이성계, 최영 등의 새로운 군벌 세력이 성장하였다(신흥 무인 세력).

> ※ **홍건적(紅巾賊)** … 원나라 말 허베이성 일대에서 활동한 한족(漢族) 반란군으로 머리에 붉은색의 두건을 둘렀다고 하여 홍건적이라고 불렀다. 원과 가까운 관계였던 고려를 침입하기도 하였다

② 위화도 회군(1388년)

　㉠ 우왕(32대 왕, 재위 1374 ~ 1388년)은 이성계에게 명의 요동을 정벌하라는 명령을 내렸다.

　㉡ 요동 정벌은 불가능하다는 판단을 내린 이성계는 위화도 부근에서 군사를 돌려 개경으로 돌아와 우왕을 폐위시키고, 창왕을 즉위시킨 뒤 권력을 잡았다.

③ 신진 사대부들은 이성계와 연합하여 개혁 정책을 펼쳤다. 토지 개혁 과정에서 과전법이 제정되었다.

④ 조선의 건국(1392년)

　㉠ 신진 사대부 내부의 온건파와 급진파

온건파	급진파
고려 왕조를 유지하면서 개혁을 단행할 것을 주장하였다(정몽주 등).	고려 왕조가 아닌 새로운 왕조를 개창할 것을 주장하였다(정도전 등).

　㉡ 이성계를 비롯한 급진파 사대부는 온건파의 중심이었던 정몽주를 제거하고 새로운 국가 조선을 건국하였다.

06 │ 고려의 문화

(1) 역사서의 편찬

삼국사기	삼국유사
• 고려 시대 최고 문벌 귀족이자 학자인 김부식이 집필한 역사서이다. • 왕명에 의해 편찬되었으며, 고구려, 백제, 신라의 정치사를 집중적으로 기록하였다. • 기전체 방식으로 집필되었다.	• 고려 시대 승려인 일연이 집필한 역사서이다. • 불교와 관련된 내용, 설화 등이 기록되어 있다. • 단군 신화를 최초로 기록하였다.

> ※ **기전체** … 역사 서술 방식 중 하나이다. 군주와 관련된 정치 내용인 본기(本紀), 신하들의 전기인 열전(列傳), 통치제도와 경제 등의 내용을 분류한 지(志), 연표 등으로 구성되어 있다.

(2) 불교의 발달

① 해동 천태종(海東天台宗)

　㉠ 고려 전기의 승려 의천이 개창한 불교 종단이다.

　㉡ 교종과 선종의 대립을 막고 화합하기 위해 해동 천태종을 개창하였다.

　㉢ **교관겸수(敎觀兼修)** 제시 : 의천이 불교 수행의 방법으로 제시한 교관겸수는 교종이 추구하는 교리 공부와 선종이 강조하는 실천적인 수행을 함께 해야 한다는 의미로, 교종의 입장에서 선종을 통합하고자 한 것이다.

② 조계종(曹溪宗)

　㉠ 고려 후기 승려 지눌은 세속화되는 불교를 비판하며 수선사를 조직하였다.

　㉡ 선종의 입장에서 교종을 통합하고자 하였다.

　㉢ 돈오점수 · 정혜쌍수 수련법 제시

　　• **돈오점수(頓悟漸修)** : 찰나에 깨달은 다음 점진적인 수행을 통해 깨달음을 완성한다는 의미이다.

　　• **정혜쌍수(定慧雙修)** : 선정(禪定)과 지혜를 병행해서 수행해야 한다는 의미이다.

01 │ 조선의 발전

(1) 조선 초기의 정치

① 태조 이성계(1대 왕, 재위 1392 ~ 1398년)

  ㉠ 개경에서 한양으로 천도하였다.

  ㉡ 과전법을 실시하여 전 · 현직 관리들에게 경기도 토지에 대한 수조권을 분배하였다.

  ㉢ 재상 중심의 통치를 위주로 하였다.

  ※ **재상** … 임금을 도와 정치를 담당하는 관리를 말한다.

② 태종(3대 왕, 재위 1400 ~ 1418년)

  ㉠ 왕권의 강화

    • 고려 시기에 존재했던 사병을 없앴다.

    • 6조 직계제를 실시하였다.

  ㉡ 호패법을 실시하여 인구를 파악하였다.

  ※ **호패법** … 16세 이상의 남성에게 신분을 증명하는 패(호패)를 지니게 한 제도이다.

③ 세종(4대 왕, 재위 1418 ~ 1450년)

  ㉠ 왕권과 신권의 조화 추구

    • 왕 중심의 6조 직계제를 폐지하고 의정부 서사제를 실시하였다.

    • 유학 및 학술을 연구하는 기관인 집현전을 설치하였다.

  ㉡ 훈민정음을 창제하였다.

  ㉢ 「농사직설을」 편찬하게 하였다.

  → 조선에서 편찬한 최초의 농서로 우리 절기에 맞는 농사 방법을 정리한 책이다.

④ 세조(7대 왕, 재위 1455 ~ 1468)

  ㉠ 계유정난을 통해 즉위하였다.

  ※ **계유정난(癸酉靖難)** … 수양 대군(세조)이 정권을 차지하기 위해 반대파를 숙청한 사건이다.

  ㉡ 왕권의 강화

    • 경연을 폐지하였다.

    • 집현전을 폐지하였다.

    • 의정부 서사제를 폐지하고 6조 직계제를 실시하였다.

  ㉢ 조선 시기 통치의 기준인 「경국대전」 편찬을 시작하였다.

  ㉣ 직전법을 실시하였다.

  → 부족해진 과전으로 인해 현직에 있는 관리에게만 수조권이 있는 토지를 지급하였다.

⑤ 성종(9대 왕, 재위 1469 ~ 1494년)

  ㉠ 집현전의 성격을 계승한 홍문관을 설치하였다.

  ㉡ 세조 시기에 폐지되었던 경연을 부활시켰다.

  ㉢ 「경국대전」 편찬을 완료하였다.

  ※ **6조 직계제와 의정부 서사제**

6조 직계제	의정부 서사제
6조가 의정부를 거치지 않고 왕에게 직접 보고하는 제도이다.	육조의 업무를 의정부에서 심의한 뒤 왕에게 보고하는 제도이다.

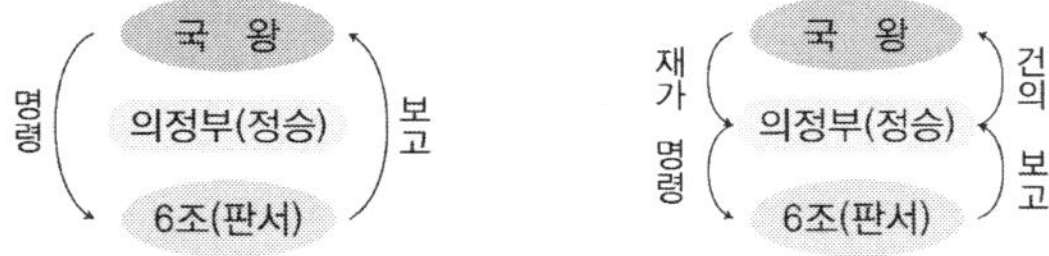

(2) 조선의 통치 제도

① 중앙 정치 제도

  ㉠ 의정부 : 조선 시기 최고의 정책 결정 기구로, 3정승(영의정 · 우의정 · 좌의정)의 심의로 결정된다.

  ㉡ 6조 : 심의된 정책을 집행하는 기구이다.

  ㉢ 승정원 : 왕명의 출납을 담당하는 기구로 국왕의 비서 역할을 하였다.

  ㉣ 3사 : 권력이 한 쪽에 독점되는 것을 견제하는 언론 기구 역할을 하였다.

사헌부	사간원	홍문관
관리를 감찰하는 기구이다.	잘못된 국정 운영을 비판하는 기구이다.	국왕의 정치 자문과 경연을 담당하는 기구이다.

ⓜ 의금부 : 특별 사법 기관으로 중죄를 지은 죄인을 심문하는 기구이다.

② **지방 행정 제도**

ㄱ 전국을 8도로 나누고 부·목·군·현을 두었다.

ㄴ 모든 군현에 지방관이 파견되어 행정·사법·군사적 권리를 행사하였다.

ㄷ 향리 : 지방 행정의 실무를 담당하는 하급 관인이다.

ㄹ 유향소 : 지방 양반들의 자치기구로 지방관을 보조하고 향리를 감찰하는 역할을 담당하였다.

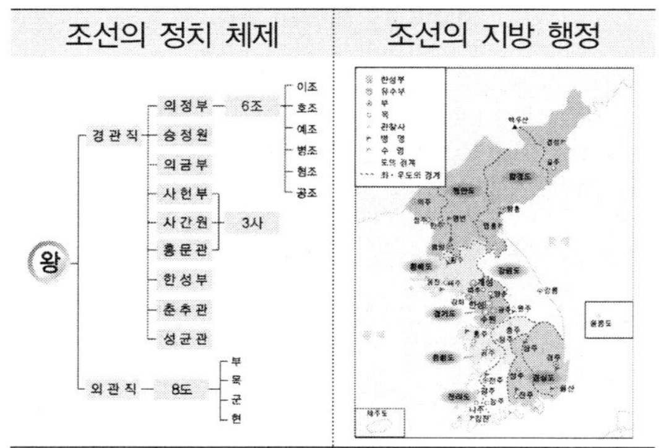

02 | 조선의 정치

(1) 연산군 ~ 명종 시기 조선의 정치 세력

① **훈구와 사림**

훈구	사림
세조의 즉위를 돕고 중종 반정에 참여한 공신 세력이다.	훈구파와 대립하는 세력으로 훈구를 비판하며 개혁 정치를 추구하였다.

② 사화 : 조선 시대 신하 및 선비들이 정치적으로 반대파에 있는 이들에게 몰려 화를 입은 사건을 말한다.

ㄱ **무오사화(1498년)** : 연산군 시기 「성종실록」을 편찬할 때 김종직이 쓴 「조의제문」이 문제가 되어 사림이 숙청당한 사건이다.

ㄴ **갑자사화(1504년)** : 연산군 시기 연산군의 생모 윤 씨가 폐위되는 데 일조한 세력을 대대적으로 제거된 사건이다.

ㄷ **기묘사화(1519년)** : 사림 세력을 등용하여 개혁 정치를 추진한 중종이 자신의 즉위를 도운 훈구 세력의 반발에 부담을 느껴 사림 세력을 숙청한 사건이다.

ㄹ **을사사화(1545년)** : 명종 시기 외척 윤임(대윤)과 윤원형(소윤)의 권력 다툼으로 사림이 피해를 입게 된 사건이다.

(2) 조선의 붕당 정치

① **붕당(朋黨)** : 정치적인 뜻이나 이익이 같은 사람끼리의 결합체를 의미한다.

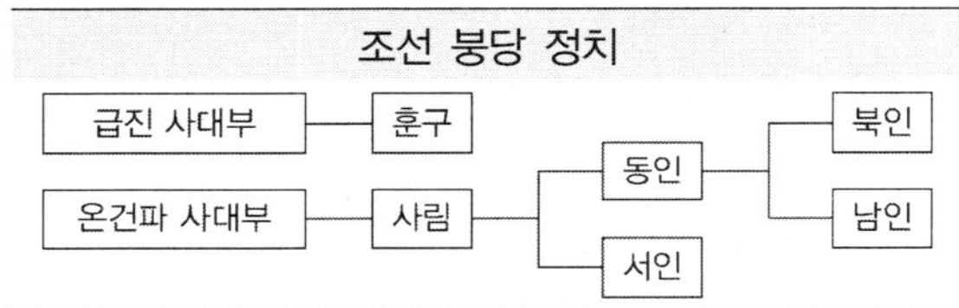

② **광해군**(15대 왕, 재위 1608 ~ 1623년)

ㄱ 북인을 등용하여 정치를 이어나갔다.

ㄴ 임진왜란을 겪은 뒤였으므로 전후 복구를 위해 토지 대장을 다시 작성하고 대동법을 시행하여 공납 부담을 줄였다.

ㄷ 명과 후금 사이에서 실리(實利)를 위해 중립 외교를 추진하였다.

ㄹ 서인과 인조가 일으킨 인조 반정으로 폐위되었다.

※ **대동법** … 각 지역의 특산물을 상납하는 공납을 쌀로 통일하여 바치게 한 제도이다.

③ **인조**(16대 왕, 재위 1623 ~ 1649년) ~ **효종**(17대 왕, 재위 1649 ~ 1659년) : 서인이 정권을 잡고 있는 상황에서 남인을 등용하였다.

④ 현종(18대 왕, 재위1659 ～ 1674년)

　㉠ 기해예송(1659년)

　　• 효종 사후 효종의 계모인 자의 대비의 복상(服喪) 기간을 두고 벌인 논쟁이다.

　　• 서인 : 효종은 인조의 둘째 아들이므로 1년만 상복을 입을 것을 주장하였다.

　　• 남인 : 효종이 둘째 아들이긴 하나 왕위를 계승하였으므로 장자이고, 따라서 3년 동안 상복을 입어야 한다고 주장하였다.

　　• 논쟁 끝에 현종은 서인의 주장을 받아들였다.

　㉡ 갑인예송(1974년)

　　• 효종의 왕비인 인선 왕후 사후 효종의 계모인 자의 대비의 복상 기간을 두고 벌인 논쟁이다.

　　• 서인 : 인선 왕후는 둘째 아들의 부인이므로 9달 동안 상복을 입어야 한다고 주장하였다.

　　• 남인 : 인선 왕후는 왕비이므로 1년 동안 상복을 입어야 한다고 주장하였다.

　　• 현종은 남인의 주장을 받아들였다.

　※ 복상(服喪) … 상중에 상복을 입는다는 의미이다.

⑤ 숙종(19대 왕, 재위 1674 ～ 1720년)

　㉠ 경신환국(1680년)으로 갑인예송을 통해 정권을 잡은 남인을 축출되고 서인이 집권하였다.

　㉡ 기사환국(1689년)을 통해 서인이 축출되고 남인이 집권하였다.

　㉢ 갑술환국(1694년)으로 서인 정권이 다시 집권하고 남인은 물러나게 되었다. 이후부터 주로 서인 내에서 노론과 소론으로 붕당이 나뉘어 대립하였다.

　※ 환국 … 정권을 잡고 있던 붕당이 한순간에 다른 붕당으로 교체된 상황을 의미한다.

(3) 탕평 정치

① 탕평 정치 : 심화되는 붕당 간의 대립을 완화하기 위해 어느 한쪽 붕당에 치우치지 않고 공평하게 국정을 운영하는 형태이다.

② 영조(21대 왕, 재위 1724 ～ 1776년)

　㉠ 노론과 소론 간의 대립을 줄이고 왕이 주도하는 정치를 위해 각 붕당에 관계없이 인재를 등용하는 탕평책을 실시하였다.

　㉡ 「경국대전」을 개정하고 보완한 「속대전」을 편찬하였다.

　㉢ 일반 양민에게 부과하던 군포를 두 필에서 한 필로 줄이고, 어염세와 선무군관포 등의 새로운 세금을 거두는 균역법을 실시하여 군포 부담을 줄이고 부족한 재정을 확충하였다.

　※ 어염세 … 어업권과 소금에 부과하는 세금이다.

　※ 선무군관포 … 시험을 통해 선출된 군관인 선무군관에게 매년 군포를 1필씩 부과하는 세금이다.

③ 정조(22대 왕, 재위 1776 ～ 1800년)

　㉠ 영조의 탕평책을 계승하였다.

　㉡ 왕실 도서관이자 학술 기관인 규장각을 설치하여 이덕무, 유득공 등의 서얼들을 검서관으로 등용하였다.

　㉢ 왕권의 강화를 위해 왕의 친위 부대인 장용영을 설치하였다.

　㉣ 수원에 화성을 건설하였다.

(4) 세도 정치

① 세도 정치 : 19세기에 소수의 권세 가문을 중심으로 국가가 운영된 정치 형태이다.

　㉠ 정조 사후 왕권이 약화되기 시작하면서 나타난 세도 정치는 순조(25대 왕, 재위 1800 ~ 1834년)부터 철종(25대 왕, 1849 ~ 1863년) 시기에 극심하였다.

　㉡ 정치적 요직을 풍양 조 씨, 안동 김 씨 등의 세도 가문이 장악하면서 정치적 폐단이 심해졌고, 과거제 비리가 만연해졌다.

　㉢ 돈으로 관직을 사는 매관매직이 성행하여 농민과 상인들의 수탈이 확대되었다.

② 삼정의 문란

삼정	내용
전정의 문란	• 전정 : 토지에 매기는 세금이다. 토지를 조사하고 풍흉에 따라 징수한다. • 일반적으로 정해진 액수보다 더 많은 토지세를 부과하였다.
군정의 문란	• 군정 : 병역을 면제하는 대가로 내는 군포를 남성 1명당 1필씩 거둔 세금이다. • 죽은 사람이나 아직 어린아이에게까지 군포를 부과하였다.
환곡의 문란	• 환곡 : 식량이 부족한 봄에 곡식을 빌려주고 10분의 1 이자를 붙여 추수를 하는 가을에 갚게 한 제도이다. • 강제적으로 환곡을 분급하거나 고리대 형식으로 운영하여 농민들을 수탈하였다.

03 | 조선의 대외 관계

※ **사대교린(事大交隣)** … 조선이 주변국과 관계를 맺을 때 취한 외교 정책이다. 힘이 강한 나라인 중국에 조공을 보내 실리를 취하고(사대), 그 이외의 주변국들과는 평화로운 관계를 유지하는(교린) 형태이다.

(1) 명과의 관계

① 명에 정기적으로 사신을 파견하여 조공품(朝貢品)을 바치고 회사품(回賜品)을 받으며 경제적·문화적 교류를 하였다.

② 명과의 관계에서 조선은 대외적으로 사대 관계를 취하였으나, 이는 실리 추구를 위한 의례적인 것이었으며 내정 간섭을 받지는 않았다.

(2) 여진과의 관계

① 4군 6진 개척 : 세종 시기 최윤덕, 김종서가 북방의 여진족을 정벌하여 압록강, 두만강 일대 지역을 확보하였다.

② 여진의 약탈을 막기 위해 토벌과 동시에 회유책으로 무역소를 두고 교류하거나, 귀순자에게는 토지와 집 등을 제공하기도 하였다.

(3) 왜(倭)와의 관계

① 세종 시기 왜구의 약탈 문제로 대마도를 정벌하였고, 왜구 문제가 줄어들자 3포(부산포·내이포·염포)를 개항하여 왜와 교역하였다.

② 3포 왜란(1510년) : 중종 시기 3포에서 교역하는 왜인에 대한 엄격한 통제로 3포에서 왜인이 일으킨 폭동이다. 폭동 이후 3포가 폐쇄되면서 교역이 중단되었다.

※ **왜구(倭寇)** … 한반도 및 중국 해안에서 선박을 약탈한 일본의 해적이다.

③ **임진왜란**(1592 ~ 1598년) : 2차례에 걸쳐 조선에 침입한 일본과의 전투이다. 1597년 정유년의 침입을 정유재란이라고 부르기도 한다.

  ㉠ 일본을 통일한 도요토미 히데요시가 명을 정벌할 목적으로 조선에게 협조를 요청하였고, 이를 거절당하자 조선을 침입하였다.

  ㉡ 빠르게 성을 함락시키는 일본군의 속도에 선조는 강화도로 피란을 떠나고, 한양까지 함락되었다.

  ㉢ **조선 수군과 의병의 반격**

- 이순신이 이끄는 조선 수군이 일본 수군을 상대로 수차례 승리를 거두었다. 특히 한산도에서 최대 승리를 거두었다(한산도 대첩, 1592년).
- 곽재우 등이 이끄는 의병들이 육지에서 일본군을 공격하였다.
- 명의 지원군이 합류하면서 전세가 바뀌었고, 일본은 명과 화의를 맺기 위해 협상에 응하였다.

④ **정유재란**(1597 ~ 1598년)

  ㉠ 명과의 화의가 결렬된 일본은 다시 조선을 침입하였다.

  ㉡ 조선과 명의 연합군대가 일본군을 공격하였고, 이순신이 명량에서 일본 수군을 크게 격파하였다(명량 대첩, 1597년).

  ㉢ 노량에서 조선 수군이 일본 수군을 상대로 승리하였고, 일본 국내에 있는 도요토미 히데요시의 죽음으로 일본은 철수하였다.

(3) 호란

① **정묘호란**(1627년)

  ㉠ 인조반정으로 광해군이 폐위되면서 중립 외교 노선이 아닌, 명을 가까이 하고 후금을 배척하는 친명 배금 정책이 실시되었다.

  ㉡ 명과 조선의 연대를 경계하던 후금은 인조가 즉위한 것이 부당하다는 명분으로 조선을 침입하였다.

  ㉢ 강화도로 파란을 떠난 인조가 후금과 형제 관계로 지낸다는 화의를 맺으면서 후금은 철수하였다.

② **병자호란**(1636년)

  ㉠ 국호를 후금에서 청(淸)으로 고친 청의 태종은 조선에 군신 관계를 요구하였다. 이를 거절하고 대항하자 조선을 침입하였다.

  ㉡ 청의 침공에 인조는 남한산성으로 피란을 떠나 항전하였다.

  ㉢ 남한산성에서 주전파(청에 끝까지 맞서 싸우자는 주장)와 주화파(청과 외교적 협상을 하자는 주장)의 대립 끝에 인조는 삼전도에서 청 태종에게 항복하였다.

③ **호란 이후의 상황**

  ㉠ 효종(17대 왕, 재위 1649 ~ 1659년) 시기 북벌론이 대두하였다.

- 북벌론 : 청이 있는 북쪽을 무력으로 공격하자는 주장이다.
- 호란 시기 청에게 당한 치욕을 되돌려주고, 명에 대한 의리를 지키는 목적에서 추진되었다.

  ㉡ **북학론의 등장**

- 북학론 : 청의 문물과 제도를 일부 받아들여 개혁을 추구하려고 한 이론이다.
- 실생활의 활용에 초점을 맞춘 학문을 연구하는 실학자들을 중심으로 대두되었다.

04 | 조선 후기의 사회와 문화

(1) 새로운 사상의 대두

① 천주교(서학)

ㄱ 청을 통해 천주교가 조선에 전파되었다.

ㄴ 모든 인간이 평등하고, 내세를 믿는 사상, 유교에서 중요한 제사를 거부하는 등의 내용으로 인해 사교로 규정되었다.

ㄷ 순조 시기에 천주교 신도 300여 명이 처형되고, 정약용과 정약전 등이 유배되는 박해가 발생하였다.

② 동학

ㄱ 민족주의적 성격의 민간 신앙으로 경주 지방의 몰락 양반 출신인 최제우에 의해 창시되었다.

ㄴ 사람이 곧 하늘이라는 인내천(人乃天) 사상을 기본으로 하여 신분과 계급을 떠난 평등을 추구하였다.

ㄷ 피지배 계층의 지지를 받으며 성장한 동학은 사교로 규정되어 금지되고, 교조인 최제우가 처형되었다.

(2) 농민 봉기

① 홍경래의 난(1811년)

ㄱ 몰락 양반 출신 홍경래를 중심으로 농민, 광부, 일용 노동자 등이 가세하여 일어난 민란이다.

ㄴ 세도 정치의 폐단으로 촉발되었다.

② 임술 농민 봉기(1862년)

ㄱ 경상도 우병사 백낙신 등의 수탈에 반발하여 진주 농민들이 난을 일으켰다.

ㄴ 철종 시기 절정에 다다랐던 삼정의 문란 역시 농민 봉기 발생의 큰 원인이었다.

ㄷ 진주에서 시작된 농민 봉기는 전국적으로 확대되어 70여 곳에서 농민 봉기가 발생하였다.

ㄹ 정부는 삼정이정청을 설치하여 농민 봉기의 원인인 삼정의 문란을 바로잡고자 하였다.

(3) 조선의 역사서

① 조선왕조실록

ㄱ 태조 ~ 철종까지의 경사를 시간 순서로 기록한 역사서이다.

ㄴ 사관이 사초를 작성하고 당대 왕의 사후에 편찬되었다.

② 발해고

ㄱ 발해의 문화와 역사와 문화를 기록한 역사서이다.

ㄴ 유득공이 저술하였으며, 통일 신라와 발해를 처음으로 '남북국'이라고 표현하였다.

③ 고려사

ㄱ 고려 시대의 전반적인 역사를 정리한 기전체 역사서이다.

ㄴ 김종서, 정인지 등이 왕명에 의해 편찬하였다.

(4) 조선의 수취 제도

① 전세 : 논과 밭에서 거두는 세금이다.

ㄱ 공법(세종)

• 전분6등법 : 토지의 비옥 정도에 따라 6개의 등급으로 나눠 차등적으로 전세를 부과하였다.

• 전분9등법 : 한 해 동안의 풍년과 풍년 정도에 따라 9개의 등급으로 나눠 차등적으로 전세를 부과하였다. 이때 1결당 최저 4두에서 최고 20두까지 징수하였다.

ㄴ 영정법(인조)

• 배경 : 왜란과 호란을 겪은 뒤 피폐해진 민생으로 인해 전세 부담이 커졌다.

• 백성의 부담을 줄이기 위해 풍흉에 관계없이 1결당 4두를 징수하였다.

※ 결 … 조선 시대에 통용되던 논밭 넓이의 단위이다.

② 공납 : 각 지방에서 생간되는 토산품을 납부하는 것이다.

ㄱ 조선 전기 : 모든 집에 동일하게 부과하였다.

ㄴ 대동법(조선 후기, 광해군)

- 배경 : 서리와 상인들이 특산품을 관청에 대신 납부하고 일반 농민에게 그 대가를 받는 방납이 점차 악용되기 시작하여 폐단이 심각했다.
- 공납을 현물이 아닌 1결당 12두 혹은 삼베나 동전으로 징수하였다.
- 광해군 시기에 경기도 지역을 대상으로 실시하였고, 숙종 시기에 전국적으로 확대되었다.

③ 역 : 16세 이상의 양인 남성이 노동력을 제공하는 것이다.

ㄱ 조선 전기 : 군역(국방의 의무)과 요역(공사에 노동력 동원)을 담당하였다.

ㄴ 균역법(조선 후기, 영조)

- 배경 : 군역 기피로 인해 대립제와 방군수포제가 성행하였다.
- 기존의 군포를 2필에서 1필로 축소하였다.
- 줄어든 재정을 결작(토지 1결당 2두 징수)과 선무군관포(양인에게 군관직을 주고 군포 1필 징수)로 충당하였다.

※ 대립제와 방군수포제
  ㄱ 대립제 : 돈으로 고용한 사람을 군대에 대신 보내는 것이다.
  ㄴ 방군수포제 : 군역을 면제받는 대신 군포를 지불하는 것이다.

CHAPTER 02

근대 국민 국가 수립 운동

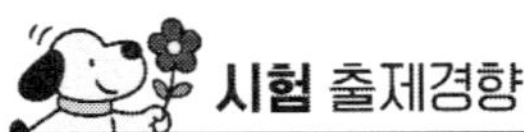

시험 출제경향

■ **5개년 출제 경향**

챕터 3. 일제 식민지 지배와 민족 운동의 전개만큼 꽤 비중을 차지하는 챕터라고 할 수 있습니다. 문항의 유형은 챕터 1과 거의 유사하나, 근대에 발생한 여러 복잡한 사건들이 많기 때문에 체감하는 난도가 급격히 올라갑니다. 흥선 대원군의 개혁 정책, 두 번의 양요, 강화도 조약, 임오군란, 동학 농민 운동, 갑신정변, 갑오개혁 등 개화기 상황에 벌어진 굵직한 사건들이 주로 출제되는 편입니다. 이 챕터에서는 외세의 영향을 받아 발생하는 사건들이 많으므로 우리나라와 외국 간의 관계와 그 관계로 인한 결과가 무엇인지 파악하는 것이 중요합니다. 또한 독립 협회, 신민회 등의 단체 이름과 각 단체가 어떤 활동을 했는지 알아두어야 합니다.

■ **학습 팁**

1. **우리나라와 외국 간의 관계와 그로 인해 발생한 사건의 인과 관계 정리하기**

전근대 역사도 우리나라와 중국, 일본 간의 관계에서 발생한 사건이 있지만, 근대에는 그보다 더 많은 사건이 발생했습니다. 예를 들어 병인양요의 경우 조선과 프랑스 간의 전투였고, 그 원인은 병인박해였습니다. 병인박해가 발생한 원인을 더 자세히 살피면 프랑스뿐만 아니라 러시아와도 어느 정도 연관성이 있다는 점을 알 수 있습니다. 하나의 사건에도 여러 나라가 얽혀 있을 수 있는 만큼 헷갈리지 않게 정리하는 것이 중요합니다.

2. **단체의 이름과 활동 익히기**

이 시기부터 여러 인물들이 단체를 조직하여 활동하는 모습이 활발하게 등장합니다. 한 명의 인물이 두 개 이상의 단체에 소속되어 이름이 여러 번 나오는 경우가 존재하는데, 예를 들어 안창호의 경우 독립 협회와 신민회 등의 단체에 소속되어 활동하였습니다. 이 때문에 어느 단체가 시간적으로 앞서 있는 것인지 혼란스러울 수 있으므로 사건뿐만 아니라 인물과 관련된 단체 역시 암기하고 있어야 합니다.

---

1 근대 사회(近代社會)와 개항

01 │ 흥선 대원군의 개혁 정책과 쇄국 정책

(1) 흥선 대원군의 개혁

① 왕실의 외척으로서 세도 정치를 주도한 안동 김 씨 세력을 축출하였다.

② 당시 정치 운영의 중심 기구이자 집권 세력의 권력을 뒷받침하던 비변사를 폐지하고 의정부의 기능을 부활시켰다.

③ 왕실의 권위 회복을 위해 경복궁을 중건하였다.

  ㉠ 경복궁 중건에 필요한 자금 마련을 위해 기부금인 원납전을 강제로 징수하였다.

  ㉡ 일반적으로 통용되던 상평통보의 100배 가치를 지닌 화폐 당백전을 발행하였다.

  ㉢ 원납전의 강제 징수와 당백전 발행으로 물가가 폭등하여 양반과 백성들의 반발이 나타났다.

④ 서원을 대폭적으로 정리하였다.

ⓐ 선현에 대한 제사, 교육 목적으로 설립된 서원
은 면세와 면역 등의 특권이 있었다.

ⓑ 시간이 지나면서 서원은 지방 양반 세력의 기반
이 되었고, 지방 행정에도 간섭하는 폐단이 발
생하였다.

⑤ 호포제를 실시하였다.

ⓐ 호포제 : 평민에게만 징수하였던 군포를 양반에게
도 거두게 한 제도이다.

ⓑ 군포의 징수로 양반들의 반발이 일어났다.

⑥ 삼정의 문란 중 하나였던 환곡을 폐지하고 사창제를
실시하였다.

　※ **사창제**(社倉制) … 기존의 환곡 제도와 달리 각 군현에 사
　창(社倉)을 설치하여 좁은 지역을 단위로 곡식을 대여해
　준 제도이다.

(2) 쇄국 정책과 양요

① 19세기에 서구 열강들이 식민지를 건설하는 등 대
외적으로 팽창하면서 조선에도 통상을 요구하는 이
양선이 출몰하였다.

② 병인양요(1866년)

ⓐ 병인박해(1866년)

• 흥선 대원군은 세력을 키운 러시아를 견제하기
위해 프랑스 선교사를 통해 프랑스와의 교섭을
시도하였으나 실패하였다.

• 유생 및 양반들을 중심으로 천주교에 대한 반발
여론이 확대되면서 천주교 박해로 이어졌다.

→ 천주교 신도 8,000여 명과 프랑스 선교사 9명
을 처형하였다.

ⓑ 병인양요의 발생

• 병인박해를 구실로 프랑스 함대가 조선을 침공
하여 강화도를 점령하였다.

• 문수 산성에서 한성근의 부대가 프랑스군과 전
투하였고, 정족산성에서 양헌수 부대가 프랑스
군을 격퇴하는 데 성공하였다.

③ 신미양요(1871년)

ⓐ 제너럴 셔먼호 사건(1866년)

• 미국의 상선 제너럴 셔먼호가 대동강을 거슬러
평양까지 도달하여 교역을 요구하였다.

• 당시 평안도 관찰사였던 박규수가 교역을 거절
하고, 미국 상인들이 배의 대포를 발포하자 평
양 관민들이 제너럴 셔먼호를 불태웠다.

ⓑ 신미양요의 발생

• 미국은 제너럴 셔먼호 사건을 구실로 강화도를
침공하였다.

• 조지진과 덕진진을 함락시킨 미국 함대는 광성
보에서 어재연의 부대와 전투 끝에 퇴각하였다.

④ 병인양요와 신미양요를 겪은 뒤 흥선 대원군은 척화
비를 건립하고, 쇄국 정책을 더욱 강화하였다.

　※ **척화비** … 서양 세력과 결코 수교하지 않겠다는 내용을 새
　긴 비석이다.

02 | 문호의 개방

(1) 강화도 조약(조 · 일 수호조규, 1879년)

① 강화도 조약의 배경

ⓐ 쇄국 정책을 펼치던 흥선 대원군이 실각하고 고
종의 왕비인 민 씨 세력이 성장하여 개항 정책
을 추진하였다.

ⓑ 운요호 사건(1875년) : 일본의 군함 운요호가 강
화도 앞바다에서 국교를 요구하며 위협 시위를
벌인 사건이다. 이 사건을 계기로 강화도 조약
이 체결되었다.

② 강화도 조약의 주요 내용

ⓐ 제1조 : 조선은 자주국으로 일본과 평등한 권리
를 가진다.

→ 조선과 청의 관계를 약화시키려는 의도가 담겨
있는 내용이다.

ⓛ 제4조 : 조선은 부산과 그 밖의 두 항구(원산ㆍ
　인천)을 개항한다.

ⓒ 제7조 : 일본은 조선의 해안을 자유롭게 측정할
　수 있다.

→ 해안 측량권을 인정한 내용이다.

ⓔ 제10조 : 일본인이 개항장에서 범죄를 저질렀을
　경우 자국의 법(일본의 법)에 따라 처리한다.

→ 치외법권을 인정한 내용이다.

③ 강화도 조약의 의의

ⓐ 조선이 외국과 맺은 최초의 근대적 조약이다.

ⓑ 일본에게 유리하고 조선은 불리한 내용을 담은
　불평등 조약이다.

④ 부속 조약

ⓐ **조ㆍ일 수호 조규 부록(1876년)의 주요 내용**

• 개항장에서 일본인의 통행할 수 있는 거리를 설
　정하였다.

• 개항장에서 일본의 화폐 사용을 허용하였다.

• 관세를 규제하지 않았다.

ⓑ **조ㆍ일 무역 규칙(1876년)의 주요 내용**

• 개항장에서 미곡의 수출입을 허가하였다(구체적
　인 수출량을 설정하지 않았다).

→ 조선의 쌀이 대량으로 일본에 수출되는 근거가
　되었다.

• 일본 정부 소속의 선박에는 항세를 부과하지 많
　았다.

→ 무역이 무관세로 진행되었다.

(2) 조ㆍ미 수호 통상 조약(1882년)

① **조ㆍ미 수호 통상 조약의 배경**

ⓐ 러시아가 조선에 간섭하는 것을 경계한 청은 적
　극적으로 조선과 미국의 수교를 장려하는 태도
　를 취했다.

ⓑ 조선 내부에서도 조선과 미국의 교류가 필요하
　다는 내용을 담은 황준헌의 「조선책략」 전해지
　면서 미국과의 수교가 필요하다는 쪽으로 여론
　이 움직이는 상태였다.

② **조ㆍ미 수호 통상 조약의 주요 내용**

ⓐ 미국인에 대한 치외법권이 인정되었다.

ⓑ 미국에게 최혜국 대우를 한다는 내용이 규정되었다.

※ **최혜국 대우** … 통상 조약 등을 체결한 나라가 상대 국가
에 대해 가장 유리한 혜택을 받는 나라와 동등한 대우를
해준다는 의미이다.

(3) 조선의 개화 정책

① **개화의 필요성 대두**

ⓐ 중국의 양무운동(중국의 전통성을 지키면서 서양
　문물을 받아들이자는 운동)의 영향을 받아 조선
　의 일부 지식인들 사이에서 개화의 필요성이 제
　기되었다.

ⓑ 외국에 사절단 파견

• 일본에 조사 시찰단을 파견하여 일본의 발전 상
　황과 근대 시설을 조사하게 하였다.

• 청에 영선사를 파견하여 청의 근대 무기 공장을
　견학하게 하였다.

• 근대화 정책 추진을 위해 협력을 얻고자 미국에
　보빙사를 파견하였다.

② **개화 정책의 추진**

ⓐ 개화 정책을 총괄하는 기구인 통리기무아문(統理
　機務衙門)을 설치하였다.

ⓑ 군사 제도를 개편하여 기존의 5군영(훈련도감ㆍ
　총융청ㆍ수어청ㆍ어영청ㆍ금위영)이 아닌 무위
　영과 장어영의 2영으로 개편하였다.

ⓒ 신식 군대 별기군을 설치하고 일본인 교관을 채
　용하여 신식 군사 훈련을 실시하였다.

ⓔ 인쇄ㆍ출판 업무를 담당하는 박문국을 설치하였
　으며, 박문국에서 우리나라 최초의 근대 신문인
　한성순보가 간행되었다.

ⓜ 우편 업무를 담당하는 우정총국을 설치하였다.

③ 위정척사 운동

　㉠ 성리학을 추구하는 유생들을 중심으로 정부의 개화 정책에 반대하는 위정척사 운동이 전개되었다.

　㉡ 강화도 조약 체결 당시 최익현은 일본이 서양 세력과 똑같다는 왜양일체론(倭洋一體論)을 주장하며 개항에 반대하였다.

　㉢ 「조선책략」이 조선에 들어와 개화의 필요성이 강조되자 경상도의 유생 이만손 등이 개화에 반발하는 상소를 올렸다.

(4) 임오군란(1882년)

① 임오군란의 원인 : 기존의 구식 군대와 개화 정책으로 설치된 신식 군대(별기군) 간의 차별 대우로 인해 임오군란이 촉발되었다.

　㉠ 구식 군인의 녹봉이 제때 지급되지 않았다(13개월 동안 밀렸다).

　㉡ 정량에 못 미치는 녹봉이 지급되었다.

② 임오군란의 전개

　㉠ 구식 군인들은 실각한 흥선 대원군을 찾아가 도움을 요청하며 별기군의 일본인 교관 살해하고, 일본 공사관을 불태웠다.

　㉡ 개화 정책을 이끌었던 명성 황후(민 씨)가 피신하고 흥선 대원군이 재집권하여 통리기무아문을 폐지하는 등 개혁 정책을 중단하였다.

③ 임오군란의 결과

　㉠ 청의 간섭 심화

　　• 청은 임오군란 진압을 명목으로 조선에 들어왔고, 흥선 대원군을 군란의 주모자라고 판단하여 청으로 압송하였다.

　　• 조 · 청 상민 수륙 무역 장정(1882년)을 체결하여 청의 상인들이 조선에서 제약 없이 활동이 가능하게 되었다.

　㉡ 일본은 임오군란 피해에 대한 배상금 지불과 일본 공사관의 경비병 주둔 등의 내용을 담은 제물포 조약(1882년)을 체결하였다.

(5) 갑신정변(1884년)

① 개화파의 분화

　㉠ 급진 개화파 : 일본의 메이지 유신(明治維新)을 모델로 하여 근대적 문물의 적극적인 수용을 주장하였다. 김옥균, 박영효 등이 대표적이다.

　㉡ 온건 개화파 : 청의 양무운동(洋務運動)을 모델로 하여 점진적인 개화를 주장하였다. 김윤식, 김홍집 등이 대표적이다.

② 갑신정변의 전개

　㉠ 급진 개화파 김옥균, 박영효, 서재필 등의 인물이 중심이 되어 우정총국 축하연을 이용해 정변을 일으켰다.

　㉡ 정권을 잡은 급진 개화파는 문벌 폐지 등 근대적 국민 국가 건설을 목표로 한 내용을 담은 14개조의 혁신 정강을 발표하였다.

③ 갑신정변의 결과

　㉠ 서울에 주둔하고 있던 청군이 개입하여 3일만에 정변을 진압하였고, 정변을 주도한 김옥균, 박영효 등의 인물들은 일본으로 망명하였다(서재필은 미국으로 망명).

　㉡ 청군의 진압 당시 공격을 받아 불탄 일본 공사관과 일본군 희생자에 대한 배상금을 조선이 지불할 것을 약속한 한성 조약(1884년)을 체결하였다.

　㉢ 갑신정변으로 조선에 대한 청의 간섭이 심화되자 일본은 이를 견제하기 위해 청과 톈진 조약(1885년)을 체결하였다.

※ 톈진 조약(天津條) … 조선에서 청과 일본의 군대가 모두 철수하고, 추후 조선에 군대를 파견할 경우 서로 통보할 것을 약속한 조약이다.

01 | 동학 농민 운동과 근대적 개혁

(1) 동학 농민 운동(1894년)

① 동학의 전파

ㄱ 일본과 청은 조선과 맺은 무역 장정으로 조선 내부 경제에 영향을 미치기 시작하였고, 그로 인해 일반 농민들의 생활이 어려워졌다.

ㄴ 농촌 경제의 붕괴가 일어나게 되면서 인내천 사상, 평등을 기본 원리로 내세운 동학이 주목받으면서 교세가 확장되었다.

ㄷ 교조 신원 운동 : 1864년에 처형당한 동학 교조 최제우의 억울함을 풀고 동학교도에 대한 탄압 금지를 요구한 운동이다.

② 동학 농민 운동의 전개

ㄱ 고부 농민 봉기(1894년)

• 전라도 고부의 군수 조병갑의 수탈에 반발하여 전봉준과 농민들이 관아를 습격한 것을 시작으로 동학 농민 운동이 전개되었다.

• 조선 정부는 안핵사를 파견하여 사태를 수습하고자 하였으나, 파견된 안핵사는 동학교도에게 모든 책임을 묻고 체포하였다.

ㄴ 1차 봉기

• 정부에서 파견한 안핵사의 부당한 처리에 전봉준을 비롯한 동학교도들과 농민들이 봉기를 일으켰다.

• 각지의 농민들이 가세하여 황토현과 황룡촌에서 관군과 싸워 승리하고 전주성을 점령하였다.

ㄷ 전주 화약의 체결(1894년)

• 농민군의 기세에 조선 정부는 청에 군대를 요청하였고, 일본 역시 거류민을 보호한다는 명목으로 군대를 파견하였다.

• 조선 정부는 농민군들의 요구를 들어주겠다는 회유책을 제시하였고, 농민군은 정부와 화약을 맺으면서 해산하였다.

• 전라도 군 53곳에 자치 개혁 기구 집강소를 설치하여 농민군이 제시한 개혁안을 실천할 것을 약속하였다.

ㄹ 2차 봉기

• 조선 정부는 봉기가 진압되었다는 사실을 청과 일본에게 알리고 군대 철수를 요구하였으나 일본은 이를 거부하며 조선의 내정에 간섭하려고 하였다.

• 농민군은 일본의 침략에 대항하겠다는 목적으로 다시 봉기하였다.

• 농민군은 공주 우금치에서 조선 관군과 일본군을 상대로 격전 끝에 패배하였고, 지도층 인물인 전봉준 등이 체포되었다.

(2) 갑오개혁과 을미개혁

① 갑오개혁(1894년)

ㄱ 일본은 동학 농민 운동을 계기로 조선의 내정 개혁에 간섭하기 시작했고, 군대를 보내 경복궁을 점령하였다.

ㄴ 민 씨 세력을 축출해낸 일본은 김홍집 내각을 수립하게 하여 개혁 개혁을 추진하게 하였다.

ㄷ 김홍집 내각은 개혁 담당 기구인 군국기무처를 설치하였다.

ㄹ 갑오개혁의 주요 내용

• 정치적 내용 : 청의 연호 사용을 중단하여 청과의 사대 관계를 청산하고, 과거제를 폐지하였다.

• 경제적 내용 : 조세를 화폐로 납부하도록 하고, 모든 재정을 탁지아문에서 담당하도록 일원화하였다.

• 사회적 내용 : 신분제를 폐지하고, 과부의 재가를 허용하였으며, 조혼을 금지하였다.

• 교육적 내용 : 교육입국 조서를 발표하여 신식 교육의 의지를 내보였다.

② 을미개혁(1895년)

　㉠ 을미사변(1895년)

　　• 갑오개혁이 추진될 당시 진행되고 있던 청·일 전쟁에서 일본이 승리하여 시모노세키 조약을 체결하였다

　　※ 시모노세키 조약으로 일본은 청에게 대만과 요동 반도를 할양받았으나, 러시아·독일·프랑스의 압박에 요동 반도를 반환하였다.

　　• 조선 정부는 일본의 간섭에서 벗어나고자 러시아와의 협력을 추진하였다.

　　• 일본은 친러 세력을 등용한 명성 황후(민 씨)를 살해하였다.

　　• 을미사변 이후 친일 세력으로 내각이 개편되었고, 김홍집 내각은 다시 개혁을 추진하였다.

　㉡ 을미개혁의 주요 내용

　　• 태양력을 사용하고, 건양(建陽)이라는 연호를 사용하였다.

　　• 단발령을 공포하여 머리카락을 자를 것을 요구하고, 종두법을 실시하였다.

　　※ **종두법** … 천연두 예방을 위해 백신을 접종하는 방법이다.

02 | 독립 협회와 대한제국

(1) 독립 협회(1896 ~ 1898년)

① 갑신정변의 실패 후 미국으로 망명한 서재필은 귀국하여 근대적 개혁 사상을 가진 인사들과 함께 독립 협회를 창립하였다.

② 독립 협회의 주요 활동

　㉠ 한글과 영문으로 된 독립신문을 발행하여 국민들의 자주독립 의식을 깨웠다.

　㉡ 기금을 모아 독립문을 건립하였다.

　㉢ 아관 파천(1896년)으로 러시아 공사관에 머물고 있던 고종에게 환궁을 요구하며 러시아의 이권 침탈을 막았다.

　㉣ 민중 대회(집회)의 개최

　　• 만민 공동회를 개최하여 자주독립 의지 등의 내용을 강조하였다.

　　• 일반 시민뿐만 아니라 정부 대신들이 참여한 관민 공동회에서는 헌의 6조를 채택하고 고종에게 건의하였다.

③ 독립 협회의 해산(1898년)

　㉠ 정부의 보수적 관료들은 독립 협회가 왕이 존재하지 않는 공화정을 추구한다는 모함을 하였다.

　→ 실제로 독립 협회는 입헌군주제를 추구하였다.

　㉡ 정부는 보부상이 중심이 된 어용 단체(御用團體) 황국 협회를 조직하여 독립 협회와 충돌하게 하였다.

　㉢ 결국 고종은 독립 협회가 사회적 혼란을 빚었다는 이유로 강제 해산시켰다.

　※ **헌의 6조** … 독립 협회가 고종에게 건의한 6개 조항의 정책 내용이 담긴 제안서로 대한 제국의 자주 국권을 확립하자는 내용 등이 있다.

　　㉠ 외국인에게 의지하지 않고 자주국권을 확고히 한다.

　　㉡ 외국과의 조약은 정부 단독으로 시행하지 못하게 하고, 중추원 의장의 서명 날인도 받아야 한다.

　　㉢ 재정을 탁지부에서 총괄하여 과도하게 세금을 징수하는 폐단을 근절한다.

(2) 대한 제국과 광무개혁

① 대한 제국의 수립

  ㉠ 고종은 명성 황후가 시해된 을미사변 이후 신변
    의 보호를 위해 러시아 공사관으로 거처를 옮기
    는 아관 파천(1896년)을 단행하였다.

  ㉡ 아관 파천으로부터 1년 뒤 고종은 경운궁(현 덕
    수궁)으로 환궁하여 국호를 '대한 제국(大韓帝
    國)'으로 바꾸고 황제로 즉위하였다.

② 광무개혁(1897년)

  ㉠ 광무개혁의 기본 원칙은 '옛것을 근본으로 하고
    새로운 것을 참고한다.'는 구본신참(舊本新參)이
    었다.

  ㉡ 광무개혁의 주요 내용

    • 대한국 국제(大韓國國制)를 반포하여 대한 제국
      이 전제군주 국가임을 명확히 하였다.

    • 원수부를 설치하여 모든 군사권을 황제가 장악
      하게 하였다.

    • 자주 독립 국가로서 청과 통상 조약을 체결하는
      등 외교 활동을 추진하였다.

    • 상공업 진흥을 위해 근대적 회사와 근대 과학
      기술이 들어간 공장을 설립하였다.

3 일본의 국권 침탈과 항일 활동

01 | 일본의 국권 침탈

(1) 일본의 국권 침탈 전개

① 한 · 일 의정서(1904년)

  ㉠ 러시아와 일본 사이의 전쟁 긴장이 고조되었을
    무렵 대한 제국은 전쟁에 휘말리지 않기 위해
    국외 중립을 선언하였다.

  ㉡ 일본은 러시아와의 원활한 전쟁 수행을 위해 대
    한 제국과 한 · 일 의정서를 체결하였다.

  ㉢ 한 · 일 의정서의 주요 내용

    • 대한 제국 영토와 황제의 안전에 위협이 생길
      경우 일본 정부가 조치를 취할 수 있다.

    • 위의 내용을 위해 군사 전략상 필요한 지점을
      사용할 수 있다.

② 제1차 한 · 일 협약(1904년)

  ㉠ 일본이 대한 제국에 대한 내정 간섭을 더욱 심
    화하기 위해 체결한 조약이다.

  ㉡ 제1차 한 · 일 협약의 주요 내용은 일본이 추천
    한 정치 고문(顧問)을 채용하여 정책에 대한 협
    의를 한다는 내용이었다(고문정치).

    • 외교 고문 : 스티븐스

    • 재정 고문 : 메가타

③ 러 · 일 전쟁(1904 ~ 1905년)과 가쓰라 · 태프트 밀
  약(1905년)

  ㉠ 일본의 기습 공격으로 러 · 일 전쟁이 발발하였
    고, 최종적으로 일본이 승리하여 포츠머스 조약
    (1905년 9월)을 체결하였다.

  ㉡ 일본은 미국과 가쓰라 · 태프트 밀약(1905년 7
    월)을 체결하여 미국으로부터 대한 제국에 대한
    지배권을 인정받았다.

④ 을사늑약(1905년 11월)

　㉠ 이완용, 이지용, 박제순 등의 친일파 주도로 을사늑약이 체결되었다.

　㉡ 을사늑약의 주요 내용
　　• 대한 제국의 외교권이 완전히 박탈되었다.
　　• 일본이 통감부를 설치하여 대한 제국의 외교를 담당하게 되었다.
　　→ 실제로는 통감이 모든 내정에 간섭하였다.

⑤ 고종의 강제 퇴위(1907년)

　㉠ 고종은 을사늑약의 부당성을 알리기 위해 네덜란드의 헤이그에서 열리는 만국 평화 회의에 특사를 파견하였다.

　㉡ 특사는 일본의 방해로 회의에 참석하지 못했고, 일본은 이를 구실로 고종을 강제 퇴위시키고, 순종을 즉위시켰다.

⑥ 한 · 일 신협약(정미 7조약, 1907년 7월)

　㉠ 일본인 통감이 대한 제국의 내정을 완전히 장악하였다.

　㉡ 대한 제국 정부 부처에 일본인 차관을 배치하는 차관 정치를 실시하였다.

　㉢ 재정이 부족하다는 이유로 대한 제국의 군대를 해산시켰다.

⑦ 기유각서(1908년) : 사법권을 일본 정부에 위탁한다는 내용의 협약을 맺으면서 대한 제국은 사법권이 완전히 박탈되었다.

⑧ 한 · 일 합병 조약(1910년) : 당시 대한 제국의 총리대신이었던 이완용이 한 · 일 합병 조약을 수락하면서 일본에게 완전히 국권이 침탈되었다.

(2) 의열 투쟁

① 국권 침탈에 대한 민족적 반발

　㉠ 을사늑약을 성사시킨 을사5적(이완용 · 이지용 · 박제순 · 이근택 · 권중현)을 암살하기 위해 나철과 오기호 등은 을사5적 암살단을 조직하였다.

　㉡ 장인환과 전명운은 대한 제국의 외교 고문이었던 친일파 미국인 스티븐스를 저격하여 사살하였다.

② 안중근(1879 ~ 1910년)

　㉠ 연해주 일대에서 의병 운동에 참여하던 안중근은 중국 하얼빈에서 한국을 침략한 원흉인 이토 히로부미를 저격하여 사살하였다.

　㉡ 이토 히로부미 저격 후 곧장 체포된 안중근은 중국 뤼순 감옥에서 「동양평화론」을 집필하였고, 1910년 3월 26일 형장에서 순국하였다.

　※ 「동양평화론」
　　㉠ 안중근이 옥중에서 집필한 논책으로 미완으로 남았다.
　　㉡ 한 · 중 · 일 삼국이 협력하여 서양의 열강들에게 맞서고 평화를 이룩해야 한다는 안중근의 견해가 담겨 있다.

(3) 의병 운동

① 을미의병(1895년)

　㉠ 을미사변과 을미개혁의 내용이었던 단발령에 반발하여 결성된 의병이다.

　㉡ 유인석 등의 양반 유생들이 의병을 주도하였다.

　㉢ 단발령이 철회되고 고종이 해산 권고를 함에 따라 해산하였다.

② 을사의병(1905년)

　㉠ 을사늑약이 체결되고, 일본의 침략 의도에 반발하여 결성된 의병이다.

　㉡ 최익현과 같은 양반 유생, 신돌석 등의 평민 출신 등이 의병을 주도하였다.

　㉢ 의병이 전국적으로 확대되는 모습이 나타났다.

③ **정미의병**(1907년)

　　㉠ 고종이 일본에 의해 강제로 퇴위되고, 한·일 신협약으로 대한 제국의 군대가 해산된 것에 반발하여 결성된 의병이다.

　　㉡ 양반 유생, 농민, 상인, 해산된 군인 등 다양한 계층이 의병에 참여하였다.

　　㉢ 군인들의 참여로 무력이 상승했고, 전국의 의병이 모여 창의군을 결성하였다.

　　㉣ 창의군은 일본으로부터 서울을 탈환하자는 서울 진공 작전을 전개하였으나 실패하였다.

④ 서울 진공 작전의 실패 이후 창의군은 해산되었고, 일본의 남한 대토벌 작전으로 의병 활동이 위축되었다.

⑤ 국내에서의 활동이 어려워지자 의병들은 국외(만주·연해주 등)로 이동하여 독립군에 가세하였다.

02 │ 애국 계몽 운동과 경제적 구국 운동

(1) 애국 계몽 운동의 전개

① 애국 계몽 운동은 개화사상을 지닌 지식인층의 주도로 국민들의 의식을 깨워 애국심을 고취시키자는 취지에서 시작되었다.

② 신민회(1907 ～ 1911년)

　　㉠ 안창호와 양기탁 등이 중심이 되어 조직된 비밀 결사이다.

　　㉡ 신민회의 주요 활동

　　　• 평양에 대성 학교와 정주에 오산 학교를 설립하여 민족 교육을 추진하였다.

　　　• 계몽 서적 등의 출판을 위해 대구에 태극 서관을 운영하고, 「대한매일신보」를 발간하였다.

　　　• 민족 산업의 육성을 위해 평양에 자기 회사를 설립하였다.

　　　• 간도와 연해주 등의 지역에 독립운동기지를 설립하여 독립군을 양성하였다(신흥 강습소).

　　㉢ 신민회의 해산(1911년) : 일본이 총독 데라우치 암살 미수 사건을 조작하여 신민회 간부 105인을 투옥시키면서(105인 사건, 1911년) 신민회의 활동은 중단되었다.

　　※ 「대한매일신보」 … 영국인 베델의 신분을 빌려 발간한 신문으로 국채 보상 운동, 의병 운동 등을 긍정적으로 보도하였다.

(2) 일본의 경제 침탈과 경제적 구국 운동

① 화폐 정리 사업(1904년)

　　㉠ 재정 고문으로 취임한 메가타는 상평통보, 백동화 등의 화폐를 회수하고, 화폐본위를 일본과 똑같이 규정하였다.

　　㉡ 백동화의 가치에 따라 화폐를 교환해 주었으며, 교환 과정에서 한국인들이 경제적 손실을 보았다.

② 동양 척식 주식회사 설립(1908년) : 일본이 한국에 설립한 국책 회사로 일본인의 토지 투자 등 식민지 경영을 원활히 하기 위해 설립되었다.

③ 방곡령 사건(1889년)

　　㉠ 한국의 미곡을 일본이 대량 매입하면서 가격이 폭등하자 함경도 관찰사 조병식은 방곡령을 선포하였다.

　　㉡ 일본측은 방곡령 통보가 늦었다는 항의에 결국 방곡령은 철회되고 배상금을 지불하게 되었다.

④ 국채 보상 운동(1907년)

　　㉠ 일본이 강제로 빌리게 한 차관이 짧은 시간에 1,300만 원으로 증가하였다.

　　㉡ 대구의 서상돈 등이 주도하여 나라의 빚을 갚자는 모금 운동을 전개하여 전국적으로 퍼져나갔으나, 통감부의 방해로 중단되었다.

03 │ 개항 이후 사회·문화적 변화

(1) 의·식·주 변화와 근대 시설의 도입

① 의·식·주

　　㉠ 양복·양장과 같은 서양식 의복 착용이 확산되었다.

　　㉡ 커피 등의 서양 음식이 전래되었다.

　　㉢ 서양 건축 방식으로 지어진 건물이 나타났다. 대표적으로 덕수궁 석조전과 명동 성당 등이 있다.

② 근대 시설

　　㉠ 전차 : 서대문 ～ 청량리 구간에 전차가 설치되었다.

　　㉡ 철도 : 일본이 경인선·경부선·경의선을 건설하였다(경부선, 경의선은 러·일 전쟁 중 군사적 이용 목적으로 건설되었다).

　　㉢ 의료 : 우리나라 최초의 서양식 병원인 광혜원이 설치되었다.

(2) 언론의 발달

① 한성순보

　　㉠ 우리나라 최초의 신문으로 박문국에서 발행되었다.

　　㉡ 순 한문으로 되어 있다.

② 독립신문

　　㉠ 독립 협회의 서재필 등이 창간한 신문으로 한글과 영문으로 발행되었다.

　　㉡ 민권 의식 성장을 촉진하는 계몽적 기능을 하였다.

③ 황성신문

　　㉠ 낭궁억, 장지연 등이 외세의 침입에 대한 항쟁, 국민 의식 계발을 목적으로 창간하였다.

　　㉡ 을사늑약이 체결된 이후 장지연의 논설문 '시일야방성대곡'이 게재되었다.

④ 대한매일신보

　　㉠ 양기탁과 영국인 베델의 주도로 창간되었다.

　　㉡ 한글과 영어로 되어 있으며, 일본의 검열을 피해 국내 상황을 알리고자 영국인 베델의 신분을 빌려 발행한 것이었다.

※ 시일야방성대곡(是日也放聲大哭) … '이 날, 목 놓아 통곡하노라'라는 뜻으로 을사늑약의 굴욕적인 내용과 일본의 침략의도를 논박한 논설문이다.

CHAPTER 03

일제 식민지 지배와 민족 운동의 전개

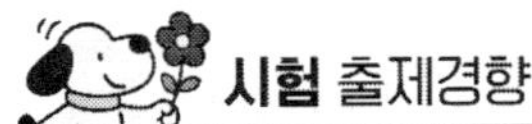 **시험 출제경향**

■ **5개년 출제 경향**

시험 문제들 중 큰 비중을 차지하고 있으면서 내용 자체로 최고 난도를 자랑하는 챕터라고 할 수 있습니다. 일제 강점기와 독립 운동, 광복과 대한민국 정부의 수립은 시간의 흐름에 따라 이어지므로 다음 챕터와의 연관성도 높습니다. 이번 챕터에서 주로 등장하는 내용은 대한민국 임시 정부, 일제의 식민지 통치 방식, 1910 ~ 1930년대 독립 운동 방식입니다. 일제의 식민지 통치 방식의 경우 1910 · 1920 · 1930년대에 따라 변화하는 양상을 보이고, 변화하게 된 배경을 알아 둔다면 더욱 빠른 이해가 가능합니다. 독립 운동의 양상 역시 연대별로 변화하고, 여러 독립 운동 단체가 만들어지므로 각 내용이 섞이지 않도록 구분할 수 있어야 합니다.

■ **학습 팁**

1. **국내와 국외 항일 운동 파악하기**

독립 운동은 국내뿐만 아니라 만주와 연해주 등 국외에서도 활발하게 전개되었습니다. 국외에서는 무장 투쟁 방식의 독립 운동이 많이 전개되었다는 점을 포인트로 꼽아 학습하면 도움이 될 것입니다. 또한 국내에서는 민립 대학 설립 운동, 문맹 퇴치 운동 등 실력 양성 운동과 같은 방식이 있었다는 점을 기억하는 것도 중요합니다.

2. **독립 운동과 더불어 한글 및 한국사 연구 관련 내용 익히기**

일제로부터 우리 역사와 글을 보호하기 위해 활동했던 인물과 단체에 대한 내용을 묻는 문항도 꽤 여러 번 출제 되었습니다. 한글 보급과 연구 활동을 한 조선어 연구회와 조선어 학회, 그리고 한국사 보존을 위해 박은식과 백남운 등이 무엇을 강조했고, 저술한 역사책은 무엇인지 알아두는 것이 좋습니다.

1 일제의 식민지 정책(1910 ~ 1930년대)

01 | 1910년대 식민지 통치 정책

(1) 무단 통치

① 한국의 내정을 장악했던 통감부 대신 식민지 통치 최고 기구인 조선 총독부가 설치되었다.

② 육 · 해군 대장 출신의 총독이 부임하여 행정 · 입법 · 사법 · 군통수권을 모두 총괄하였다.

③ 헌병 경찰 제도

    ㉠ 경찰이 하는 업무인 치안 유지 등을 헌병(군인)이 담당하도록 하였다.

    ㉡ 사실상 독립 운동을 탄압하는 것이 주요 업무였으며, 범죄에 대한 즉결 처분(벌금 · 태형 등)을 내릴 수 있었다.

④ 언론 · 출판 · 집회 · 결사의 자유를 박탈하였다.

⑤ 일반 관리 및 교사까지 제복을 입고 칼을 착용하여 공포 분위기를 조성하였다.

(2) 1910년대 경제적 수탈

① 토지 조사 사업(1910 ~ 1918년)

ㄱ 한반도 전체의 토지 소유주, 가격, 사용 목적 등을 조사하였다.

ㄴ 토지 소유주가 직접 신고하는 방식으로 운영하였다.

→ 미신고 토지, 소유주가 불분명한 토지는 국유지가 되었다.

ㄷ 국유지화된 토지는 동양 척식 주식회사를 통해 일본인에게 저렴한 가격으로 판매하였다.

ㄹ 소작권을 인정하지 않아 소작농이 몰락하는 현상이 발생하였다.

※ **소작**… 본인 소유의 토지가 아닌 지주로부터 토지를 빌려 경작하고, 사용료를 지주에게 납부하는 형태의 경작을 의미한다.

② 회사령(1910년)

ㄱ 한국에서 회사를 설립하기 위해서는 총독의 허가가 필요하다는 내용이다.

ㄴ 한국인의 회사 설립에 제약이 생겨 민족 산업의 성장이 방해받게 된 반면, 일본 기업의 한국 진출이 유리해졌다.

02 │ 1920년대 식민지 통치 정책

(1) 민족 분열 통치

① 1919년 3·1 운동을 계기로 일제는 한국에 대한 통치 방식을 일명 '문화 통치'로 바꾸었다.

② 문화 통치(민족 분열 통치)

ㄱ 군인 출신이 아닌 문관 총독의 임명을 허용하였다.

→ 실제로 문관은 총독으로 임명되지 않았다.

ㄴ 보통 경찰제를 실시하였다.

→ 오히려 경찰의 인원이 증가하여 한국인에 대한 감시가 심화되었다.

ㄷ 한글 신문 발간을 허용하였다.

→ 조선일보와 동아일보가 창간되었지만 검열로 인해 제대로 된 내용을 보도할 수 없었다.

③ 치안 유지법(1925년)

ㄱ 러시아 혁명 이후 전파된 사회주의 이념을 억압하고 사유 재산에 반발하는 시위를 막기 위한 목적으로 제정된 법이다.

ㄴ 실제로는 사회주의 단체뿐만 아니라 독립 운동가들을 탄압하기 위한 도구로 사용되기도 하였다.

(2) 1920년대 경제적 수탈

① 산미 증식 계획(1920년)

ㄱ 일본은 본토의 쌀 부족 문제가 심화되자 부족한 쌀을 한국에서 충당하고자 하였다.

ㄴ 한국의 쌀 생산량을 늘리기 위해 새로운 벼 품종을 보급하고, 수리 시설을 확대하였으며, 화학 비료를 사용하게 하였다.

ㄷ 산미 증식 계획의 결과

• 수리 시설 확대와 비료 사용에 들어간 비용을 농민들이 부담하게 하였다.

• 생산량은 크게 늘어나지 않았음에도 대량으로 쌀이 반출되어 농민들의 몰락이 빠르게 진행되었다.

② 회사령 폐지(1920년)

ㄱ 회사 설립을 총독의 허가제에서 신고제로 변경하였다.

ㄴ 일본 기업의 한국 진출이 더욱 가속화되었다.

03 | 1930년대 이후 식민지 통치 정책

(1) 민족 말살 통치

① 1930년대 일제는 세계 대공황의 여파로 경제적 위기를 겪었고, 이를 극복하기 위해 대대적인 침략 전쟁을 전개하였다. 그 과정에서 한국인을 전쟁에 동원하기 위한 통치가 시작되었다.

② 황국 신민화 정책

  ㉠ 일본인과 조선인의 조상이 같다는 일선동조론(日鮮同祖論)과 일본과 조선이 한몸이라는 내선일체(內鮮一體)를 내세워 친일파를 양성하고자 하였다.

  ㉡ 황국 신민 서사 암송과 신사 참배, 창씨개명을 강요하였다.

    • 황국 신민 서사 : 조선 총독부에서 제정한 일본 천황에 대한 충성 등의 내용을 담은 맹세이다.

    • 창씨개명 : 이름을 일본식으로 바꾸는 것을 의미한다.

  ㉢ 한국어와 한국사 과목의 교육을 금지하였다.

  ㉣ 언론을 통제하여 조선일보과 동아일보가 폐간되었다.

(2) 병참 기지화 정책

① 일제는 전쟁 물자 조달을 위해 한국을 병참 기지(군수 물자와 인력을 조달하는 곳)로 삼았다.

② 한반도 북부 지역에 중화학 공장과 발전소를 건설하는 등 기계 · 화학 공업을 중심으로 하는 군수공업품을 생산하게 하였다.

③ 국가 총동원법(1938년)

  ㉠ 석탄과 철을 약탈하였고, 무기 제작에 필요한 물자를 충당하기 위해 민간의 고철, 수저, 놋그릇까지 수탈하였다.

  ㉡ 인적 수탈

    • 광산과 공사장에 한국인을 강제로 징용하였다.

    • 한국의 청년과 학생들을 강제로 징병하여 전쟁에 동원하였다.

    • 한국의 여성들을 위안부로 강제 동원하였다.

2 항일 운동의 전개(1910 ~ 1930년대)

01 | 1910년대 국내외 독립 운동

(1) 국내 독립 운동

① 대한 독립 의군부(1912년)

  ㉠ 고종의 비밀 지령을 받아 임병찬이 전라도 지역에서 조직한 독립 운동 단체이다.

  ㉡ 일제에게 국권을 돌려줄 것을 요구하는 국권반환 요구서를 발송할 계획을 세웠으나, 경찰에게 발각되어 실패하였다.

② 대한 광복회(1915년)

  ㉠ 대구에서 박상진의 주도로 조직되었다.

  ㉡ 만주에 독립군 양성을 위한 학교를 세우고, 친일파 처단을 목적으로 활동하였으나, 일본 경찰에게 발각되면서 위축되었다.

(2) 국외 독립 운동

① 만주 지역

  ㉠ 신민회 간부 이회영과 이시영 등이 주도하여 경학사(한국인 자치 기구 중 하나)를 조직하고, 신흥 강습소(이후 신흥 무관 학교로 개편되었다)를 설립하였다.

  ㉡ 독립 운동 단체 간민회가 조직되었고, 명동 학교가 설립되었다.

② 연해주 지역

  ㉠ 1911년 항일 독립 운동 단체 권업회가 설립되었다.

  ㉡ 블라디보스토크에 대한 광복군 정부가 수립되었다.

③ 미국

  ㉠ 하와이에서 대한인 국민회가 조직되었다.

  ㉡ 하와이의 한국인들은 외교 활동과 함께 군인을 양성하기 위한 활동을 전개했다.

(3) 3 · 1 운동

① 3 · 1 운동의 배경

   ㉠ 미국 윌슨 대통령의 민족 자결주의(민족의 정치적 결정권은 민족 스스로에게 있다)가 전파되었다.

   ㉡ 파리 강화 회의에 김규식을 파견하여 국제 사회에 한국의 독립 의지를 내보였다.

② 3 · 1 운동의 전개

   ㉠ 민족 대표 33인이 서울 태화관에 모여 기미 독립 선언서를 낭독하고 체포되었다.

   ㉡ 학생과 시민들도 서울 탑골 공원에 모여 독립 선언서 낭독을 하며 만세 시위를 전개하였다.

   ㉢ 일제는 만세 시위가 한반도 전체로 확산되자 이를 무력으로 진압하였다.

③ 3 · 1 운동의 결과

   ㉠ 한국인의 독립 의지를 보임과 동시에 일제의 통치 방식에도 변화를 불러왔다(무단 통치 → 민족 분열 통치(일명 문화 통치)).

   ㉡ 상하이에서 대한민국 임시 정부가 수립되었다.

02 │ 대한민국 임시 정부의 활동과 1920년대 독립 운동

(1) 대한민국 임시 정부

① 국내의 한성 정부, 상하이의 임시 정부, 연해주의 대한 국민 의회가 상하이의 대한민국 임시 정부로 통합되어 수립되었다.

② 한국 최초의 민주적 공화제 정부로 대통령에 이승만, 국무총리에 이동휘가 선출되었다.

③ 대한민국 임시정부의 주요 활동

   ㉠ 비밀 행정 조직 연통제를 조직하여 국내와의 연락을 취했다.

   ㉡ 기관지로 독립신문을 발간하고, 국제 사회에 한국의 독립을 요청하기 위해 「한 · 일 관계 사료집」을 발행하였다.

   ㉢ 독립 운동 자금 마련을 위해 독립 공채를 발행하였다.

   ※ **공채** … 특정 단체가 필요에 의해 임시로 지는 빚이다.

④ 임시 정부의 개편

   ㉠ 1920년대 일제의 탄압이 심화되면서 국내와의 연락망이었던 연통제가 붕괴하였다.

   ㉡ 독립을 위한 외교 활동에서도 성과를 내지 못하면서 임시 정부 내부에서 분열이 발생하였다.

   ㉢ 국민 대표 회의(1923년) : 대한민국 임시 정부 활동의 방향성을 논의하기 위한 취지로 열린 회의이다.

창조파	개조파
기존의 임시 정부를 대체할 새로운 정부를 조직하자는 주장을 제기하였다.	임시 정부의 한계점을 보완하여 활동을 이어나가자고 주장하였다.

→ 결국 국민 대표 회의가 결렬되면서 임시 정부는 침체 위기를 맞이하였다.

   ㉣ 임시 정부의 재정비

   • 이승만이 대통령직에서 탄핵되고 박은식이 2대 대통령으로 취임하였다.

   • 김구는 한인 애국단(1931년)을 조직하여 침체된 임시 정부에 새로운 방향을 제시하였다.

   ※ **한인 애국단의 주요 활동**

   ㉠ 이봉창은 1932년 천황의 마차 행렬에 폭탄을 투척하여 천황을 암살하고자 하였다.

   ㉡ 윤봉길은 같은 해 상하이 훙커우 공원에서 열린 승전 기념식에 폭탄을 투척하였다.

(2) 1920년대 무장 투쟁

① 봉오동 전투와 청산리 대첩

   ㉠ 봉오동 전투(1920년 6월) : 홍범도가 지휘하는 대한 독립군을 비롯한 독립군 부대가 연합하여 봉오동 일대에서 일본군을 격퇴한 전투이다.

ㄴ 청산리 대첩(1920년 10월)
- 김좌진의 북로 군정서와 홍범도의 대한 독립군 등의 독립군 부대가 일본군과의 교전을 벌였다.
- 청산리에서 일본군과의 10여 차례의 전투 끝에 독립군이 승리하였다.

② 독립군의 피해

ㄱ 간도 참변(1920년) : 청산리 전투에서 패배한 일본군이 독립군을 추격함과 동시에 민간인까지 학살한 사건이다.

ㄴ 자유시 참변(1921년)
- 독립군은 일본군의 추격을 피해 소련의 자유시에 집결하였다.
- 소련은 일본군과의 충돌을 막기 위해 독립군에게 무장 해제를 요구하였고, 이를 거절하자 독립군을 공격하였다.

(3) 의열단(1919년)

① 만주에서 김원봉을 중심으로 조직되었다.

② 의열단의 주요 활동

ㄱ 나석주는 토지 수탈을 주도한 동양 척식 주식회사에 폭탄을 투척하였다.

ㄴ 김익상은 일제의 식민지 통치 기구인 조선 총독부에 폭탄을 투척하였다.

ㄷ 김상옥은 종로 경찰서에 폭탄을 투척하였다.

03 | 실력 양성 운동, 사회 운동, 학생 운동

(1) 실력 양성 운동

① 민족의 실력을 양성하여 독립을 준비하자는 방향성이 제시되면서 확산되었다.

② 물산 장려 운동(1920 ~ 1930년대 말)

ㄱ 평양에서 조만식 등의 주도로 시작되어 전국적으로 확산되었다.

ㄴ 한국에서 생산된 토산품을 애용하고 근검절약을 주장하였다.

ㄷ 대표적 구호 : 내 살림 내 것으로

③ 민립 대학 설립 운동(1920년대 초)

ㄱ 이상재와 이승훈 등의 주도로 시작되었다.

ㄴ 한국인 스스로 대학을 설립하자는 취지로 벌인 모금 운동이다.

ㄷ 일제는 민립 대학 설립 운동을 방해하기 위해 '경성 제국 대학'을 설립하였다.

ㄹ 가뭄과 홍수 등으로 생활이 어려워지자 모금이 저조해지면서 결국 중단되었다.

④ 농촌 계몽 운동(1920년대 말 ~ 1930년대 초)

ㄱ 조선일보의 문자 보급 운동과 동아일보의 브나로드 운동(1870년대 러시아에서 청년들을 중심으로 일어난 사회 개혁 계몽 운동에서 비롯되었다) 이 대표적이다.

ㄴ 야학을 운영하여 한글을 수업하는 등 문자 보급에 힘썼다.

※ 브나로드 … 러시아어로 '민중 속으로'라는 의미이다.

(2) 사회 운동

① 농민 운동

ㄱ 토지 조사 사업과 소작료의 상승으로 소작농들의 생활이 어려워지기 시작했다.

ㄴ 암태도 소작 쟁의(1923년) : 전라남도 신안군 암태도에서 소작농들이 일으킨 농민 항쟁으로 소작료의 인하를 주장하였다.

② 노동 운동

ㄱ 일제의 산업 침투로 긴 노동시간과 적은 임금에 노동자들이 착취당하였다.

ⓛ 원산 총파업(1923년) : 영국인이 운영하는 공장의
일본인 감독이 한국인 노동자를 폭행하자 노동
조합원들이 일본인 감독의 축출과 최저임금의
보장 등을 요구하며 일으킨 파업이다.

③ 여성 운동 : 여성의 지위 향상과 해방을 목적으로 한
운동이 일어났고, 여성 단체인 근우회(1927년)가
결성되었다.

④ 소년 운동 : 방정환이 주도하여 '어린이'라는 용어를
사용하고 아동 잡지 「어린이」를 창간하였다. 어린이
날을 처음으로 제정하였다.

⑤ 형평 운동(1923년) : 백정들의 신분 해방 운동으로
백정 출신에 대한 차별을 철폐하자는 목적으로 전
개된 운동이다.

(3) 학생 운동

① 6 · 10 만세 운동(1926년)

  ㉠ 순종의 장례일을 기하여 일어난 만세 운동으로
학생들이 주도하여 전개되었다.

  ⓛ 일본 경찰의 탄압을 받았지만 학생들이 주체가
되었다는 점에서 민족 운동에 새로운 영향을 주
었다.

② 광주 학생 항일 운동(1929년)

  ㉠ 배경

    • 광주 지역의 일본인 남학생이 한국인 여학생을
희롱한 것을 계기로 한 · 일 학생 간 마찰이 벌
어졌다.

    • 경찰과 학교 측은 한국인 학생에게 책임을 물어
체포하였다.

  ⓛ 전개

    • 고조된 반일 감정으로 학생들이 대규모 시위를
전개하였다.

    • 시위는 전국적으로 확산되면서 3 · 1 운동 이후에
일어난 최대 규모의 항일 민족 운동이 되었다.

04 │ 민족 유일당 운동과 신간회의 성립

(1) 국내의 민족 운동 상황

① 민족주의 계열 : 타협적 민족주의(먼저 실력을 양성
하여 외교 등을 통해 독립을 하자는 입장)와 비타협
적 민족주의(무장 투쟁을 전개하여 독립을 하자는
입장) 세력으로 나뉘어 민족 운동을 전개하였다.

② 사회주의 계열 : 레닌의 러시아 혁명 성공에 영향을
받아 사회주의 운동을 전개하였다.

  ※ **사회주의** … 자본주의에서 나타나는 사회적 · 경제적 모순
해결을 위해 사유 재산 제도 등이 사라진 사회를 추구하
는 사상이다.

(2) 신간회(1927 ~ 1931년)

① 비타협적 민족주의와 사회주의 세력이 항일 운동 전
개를 위해 협력하면서 신간회가 창립되었다.

② 신간회의 주요 활동

  ㉠ 한국인에 대한 교육 차별 금지, 한국어 교육의
실시, 한국인 착취 금지 등을 주장하며 일제의
식민지 정책을 비판하였다.

  ⓛ 광주 학생 항일 운동의 진상을 파악하기 위한
조사단을 파견하였고, 일본 경찰과 학교 측의
조치에 대한 부당함을 알리는 민중 집회를 개회
하였다.

  ⓒ 신간회의 활동에 영향을 받아 여성 단체인 근우
회가 조직되었다.

③ 신간회의 해체(1931년)

  ㉠ 일제의 지속적인 활동 방해가 있었다.

  ⓛ 신간회 내부에서 타협적 민족 운동을 하자는 목
소리가 나오면서 반발이 생겨났고, 결국 해산되
었다.

05 | 민족 문화 보호를 위한 노력

(1) 한국사 연구

① 일제는 한국사 교육을 금지하고, 식민 사관 등의 왜곡된 역사를 주입하였다.

② 한국사 보호를 위한 활동

　㉠ 박은식

　　• 독립 운동가이자 사학자이다.

　　• 국혼을 강조하며 「한국통사」, 「한국독립운동지혈사」 등을 집필하였다.

　　　※ 국혼(國魂) … '국가의 영혼'이라는 의미로 박은식은 역사는 곧 국혼에 속하는 것이라고 설명하였다.

　㉡ 신채호

　　• 독립 운동가이자 학자이다.

　　• 「조선사연구초」와 「조선상고사」를 집필하였다.

　㉢ 백남운

　　• 민립 대학 설립 운동에 참여한 교육자이자 경제학자이다.

　　• 한국사는 세계사의 보편적인 발전 법칙에 따라 발전해왔음을 주장하여 일제의 식민사관을 반박했다.

　　• 「조선사회경제사」, 「조선봉건사회경제사」를 집필하였다.

　※ 일제의 식민 사관

타율성론	당파성론	정체성론
한국의 역사는 스스로의 의지가 아닌 외세에 의해 타율적으로 발전하였다는 이론이다.	한국인은 당파를 형성하여 싸움을 하기에 문화적 수준이 낮다는 이론이다.	한국의 역사는 발전하지 못하고 정체되어 있다는 이론이다.

(2) 한글 연구

① 조선어 연구회(1921년)

　㉠ 강연회 등을 개최하여 한글을 연구하고 보급하는 활동을 하였다.

　㉡ 잡지 「한글」을 간행하고, 가갸날(한글날)을 제정하였다.

② 조선어 학회(1931년)

　㉠ 조선어 연구회가 조선어 학회로 이름을 바꾸었다.

　㉡ 한글 맞춤법 통일안을 제정하였다.

　㉢ 「우리말 큰 사전」 편찬을 시작하였으나 일제의 방해로 실패하였다,

　㉣ 일제가 조선어 학회를 독립 운동 단체로 규정하여 회원들을 체포하면서 해산되었다(조선어 학회 사건, 1942년).

06 | 1930년대 이후 무장 투쟁과 광복 준비

(1) 만주 지역의 항일 투쟁

① 만주 사변을 계기로 중국과 연합하여 활동했다.

　※ 만주 사변(1931년) … 일본 군대가 만주를 침략하여 점령한 뒤 '만주국'이라는 괴뢰국을 세워 병참 기지로 삼은 사건이다.

　※ 괴뢰국(傀儡國) … 형식적으로는 독립을 유지하고 있으나 실제로는 종속되어 있는 국가를 의미한다.

② 한국 독립군

　㉠ 지청천을 총사령관으로 하여 북만주에서 활동하였다.

　㉡ 중국군과 연합 작전을 전개하여 쌍성보(1932년)와 대전자령(1933년)에서 일본군을 상대로 승리하였다.

③ 조선 혁명군

　㉠ 양세봉이 지휘하여 남만주에서 활동하였다.

　㉡ 중국군과 연합하여 영릉가와 흥경성 전투에서 일본군에게 승리하였다.

④ 일본과 만주국 군대의 지속적인 공격으로 인해 독립군은 중국 본토로 이동하게 되었다.

(2) 중국 본토에서의 항일 투쟁과 광복 준비

① 조선 의용대(1938년)

　㉠ 김원봉이 중심이 되어 중국 본토에서 활동하던 독립 단체들을 규합하였다.

　㉡ 조선 의용대를 창설하여 중국의 국민당과 함께 대일 전쟁에 참가할 것을 결정하였다.

② 대한민국 임시 정부

　㉠ 상하이에서 충칭으로 거점을 이동하고 주석에 김구, 부주석에 김규식이 취임하여 활동을 전개하였다.

　㉡ 한국 광복군(1940년)

　　• 지청천이 총사령관으로 취임하고, 김원봉의 조선 의용대가 합류하여 임시 정부의 군대로 조직되었다.

　　• 1941년 태평양 전쟁 발발 이후 임시 정부가 대일 선전 포고를 하게 되면서 일본군과의 전투에 참여하게 되었다.

　　• 미국 전략 정보국 OSS에서 특수 훈련을 받은 인원들을 중심으로 국내 진공 작전(1945년)을 준비하나, 일본의 항복으로 실패하였다.

(3) 한국의 독립과 국제 사회

카이로 회담(1943년)	포츠담 회담(1945년)
• 미국·영국·중국의 정상이 전후 처리를 협의하기 위해 이집트 카이로에 모여 논의한 회담이다. • 한국의 독립을 처음으로 약속받았다.	• 미국·영국·소련의 정상이 독일의 포츠담에 모야 제2차 세계 대전의 전후 처리에 대해 논의한 회담이다. • 한국을 독립시킬 것을 재확인하였다.

CHAPTER 04 대한민국의 발전

시험 출제경향

■ **5개년 출제 경향**

이번 챕터의 내용은 지금으로부터 크게 멀지 않고 연관성이 높은 역사인 만큼 앞 챕터에 이어 시험에서 차지하는 비중이 높습니다. 광복 이후 한반도의 상황과 분단, 6·25 전쟁, 각 대통령 정부 시기에 발생했던 사건 등과 관련된 내용이 주로 출제되는 편입니다. 특히 이승만 정부의 사사오입 개헌, 박정희 정부의 경제 개발 계획과 유신 체제, 전두환 정부 시기의 5·18 민주화 운동, 6월 민주화 항쟁 등과 같은 키워드가 매 시험마다 하나씩 등장하였으므로 이 키워드들은 절대 빠지지 않고 학습해야 합니다. 또한 남·북 사이의 공동 선언, 합의 등이 어느 정부 시기에 이루어진 것인지 묻는 문제도 더러 출제됩니다.

■ **학습 방법**

1. 광복 이후 남·북의 분단 원인과 과정 이해하기

남·북 분단의 계기와 어떤 과정을 통해 각자의 정부가 수립되었는지를 익혀둔다면 시험에 빠지지 않고 등장하는 6·25 전쟁의 발발과 전개를 이해하는 데 도움을 받을 수 있습니다. 또한 남한과 북한의 분단이 현재까지 지속되고 있는 만큼 시험을 준비하기 위해서뿐만 아니라 현재를 이해하기 위한 과정으로서도 중요하다고 할 수 있습니다.

2. 각 정부 시기의 상황 정리하기

이승만·박정희·전두환 정부 시기는 시험에 자주 출제되는 편입니다. 이승만·박정희 정부가 장기 집권을 위해 어떤 일을 하였는지, 전두환 정부가 들어서는 과정에서 무슨 사건이 벌어졌는지 파악해 둔다면 적어도 한 문제는 확정적으로 맞힐 수 있을 것입니다.

---

1 대한민국 정부의 수립과 분단

01 | 광복 이후의 상황

(1) 조선 건국 준비 위원회의 활동과 국토 분단

① 조선 건국 준비 위원회

ㄱ 광복 직후 여운형을 중심으로 조직되었으며, 전국의 치안 유지와 행정 업무를 수행하였다.

ㄴ 좌·우익이 화합하는 형태였으나, 점차 정치적 성향의 차이로 인해 분열로 이어졌다.

② 국토 분단

ㄱ 미국과 소련은 한반도에 남아있는 일본군의 무장 해제를 명분으로 내세워 38도선 기준 북은 소련이, 남은 미국이 분할하여 점령했다.

ㄴ 남한은 미군정이 대한민국 임시 정부를 인정하지 않아 일제의 총독부 체제를 그대로 유지하게 되었다.

→ 친일 세력이 미군정에 참가하게 되었다.

ㄷ 소련은 북한의 김일성을 중심으로 좌익 세력이 정권을 차지할 수 있도록 지원하였다.

※ 좌익과 우익

좌익	우익
급진적인 변화를 추구하거나 사회주의적인 사상 또는 사회주의적·공산주의적 경향을 의미한다.	급진적인 변화에 반대하는 보수적인 사상 또는 자국의 문화와 전통을 가장 뛰어난 것으로 믿는 경향을 의미한다.

(2) 좌·우 합작 운동

① **모스크바 3국 외상 회의(1945년 12월)**

㉠ 미국·영국·소련이 전후 처리를 위해 모스크바에서 논의한 회담이다.

㉡ 한국에 대해 결정된 주요 내용

• 한국인들의 임시 정부를 수립하고, 이를 돕기 위한 미·소 공동 위원회를 설치한다.

• 미국·영국·소련·중국에 의한 신탁 통치가 결정되었다(최장 5년).

㉢ 반탁 운동의 전개

• 김구와 이승만 등의 우익 세력은 신탁 통치에 대한 반대 운동을 전개하였다.

• 좌익 세력은 초기에 신탁 통치에 반대하였으나, 이후 찬성 입장으로 바뀌었다.

② **미·소 공동 위원회와 좌·우 합작 운동**

㉠ 제1차 미·소 공동 위원회(1946년 3 ~ 5월)

• 한국의 임시 정부에 참여할 단체 구성을 두고 미국과 소련의 대립이 벌어졌다.

• 미국 : 참여를 희망하는 모든 단체가 참여할 수 있어야 한다.

• 소련 : 신탁 통치에 찬성하는 단체만 참여할 수 있어야 한다.

• 결국 제1차 미·소 공동 위원회의 협상은 결렬되었다.

㉡ 정읍 발언(1946년 6월) : 제1차 미·소 공동 위원회 결렬 이후 이승만이 남한만이라도 단독 정부를 수립해야 한다고 주장한 발언이다.

㉢ 좌·우 합작 운동

• 김규식과 여운형이 중심이 되어 남한과 북한의 통일 정부 수립 운동을 전개하였다.

• 좌·우 합작 위원회를 구성하여 활동을 이어나갔으나, 주도 인물인 여운형이 암살되고 제2차 미·소 공동 위원회까지 결렬되면서 실패하였다.

㉣ 제2차 미·소 공동 위원회(1947년 5 ~ 10월) : 미국과 소련의 입장 차가 좁혀지지 않아 한반도 문제를 유엔(국제 연합)으로 이관하였다.

02 │ 대한민국 정부의 수립

(1) 남한만의 단독 정부 수립을 둘러싼 갈등

① **유엔 총회의 결정**

㉠ 인구 비례에 따른 선거, 미국과 소련 양국의 군대 철수, 유엔 한국 임시 위원단 파견이 결정되었다(1947년 11월).

㉡ 유엔 한국 임시 위원단이 파견되는 것을 거부한 소련에 의해 남한만의 단독 선거가 결정되었다(1948년 2월).

② **남북 협상 추진(1948년 4월)**

㉠ 남한만의 단독 선거를 막기 위해 김구와 김규식은 남북 협상을 추진하였다.

㉡ 평양에서 김일성과 회의를 개최하였으나, 큰 성과를 내지 못했다.

㉢ 남과 북의 단독 정부 수립 준비가 완료되고, 김구가 암살되면서(1949년 6월) 남북 협상은 완전히 실패로 돌아갔다.

③ 제주 4 · 3 사건과 여수 · 순천 10 · 19사건

제주 4 · 3 사건 (1948 ~ 1954년)	여수 · 순천 10 · 19사건 (1948년)
• 제주도의 남조선 노동당(남로당)은 남한만의 단독 선거(5 · 10 총선거)에 반대하여 무장 봉기를 일으켰다. • 봉기한 무장대와 진압대가 충돌하면서 수많은 민간인들이 휘말려 희생되었다.	• 여수에 주둔하고 있던 부대가 제주 4 · 3 사건 진압 명령을 거부하고 전라남도 동부의 6개 군을 점거하였다. • 정부는 이를 진압하기 위해 진압군을 파견하였고, 무력 충돌이 오가는 과정에서 민간인 피해가 발생하였다.

(2) 대한민국 정부 수립과 친일파 청산

① 5 · 10 총선거(1948년)

ㄱ 남북 협상을 추진했던 김구와 김규식은 선거에 불참하였다.

ㄴ 우리나라 최초의 민주적인 선거로 21세 이상의 모든 국민들에게 투표권을 부여하였다.

② 제헌 협법(1948년 7월 17일)

ㄱ 5 · 10 총선거에서 제헌 국회 의원이 선출되었고 제헌 헌법을 공포하였다.

ㄴ 제헌 헌법의 주요 내용

• 민주 공화정 체제가 채택되었다.

• 임기 4년, 중임 가능, 간선제로 진행하는 대통령제가 채택되었다.

ㄷ 제헌 국회에서 이승만이 대통령으로 선출되었다.

③ 1948년 8월 15일 유엔 총회에서 남한이 유일한 합법 정부임을 승인받았다.

④ 반민족 행위 처벌법(1948년 8월)

ㄱ 광복 이전 친일 행위에 가담한 반민족 행위자들을 체포하기 위해 제헌 국회에서 제정된 법이다.

ㄴ 반민족 행위 특별 조사 위원회(반민 특위)를 구성하여 친일파 이광수, 최린 등을 체포하고 기소하였다.

ㄷ 친일파의 방해, 이승만 정부의 소극적 태도로 인해 반민 특위 활동은 1년 만에 중단되었다.

03 │ 6 · 25 전쟁과 전쟁 후 남한의 정치와 경제

(1) 6 · 25 전쟁(한국 전쟁)의 발단과 전개

① 6 · 25 전쟁의 배경

ㄱ 미국의 애치슨 선언 : 한반도가 미국의 태평양 지역 방위선에서 제외되었다.

ㄴ 북한은 소련과 중국으로부터 군사적 지원을 약속받았다.

② 6 · 25 전쟁의 전개

ㄱ 1950년 6월 25일 새벽 북한군이 기습적으로 남침하여 전쟁이 발발하였다.

ㄴ 3일 만에 서울이 함락되고 남한군은 낙동강 유역까지 후퇴하였다.

ㄷ 미국을 비롯한 16개국이 유엔군으로 참전했고 인천 상륙 작전을 전개하여 서울을 탈환하는 데 성공하였다.

ㄹ 유엔군과 국군은 압록강 유역까지 진격하나, 중국군의 개입으로 서울을 다시 빼앗기고 후퇴하였다(1 · 4 후퇴, 1951년).

ㅁ 38도선 부근에서 교착 상태에 이르게 되면서 휴전 협상이 시작되었고, 정전 협정이 체결되었다(1951년 7월 27일).

(2) 6 · 25 전쟁 후 남한의 정치와 경제

① 이승만 정권의 독재 시도

개헌	내용
발췌 개헌 (1952년)	• 이승만은 제2대 국회의원 선거에서 무소속 후보가 많이 당선되어 기존의 헌법으로는 자신이 2대 대통령으로 선출되지 못할 것이라고 예상하였다(당시 헌법에서는 대통령을 국회의원이 선출하는 대통령 간선제였다). • 대통령 직선제로의 개헌안을 발의하고 가결되면서(발췌개헌) 이승만이 제2대 대통령으로 선출되었다.
사사오입 개헌 (1954년)	• 이승만은 독재를 위해 초대 대통령에 한하여 중임 제한을 철폐한다는 내용의 개헌안을 발의하였다. • 당시 국회 재적인원은 총 203명이었고 3분의 2 이상이(135.3 즉, 136명 이상) 찬성해야 가결되는 것이었으나, 찬성표는 135표에 그쳤다. • 이승만은 재적인원 3분의 2를 반올림하면 135가 되므로 가결을 주장하여 개헌안 통과를 선포하였다.

② 6 · 25 전쟁 후 남한의 경제

㉠ 미국과 유엔의 원조
  • 한국은 외국으로부터 원조를 받아 식량 문제를 해결하였다.
  • 삼백 산업(밀가루 · 설탕 · 면직물을 생산하는 산업)이 발전하여 산업적 기반이 되었다.

㉡ 원조에 대한 경제 의존도가 높아진 상태에서 1950년대 말 무상 원조가 유상 차관으로 형태가 바뀌면서 경제 불안이 초래되었다.

01 | 4 · 19 혁명과 5 · 16 군사 정변

(1) 3 · 15 부정 선거와 4 · 19 혁명

① 3 · 15 부정 선거(1960년)

㉠ 이승만은 제4대 대통령 선거에서 당선되었고, 부통령 선거에서 자신의 측근인 이기붕을 당선시키기 위해 부정 선거를 자행하였다.

㉡ 3월 15일 선거 당일 마산(현 창원특례시)에서 부정 선거를 규탄하는 시위가 벌어졌고, 이를 무력으로 진압하는 과정에서 많은 희생자가 발생하였다.

② 4 · 19 혁명(1960년)

㉠ 시위를 진압한 경찰의 최루탄에 맞아 사망한 학생 김주열의 시신이 마산 앞바다에서 발견되면서 부정 선거를 규탄하는 시위가 전국적으로 확산되었다.

㉡ 이승만 정부는 비상계엄을 선포하고 시위를 진압하면서 정권을 유지하고자 하였다.

㉢ 시민들의 지속적인 하야 요구에 이승만은 대통령 직에서 물러났다(1960년 4월 26일).

(2) 장면 내각(1960 ~ 1961년)

① 4 · 19 혁명 이후 대통령에 윤보선, 장면이 국무총리가 되어 수립된 정부로 새로운 헌법 개정을 추진하였다.

② 주요 개헌 내용

㉠ 양원제(兩院制) 채택 : 국회의 구성을 양원(두 개의 의원, 예를 들어 미국의 상원과 하원이 있다)으로 하는 제도이다.

ⓛ 내각 책임제(內閣責任制) 실시 : 내각이 존속하기 위해 의회의 신임을 필수적으로 요구하는 정부의 형태이다. 의회는 내각에 대해 불신임을 의결할 수 있고, 내각은 의회를 해산시킬 수 있는 권리 등을 지닌다.

③ 당시 정부를 이끌었던 민주당 내부의 분열과 대립이 일어나고, 국민들의 요구 사항을 제대로 반영하지 못해 갈등을 빚었다.

(3) 5 · 16 군사 정변(1961년)과 박정희 정부

① 정치적 혼란이 지속되던 중 박정희를 필두로 한 군부 세력이 정변을 일으켜 정권을 차지하고(5 · 16 군사 정변), 반공 체제 강화, 자립 경제 달성, 부패 척결 등의 내용을 담은 혁명 공약을 발표하였다.

② 군정을 실시했던 박정희는 제5대 대통령에 당선되었다(1963년).

③ 박정희 정부의 주요 활동

ㄱ 한 · 일 국교 정상화
- 경제 개발에 필요한 자금과 기술을 마련하기 위해 일본과의 국교 재개를 추진하였다.
- 한 · 일 국교 재개를 위한 회담이 시작되자 이에 반대하는 시위가 발생하였다.
- 박정희 정부는 계엄령을 선포하여 많은 수의 학생과 언론인들을 체포하며 시위를 진압하고 한 · 일 기본 조약을 체결하였다.

ㄴ 제1 · 2차 경제 개발 5개년 계획

제1차 경제 개발 5개년 계획(1962 ~ 1966년)	제2차 경제 개발 5개년 계획(1967 ~ 1971년)
• 미국에게 경제 개발 자금 지원을 약속받고 베트남에 파병하였다. • 광부와 간호사 등의 근로자를 독일에 파견하여 경제 개발 자금을 마련하였다. • 경공업을 중점적으로 육성하여 수출이 증가하였다.	• 경공업 위주 산업 육성 계획을 유지하며 본격적인 공업화가 추진되었다. • 경부 고속 국도를 개통하는 등 경제 개발을 위한 간접적인 자본을 확충하였다.

ㄷ 제3 · 4차 경제 개발 5개년 계획

제3차 경제 개발 5개년 계획(1972 ~ 1976년)	제4차 경제 개발 5개년 계획(1977 ~ 1981년)
• 빠르게 성장한 경제를 바탕으로 중화학 공업 육성을 추진하였다. • 제1차 석유 파동의 여파로 인한 경제 위기를 중동 지역 건설 산업에 진출하여 극복하였다.	• 수출액 100억 달러를 달성하였다. • 중화학 공업에 대한 과잉 투자가 발생하고, 가파른 물가 상승, 부동산 투기 문제가 발생하였다. • 제2차 석유 파동의 여파로 경제 성장률이 감소하였다.

ㄹ 새마을 운동(1970) : 근면 · 자조 · 협동 정신을 강조하며 국가의 발전 및 농촌 개발 위해 전개된 지역 사회 개발 운동이다.

02 | 유신 체제와 신군부의 등장

(1) 유신 체제

① 3선 개헌(1969년)

ㄱ 박정희는 장기 집권을 위해 대통령의 3선 연임 허용, 국회의원이 국무총리와 국무위원을 겸직할 수 있다는 등의 내용을 담은 개헌안을 제출하였다.

ⓒ 개헌에 반대하는 입장이 많았으나 박정희는 개헌안을 통과시켰고, 제7대 대통령에 당선되었다.

② 유신 체제의 성립

㉠ 유신 헌법 개헌의 배경
- 미국의 닉슨 독트린(아시아 국가들의 자주적인 방위를 촉구하는 외교 정책)이 발표되면서 일부 주한 미군이 철수하였다.
- 경제 성장률이 하락하였다.

㉡ 유신 헌법(1972년)의 주요 내용
- 대통령의 임기를 6년으로 하고 중임 횟수 제한을 철폐하였다.
- 통일 주체 국민 회의에서 간접 선거를 통해 대통령을 선출하게 하였다.
- 대통령이 긴급 조치권을 행사하여 국민의 기본권을 제한 등이 가능하게 하였다.

③ 유신 체제에 대한 저항

㉠ YH 무역 사건(1979년 8월)
- 가발 수출 기업 YH의 여성 노동자들이 노동 환경 개선 요구와 갑작스러운 회사 폐업 조치에 항의하여 시위를 벌였고, 경찰이 이를 진압하는 과정에서 여성 노동자 1명이 사망하였다.
- 김영삼이 소속된 신민당은 노동 탄압, 경찰의 무력 진압을 비판하였고, 이후 김영삼이 국회에서 제명을 당했다.

㉡ 부·마 민주화 운동(부·마 항쟁, 1979년 10월)
- 김영삼의 국회 제명 이후 신민당 소속 의원들이 대거 사퇴하는 정치적 혼란 발생과 제2차 석유 파동으로 인한 경제적 위기가 맞물려 유신 반대 시위로 이어졌다.
- 부산에서 시작된 시위가 마산으로 확산되고 강한 진압이 이루어지다가 김재규에 의해 박정희가 피살되면서(10·26 사태) 유신 체제는 종료되었다.

※ 전태일 분신 사건(1970년)
㉠ 서울 평화 시장에서 재단사로 일하던 전태일은 열악한 노동 환경(저임금·긴 노동 시간 등)을 정부와 언론에 알리고자 하였으나, 실패하였다.
㉡ 피켓 시위까지 저지당한 전태일은 스스로의 몸에 불을 붙이고 근로기준법을 준수할 것을 요구하였다.
㉢ 전태일 분신 사건을 계기로 노동 운동이 본격화 되었으며, 이 사건은 YH 무역 사건과 더불어 대표적인 노동 운동이라고 할 수 있다.

(2) 신군부의 등장과 5·18 민주화 운동

① 12·12 사태(1979년) : 10·26 사태 이후 비상계엄이 선포되어 있는 상황에서 전두환·노태우 등의 신군부 세력이 쿠데타를 일으킨 사건이다.

② 5·18 민주화 운동(1980년)

㉠ 신군부가 비상계엄을 전국으로 확대하자 광주에서 비상계엄에 반대하는 학생 시위가 벌어졌다.

㉡ 신군부는 광주에 공수부대를 투입하여 시위를 무력 진압하였다.

㉢ 강도 높은 진압에 시민들까지 시위에 참여하였고 곧 무력 저항으로 발전하였다.

㉣ 광주에 계엄군이 파견되고 시민들을 향해 무차별적인 발포가 이루어지면서 수많은 희생자가 발생하였다.

03 | 민주주의의 발전

(1) 전두환 정부와 6월 민주 항쟁

① 전두환 정부

  ㉠ 5 · 18 민주화 운동 진압 후 국가 보위 비상 대책 위원회를 설치하여 전권을 장악하였다.

  ㉡ 대통령 임기 7년, 단임제와 대통령 간선제 등의 내용을 담은 개헌안이 통과되었다.

  ㉢ 당시 대통령이었던 최규하가 사임하고 전두환이 대통령으로 선출되었다.

  ㉣ 전두환 정부는 언론사를 통폐합하여 언론을 탄압하고, 삼청 교육대를 설치하여 강압적인 통치를 이어 나갔다.

② 6월 민주 항쟁

  ㉠ 6월 민주 항쟁의 계기

  • 전두환 정부는 경찰이 불법적으로 체포한 서울대학교 학생 박종철이 고문 끝에 사망한 사건(박종철 고문치사 사건, 1987년)을 은폐하려고 하였다.

  • 시민들의 대통령 직선제 개헌 요구가 있었으나 전두환은 개헌 논의를 중단하겠다는 입장을 보였다(4 · 13 호헌 조치).

  ㉡ 6월 민주 항쟁의 전개와 결과

  • 대학생들을 중심으로 집회와 시위가 이어지는 가운데, 연세대학교 학생 이한열이 최루탄에 피격된 사건이 발생하면서 6 · 10 국민 대회가 개최되었다.

  • 시위가 전국적으로 확산되었고 전두환 정부는 6 · 29 민주화 선언으로 5년 단임의 대통령 직선제 개헌 요구를 받아들였다.

(2) 민주주의의 발전과 평화적인 정권 교체

① 노태우 정부(1988 ~ 1993년)

  ㉠ 1988년 서울 올림픽을 개최하였다.

  ㉡ 남 · 북한이 동시에 유엔(UN)에 가입하였다.

  ㉢ 상호 불가침, 경제 교류 등 남한과 북한 관계에 대한 기본적인 내용이 담긴 남 · 북 기본 합의서(1991년)를 합의하였다.

② 김영삼 정부(1993 ~ 1998년)

  ㉠ 금융 실명제를 실시하여 모든 금융 거래에서 본인의 실제 이름을 사용하게 하였다.

  ㉡ 역사 바로 세우기를 통해 조선 총독부 건물을 철거하는 등 일제의 잔재를 없애고, 12 · 12 사태에 가담한 불법 군인 조직 하나회를 청산하여 군사 정권의 잔재를 없앴다.

  ㉢ 경제 협력 개발 기구 OECD에 가입하였다(1996년).

  ㉣ 외환 위기의 발생으로 국제 통화 기금 IMF에 구제 금융 지원을 요청하였다(1997년).

③ 김대중 정부(1998 ~ 2003년)

  ㉠ 외환 위기 극복을 위해 시민들이 자발적으로 금을 모아 기부하는 금 모으기 운동이 일어났다. →구제 금융을 조기에 상환하였다(2001년).

  ㉡ 6 · 15 남북 공동 선언(2000년)

  • 평양에서 개최된 남 · 북 정상 회담에서 남북 관계의 개선 노력을 위해 발표한 공동 선언이이다.

  • 이산가족 문제 논의, 금강산 관광 확대와 개성 공단 조성 등의 내용이 협의되었다.

④ 노무현 정부(2003 ~ 2008년)

  ㉠ 한 · 미 자유 무역 협정(FTA)이 체결되었다.

  ㉡ 10 · 4 남북 공동 선언(2007년)

  • 평양에서 남한과 북한의 정상이 만나 합의한 남 · 북 정상 선언이다.

  • 한반도의 평화와 경제 협력에 관한 내용에 대해 협의하였다.

※ **자유 무역 협정**(FTA) ··· 국가 간 수출입 관세 등 무역 장벽
  을 완화하여 원활한 무역을 위해 체결하는 무역 협정이다.

⑤ 이명박 정부(2008 ～ 2013년)

  ㉠ 기업의 활동 규제를 완화하고 감세 정책을 추진
    하였다.

  ㉡ 4대강 살리기 사업을 추진하였다.

⑥ 박근혜 정부(2013 ～ 2017년)

  ㉠ 대한민국 최초의 여성 대통령이다.

  ㉡ 국정 농단 의혹 제기 등 국민 신뢰를 잃어 대통
    령 직에서 파면되었다.

⑦ 문재인 정부(2017 ～ 2022년)

  ㉠ 사회 문제 해결과 한반도 평화 등을 국정 과제
    로 제시하였다.

  ㉡ 4 · 27 판문점 선언(2018년) : 남한과 북한의 정
    상이 만나 관계 개선과 북한의 비핵화에 관해
    합의한 선언이다.

5개년 기출문제

2021년 제1회 기출문제

[전근대 한국사의 이해]

1 다음 유물이 처음으로 제작된 시대는?

- 명칭 : 주먹도끼
- 용도 : 짐승을 사냥하고 가죽을 벗기는 등 다양한 용도로 사용

① 구석기 시대　　　　　　　　　　② 신석기 시대
③ 청동기 시대　　　　　　　　　　④ 철기 시대

ADVICE ① 주먹도끼는 한 덩이의 돌을 떼어 내 날을 만든 대표적 뗀석기로, 사냥이나 가죽 벗기기 등 다목적 도구로 사용된 구석기 시대 유물이다. 이 시기 사람들은 채집·사냥을 주 생계로 삼았고, 동굴이나 막집을 옮겨 다니며 생활하였다.

[전근대 한국사의 이해]

2 다음에서 ㉠에 들어갈 내용으로 가장 적절한 것은?

삼한의 사회 모습

- 신지, 읍차 등의 군장 세력이 성장함
- (　　　　　㉠　　　　　)
- 5월과 10월에 계절제를 지냄

① 진대법을 실시함　　　　　　　　② 성리학이 발달함
③ 상감 청자를 제작함　　　　　　　④ 천군이 제사를 주관함

ADVICE ④ 삼한 사회에서는 신지, 읍차라고 불리는 군장 세력이 각 소국을 다스렸다. 또한 천신을 중심으로 하는 제정의 성격이 강했기 때문에 제사를 주관하는 재사장인 천군이 존재하였다. 삼한 사람들은 5월과 10월에 제천 행사인 계절제를 지내며 하늘에 제사를 올려 풍요와 공동체의 안정을 기원하였다.

3 **다음에서 설명하는 신라의 조직은?**

> • 원시 사회의 청소년 집단에서 기원하여, 진흥왕 때 국가적 조직으로 개편함
> • 원광의 세속 5계를 행동 규범으로 삼음

① 5군영 ② 별무반
③ 화랑도 ④ 군국기무처

ADVICE ③ 화랑도 : 신라의 청소년 집단에서 기원하여 진흥왕 때 국가적 조직으로 재편된 단체이다. 원광이 제시한 사군이충(事君以忠), 사친이효(事親以孝), 교우이신(交友以信), 임전무퇴(臨戰無退), 살생유택(殺生有擇)의 세속 5계를 행동 규범으로 삼아 규율을 강조하였다. 화랑 출신 인물들은 영토 확장과 국가 통합 과정에서 핵심 지배층과 군사 지도층으로 성장하였다.
① 5군영 : 조선 후기의 중앙 상비군 조직이다.
② 별무반 : 고려 숙종 때 윤관이 편성한 신군사 조직이다. 여진 정벌을 위해 조직되었다.
④ 군국기무처 : 갑오개혁기 최고 개혁 기구이다.

4 **조선 세종의 정책으로 옳은 것을 〈보기〉에서 고른 것은?**

> ─────────── 〈보기〉 ───────────
> ㉠ 집현전 설치   ㉡ 「경국대전」 완성
> ㉢ 훈민정음 창제   ㉣ 노비안검법 실시

① ㉠, ㉡ ② ㉠, ㉢
③ ㉡, ㉣ ④ ㉢, ㉣

ADVICE ㉠㉢ 세종은 문화·학문 진흥과 백성 생활 향상을 위해 여러 정책을 추진하였다. 학문 연구와 정책 자문을 위해 집현전을 설치하였으며, 백성이 쉽게 쓰고 배울 수 있도록 훈민정음을 창제하였다.
㉡ 「경국대전」은 조선 제9대 왕인 성종 시기에 완성되었다.
㉣ 노비안검법은 고려 제4대 왕인 광종 시기에 실시되었다.

> **ANSWER** 1.① 2.④ 3.③ 4.②

5 **다음에서 설명하는 문화유산은?**

> 공주에서 발견된 백제 고분으로 중국 남조의 영향을 받아 만들어진 벽돌무덤이다. 또한 출토된 묘지석을 통해 무덤에 묻힌 왕이 누구인지 알 수 있다.

① 천마총
② 장군총
③ 강서대묘
④ 무령왕릉

ADVICE ④ 무령왕릉은 공주에서 발견된 백제의 왕릉으로, 중국 남조의 영향을 받아 축조된 벽돌무덤이다. 도굴되지 않은 상태로 발굴되어 많은 부장품과 함께 묘지석이 확인되었고, 이를 통해 무덤의 주인이 백제 무령왕임이 밝혀졌다.

6 **다음에서 ㉠에 들어갈 고려의 군사 조직은?**

> **답사 계획**
> 주제 : (㉠)의 대몽 항쟁 흔적을 찾아서
>
> • 1일차 : 강화도 강화산성
> • 2일차 : 진도 용장성
> • 3일차 : 제주도 항파두리성

① 삼별초 ② 장용영
③ 훈련도감 ④ 대한 독립군

ADVICE ① 삼별초 : 고려 무신 정권기에 조직된 특수 군사 부대로, 강화도, 진도, 제주도로 근거지를 옮겨가며 대몽 항쟁을 전개하였다. 고려 정부가 개경으로 환도하고 몽골과의 강화를 추진하자 이에 반발하여 끝까지 항쟁을 지속한 저항 세력이었다.
② 장용영 : 조선 정조 시기 설치된 국왕 친위 부대이다.
③ 훈련도감 : 조선 선조 시기 임진왜란 중에 설치된 임시기구였으나, 영조 시기에 상설기구로 규정되었다.
④ 대한 독립군 : 홍범도가 이끈 일제 강점기의 독립군 부대이다.

7 다음에서 설명하는 고려의 신분은?

> • 최하층 신분인 천민의 대부분을 차지함
> • 매매 · 증여 · 상속의 대상으로 주인에게 예속됨

① 향리
② 노비
③ 귀족
④ 6두품

ADVICE ② 노비 : 고려 사회에서 천민의 다수를 차지한 최하층 신분으로, 주인에게 예속되어 매매 · 상속 · 증여의 대상이었다. 국가에 소속된 공노비와 개인에게 속한 사노비로 구분되었으며, 사회 전반 경제 기반을 떠받치는 노동력이었다.
　① 향리 : 지방 행정을 담당한 관리이다.
　③ 귀족 : 정치 · 경제적 특권을 누린 지배층이다.
　④ 6두품 : 신라의 골품제에서 진골 아래의 신분이다.

8 다음에서 ㉠에 들어갈 역사서는?

> 학생 : 「　㉠　」에 대해 알려 주세요.
> 교사 : 고려 후기 승려 일연이 저술한 것으로, 단군의 건국 이야기를 기록하고 있습니다.

① 동의보감
② 농사직설
③ 삼국유사
④ 향약집성방

ADVICE ③ 삼국유사 : 고려 후기 승려 일연이 편찬한 역사서로, 단군의 건국 이야기를 비롯해 불교 · 설화 등이 수록되어 있다.
　① 동의보감 : 조선 허준이 편찬한 의서이다.
　② 농사직설 : 조선 세종 때 정초가 편찬한 농서이다.
　④ 향약집성방 : 조선 세종 때 편찬된 의약 서적이다.

≫ ANSWER　5.④　6.①　7.②　8.③

9 **다음에서 설명하는 고려의 정치 기구는?**

> • 관리의 비리를 감찰하는 기구임
> • 중서문하성의 낭사와 함께 대간으로 불림

① 어사대

② 집사부

③ 제가 회의

④ 통리기무아문

ADVICE ① 어사대 : 고려의 감찰 기관으로, 관리의 비리를 조사하고 역할을 맡았다. 중서문하성의 낭사와 함께 대간을 이루어 간
쟁, 봉박, 서경 등의 권한을 행사하며 왕권과 신권의 균형을 도모하였다.
② 집사부 : 신라의 왕명 집행을 담당한 관청이다.
③ 제가 회의 : 고구려의 귀족 합의 기구이다.
④ 통리기무아문 : 개항기 근대 개혁을 위해 설치된 관청이다.

10 **다음에서 ㉠에 들어갈 정치 세력은?**

> 신라 말의 사회
>
> • 중앙 귀족들 사이에 왕위 쟁탈전 전개
> • 지방에서는 (㉠)이/가 성장하여 지배권 행사
> • 선종과 풍수지리설의 유행

① 사림

② 호족

③ 권문세족

④ 신진 사대부

ADVICE ② 호족 : 왕위 쟁탈전이 격화된 신라 말, 지방에서 성장하여 스스로 성주 · 장군을 자칭하면서 지역 지배권을 행사한 이
들이다. 선종과 풍수지리설을 유행시키며 지역 기반을 넓혔다.
① 사림 : 조선 중 · 후기의 신진 유교 지식인 집단이다.
③ 권문세족 : 고려 말의 기득권 귀족 세력이다.
④ 신진 사대부 : 고려 말 개혁 성향 관료 집단이다.

11 다음에서 설명하는 조선의 사절단은?

> 왜란 이후, 에도 막부의 요청에 의해 19세기 초까지 일본에 12차례 파견되었다. 외교 사절의 의미를 넘어 일본에 조선의 문화를 전파하는 역할도 하였다.

① 영선사
② 보빙사
③ 통신사
④ 연행사

ADVICE ③ 통신사 : 임진왜란 이후에도 막부의 요청에 따라 일본에 파견된 조선의 공식 외교 사절단이다. 전쟁 이후의 국교 정상화와 평화를 확인하는 외교 임무를 수행했을 뿐 아니라, 서화·학문·의례·인쇄물 등 조선의 문물을 전파하여 문화 교류에 크게 기여하였다.
　① 영선사 : 고종 시기 새로운 무기제조법 등의 신문물을 배우기 위해 김윤식 등을 대표로 청나라 톈진(天津)에 파견한 사절단이다.
　② 보빙사 : 고종 시기 개화정책을 위해 미국에 파견한 사절단이다.
　④ 연행사 : 조선 후기 청나라로 보낸 조선의 사신을 이르는 말이다.

12 다음에서 설명하는 조선 후기 농민 봉기는?

> 1811년 순조 때 평안도에서 지역 차별과 세도 정치에 저항하여 일어난 농민 봉기이다. 이는 19세기에 일어난 대규모 농민 봉기의 시작이었다.

① 만적의 난
② 홍경래의 난
③ 부·마 민주 항쟁
④ 암태도 소작 행위

ADVICE ② 홍경래의 난 : 평안도 지역 차별과 세도 정치의 폐단, 과중한 수탈에 대한 반발로 일어난 조선 후기의 대규모 농민 봉기이다. 홍경래는 평등과 민생 구제를 내세웠으며, 이는 19세기 농민 봉기의 서막이 되어 이후 각지의 저항 운동에 영향을 주었다.
　① 만적의 난 : 고려 무신 정권기 노비 만적이 일으킨 노비 해방 운동이다.
　③ 부·마 민주 항쟁 : 1979년 유신 체제에 저항하여 부산과 마산을 중심으로 일어난 민주화 운동이다.
　④ 암태도 소작 쟁의 : 1923년 일제하 소작료 인하를 요구한 농민 투쟁이다.

》 ANSWER　9.①　10.②　11.③　12.②

13 **다음에서 ㉠에 들어갈 조선 후기의 화가는?**

> (㉠)은 중국의 것을 모방하던 기존의 산수화에서 벗어나 우리나라의 산천을 사실대로 묘사하는 진경 산수화를 그렸다. 대표적인 작품으로 '금강전도', '인왕제색도' 등이 있다.

① 담징
② 안견
③ 정선
④ 강희안

ADVICE ③ 정선은 조선 후기 진경산수화를 그린 화가로, 기존 중국의 화풍을 모방하던 산수화에서 벗어나 우리 산천을 사실적으로 묘사하였다. 대표작으로 '금강전도'와 '인왕제색도'가 있으며, 조선의 자연과 정서를 화면에 직접 담아 자주적 미감과 현실 인식을 강화하였다.

14 **다음에서 설명하는 흥선 대원군의 정책은?**

> • 군정의 폐단을 시정하기 위함
> • 상민에게만 거두던 군포를 양반에게도 징수함

① 태학 설립
② 호포제 실시
③ 「칠정산」 편찬
④ 수원 화성 건설

ADVICE ② 호포제는 흥선 대원군이 군정의 폐단을 시정하기 위해 시행한 제도로, 상민에게만 부과하던 군포를 양반에게도 확대하여 군역 부담의 불평등을 완화하고 재정을 보완하고자 하였다.

15 다음에서 ㉠에 들어갈 사건은?

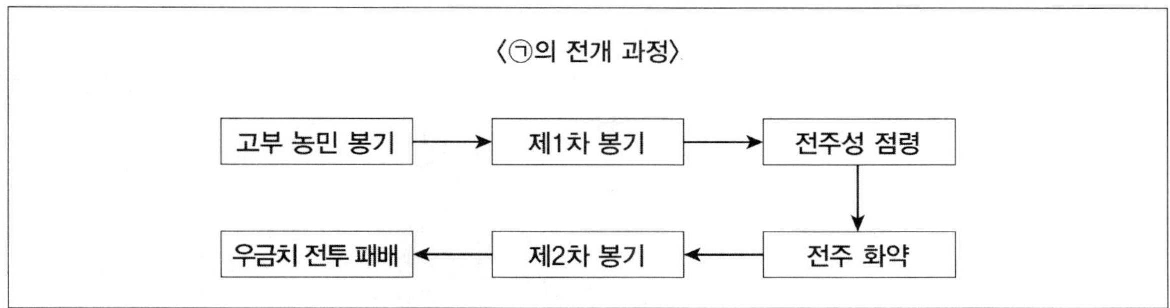

① 병자호란

② 김흠돌의 난

③ 이자겸의 난

④ 동학 농민 운동

ADVICE ④ 동학 농민 운동 : 1894년 고부 농민 봉기에서 시작되었으며, 부패한 관리와 외세의 침략에 맞서 일어났다. 농민군은 1차 봉기에서 황토현 전투와 황룡촌 전투를 연달아 승리하고 전주성을 점령하며 전주 화약을 체결하였다. 그러나 일본군이 철수를 거부하고 경복궁을 점령하자 2차 봉기를 일으켰지만 우금치 전투에서 패배하였다.
① 병자호란 : 1636년 청나라가 조선에 침입하여 일어난 전쟁으로 남한산성으로 피란 간 인조는 삼전도에서 항복하였다.
② 김흠돌의 난 : 신문왕의 장인인 김흠돌이 일으킨 난이다. 신문왕은 이 난을 진압하면서 왕권을 강화할 수 있었다.
③ 이자겸의 난 : 고려 왕실의 외척이었던 이자겸이 왕위를 노리고 일으킨 난이다.

16 다음에서 설명하는 단체는?

> • 일제 강점기에 한글을 지키려는 노력을 전개하여 한글 맞춤법 통일안을 제정하였다.
> • 「우리말 큰사전」 편찬을 시도하였으나 일제의 방해로 성공하지 못하였다.

① 황국 협회   ② 한국 광복군

③ 한인 애국단   ④ 조선어 학회

ADVICE ④ 조선어 학회 : 일제 강점기에 우리 한글말을 보존하기 위해 활동한 단체로, 한글 맞춤법 통일안 제정과 우리말 큰사전 편찬 사업을 추진하였다. 그러나 일제의 강압으로 조선어 학회 사건이 발생하여 강제로 해산되었다.
① 황국 협회 : 독립협회를 견제하기 위해 결성된 어용 단체이다.
② 한국 광복군 : 대한민국 임시 정부가 조직한 군대이다.
③ 한인 애국단 : 김구가 조직한 의열 투쟁 단체이다. 단원으로는 윤봉길, 이봉창 등이 있다.

> **ANSWER** 13.③ 14.② 15.④ 16.④

17 다음 대화 내용에 해당하는 사건은?

① 임오군란

② 갑신정변

③ 갑오개혁

④ 을미사변

ADVICE ① 임오군란 : 구식 군대가 신식 군대인 별기군에 비해 차별 대우를 받은 것에 불만을 품고 일으킨 난이다. 임오군란을 계기로 흥선 대원군이 재집권하면서 개화 정책이 중단되었으나, 청군의 개입과 제물포 조약을 체결하는 결과를 초래하였다.
② 갑신정변 : 1884년 급진 개화파가 일으킨 정변이다.
③ 갑오개혁 : 1894년 추진된 근대 개혁 정책이다.
④ 을미사변 : 1895년 일본이 명성 황후를 시해한 사건이다. 이로 인해 고종은 러시아 공사관으로 거처를 옮겼다.

18 다음에서 ㉠에 들어갈 단체는?

(㉠)의 활동

• 독립문 건립
• 만민 공동회 개최
• 러시아의 절영도 조차 요구 저지

① 신민회

② 근우회

③ 독립 협회

④ 조선 형평사

ADVICE ③ 독립 협회 : 자주 국권 수호와 근대 개혁을 목표로 설립된 단체이다. 독립문 건설과 독립신문을 발행함으로써 자주 독립 의식을 확산했으며, 만민 공동회를 개최하여 민중이 직접 정치를 참여하도록 요구하였다. 또한 러시아의 절영도 조차 요구를 저지하는 활동도 전개하였다.
① 신민회 : 1907년에 안창호, 양기탁 등을 중심으로 조직된 비밀결사로, 대한매일신보를 발행하고, 오산학교를 설립하는 등 애국 계몽 및 항일 운동을 전개하였다.
② 근우회 : 1927년에 조직된 독립운동 및 여성운동 단체로, 여성의 해방과 교육 개선 운동을 전개하였다.
④ 조선 형평사 : 1923년 백정(白丁)의 신분 해방을 목적으로 조직된 사회운동단체로, 백정에 대한 차별을 철폐하고자 하였다.

19 **일정의 식민지 경제 정책으로 옳지 않은 것은?**

① 영정법 실시

② 남면북양 정책 추진

③ 산미 증식 계획 시행

④ 토지 조사 사업 실시

ADVICE ① 일제는 토지 수탈을 위해 토지 조사 사업을 추진하고, 식량 수탈을 목적으로 산미 증식 계획을 시행하는 등의 식민지 경제 정책을 펼쳤다. 반면 영정법은 조선 시대 전세 제도로, 일제의 식민지 경제 정책과는 관련이 없다.

20 **다음에서 설명하는 민족 운동은?**

> • 민족 자결주의와 2 · 8 독립 선언의 영향을 받아 일어남
> • 대한민국 임시 정부 수립의 계가기 됨

① 3 · 1 운동

② 새마을 운동

③ 문자 보급 운동

④ 서경 천도 운동

ADVICE ① 3 · 1 운동 : 1918년 미국 대통령 윌슨의 민족 자결주의와 일본 유학생들의 2 · 8 독립 선언의 영향을 받아 일어난 전국적 대규모 민족 운동이다. 이 운동은 국내외 독립운동 세력의 통합을 촉진하여 대한민국 임시 정부 수립의 직접적 계기가 되었다.
② 새마을 운동 : 1970년부터 시작된 박정희 정부의 농촌 근대화 운동으로 근면 · 자조 · 협동의 정신을 바탕으로 한다.
③ 문자 보급 운동 : 조선일보 등이 중심이 되어 문맹 퇴치를 위해 전개한 계몽 운동으로, 한글 교재 등을 보급하였다.
④ 서경 천도 운동 : 고려 인종 시기 묘청을 중심으로 한 서경 세력들이 도읍을 서경(현 평양)으로 옮길 것을 주장하며 전개한 운동이다.

21 **1948년 제정된 '반민족 행위 처벌법'의 목적으로 옳은 것은?**

① 친일파 청산

② 신분제 폐지

③ 삼정 문란 해결

④ 외환 위기 극복

ADVICE ① 반민족 행위 처벌법은 해방 이후 친일 행위자에 대한 처벌과 청산을 위해 제정되었다. 이를 바탕으로 반민족 행위 특별 조사 위원회(반민 특위)가 설치되어 친일 혐의자들을 조사하고 처벌하고자 하였다. 그러나 정부의 소극적 태도와 경찰의 방해로 활동이 크게 제한되었다.

» ANSWER 17.① 18.③ 19.① 20.① 21.①

22 다음에서 설명하는 인물은?

이달의 독립 운동가

- 생몰 연도 : 1879년 ~ 1910년
- 주요 활동
  - 1909년 하얼빈에서 이토 히로부미 처단
  - 뤼순 감옥에서 '동양 평화론' 집필

① 서희　　　　　　　　　　　　② 안중근

③ 정약용　　　　　　　　　　　④ 최승로

ADVICE ② 안중근은 1909년 하얼빈에서 이토 히로부미를 사살하여 일제 침략의 원흉을 처단한 독립운동가이다. 투옥된 후에는 뤼순 감옥에서 '동양 평화론'을 집필하여 동양 민족이 협력해야 함을 주장하였다.

23 다음에서 ㉠에 들어갈 내용으로 옳은 것은?

4 · 19 혁명

- 배경 : (　　　　　㉠　　　　　)
- 과정 : 학생, 시민들의 전국적인 시위 전개
- 결과 : 이승만의 대통력직 사임

① 브나로드 운동　　　　　　　　② 농촌 진흥 운동

③ 3 · 15 부정 선거　　　　　　　④ 민족 유일당 운동

ADVICE ③ 3 · 15 부정 선거 : 4 · 19 혁명의 직접적인 배경은 이승만 정부의 3 · 15 부정 선거였다. 조작 선거에 항의하는 학생 시위가 전국으로 확대되었고, 시민들이 참여하면서 독재 정권을 무너뜨린 민주화 운동으로 발전하였다.

① 브나로드 운동 : 동아일보의 주도로 전개된 계몽 운동이다. 야학 등을 운영하며 문자 보급에 힘썼다.

② 농촌 진흥 운동 : 1932년 조선총독부의 주도로 추진된 관제 운동이다.

④ 민족 유일당 운동 : 1920년대 한층 더 효율적인 독립운동을 위해 독립운동 단체들의 통합을 추진한 운동이다.

24 **의열단에 대한 설명으로 옳지 않은 것은?**

① 1919년 만주에서 김원봉이 주도하여 조직하였다.

② 조선 총독부, 종로 경찰서 등에 폭탄을 투척하였다.

③ 신채호의 '조선 혁명 선언'을 행동 강령으로 삼았다.

④ 쌍성총관부를 공격하여 철령 이북의 땅을 회복하였다.

ADVICE ④ 의열단은 1919년 김원봉이 만주에서 조직한 무장 독립 투쟁 단체로, 조선 총독부·경찰서·동양 척식주식회사 등에 폭탄 투척 의열 활동을 전개하였다. 또한 신채호의 「조선 혁명 선언」을 행동 강령으로 삼아 무장 투쟁의 정당성을 이론화하였다. 반면 쌍성총관부 공격과 철령 이북 회복은 고려 공민왕 시기의 일이다.

25 **다음에서 ㉠에 들어갈 내용으로 옳은 것은?**

노태우 정부의 정책

• 북방 외교 추진
• 남북한 유엔 동시 가입
• (㉠   )

① 교정도감 설치

② 관수관급제 실시

③ 개성 공단 건설

④ 남북 기본 합의서 채택

ADVICE ④ 노태우 정부는 북방 외교와 함께 남북한 유엔 동시 가입을 이루었다. 이어 1991년에는 남북 기본 합의서가 채택되어 상호 불가침, 교류 협력 등의 내용이 합의되었다.
① 교정도감은 고려 무신정권 시기의 개혁기구이다.
② 관수관급제는 조선 성종 시기 개편된 토지 제도이다.
③ 개성 공단은 노무현 정부 시기의 남북 경제 협력 정책이다.

>> ANSWER 22.② 23.③ 24.④ 25.④

CHAPTER 02

2021년 제2회 기출문제

[전근대 한국사의 이해]

1　다음 유물이 처음으로 제작된 시대의 생활 모습으로 옳은 것은?

빗살무늬 토기

① 민화가 유행하였다.

② 불교를 받아들였다.

③ 농경과 목축을 시작하였다.

④ 철제 농기구를 사용하였다.

ADVICE ③ 빗살무늬 토기는 신석기 시대를 대표하는 토기이다. 신석기 시대에는 돌을 갈아 만든 간석기를 사용하였고, 씨앗을 심어 기르는 농경과 가축을 기르는 목축이 시작되었다. 또한 움집을 짓고 강가나 바닷가에 정착하여 생활하며 씨족 사회를 이루었다.

2 다음에서 ㉠에 들어갈 나라는?

(㉠)의 8조법

- 사람을 죽인 자는 즉시 죽인다.
- 남에게 상처를 입힌 자는 곡식으로 갚는다.
- 도둑질을 한 자는 노비로 삼는다.

---

① 마한

② 백제

③ 신라

④ 고조선

ADVICE ④ 8조법은 고조선에서 시행된 법이다. 주요 내용은 생명 중시, 농경 사회 반영, 사유 재산제 형성을 보여주며, 특히 도둑질을 한 자를 노비로 삼는다는 조항을 통해 계급이 존재하였음을 확인할 수 있다.

3 다음에서 ㉠에 들어갈 사건은?

고구려와 수 · 당의 전쟁

- (㉠) : 수나라의 침입을 을지문덕이 물리침
- 안시성 싸움 : 당나라의 침입을 성주와 백성들이 결사적으로 저항하여 물리침

---

① 기묘사화

② 신미양요

③ 무신 정변

④ 살수 대첩

ADVICE ④ 살수 대첩 : 수나라 침입 당시, 고구려 장군 을지문덕이 수 양제의 30만 대군을 살수에서 크게 물리친 전투이다. 이어서 고구려는 당나라의 침략에도 맞서 안시성 전투에서 성주와 백성들의 협력으로 승리를 거두었다.
① 기묘사화 : 1519년 조광조 등의 사림 세력이 탄압받아 숙청된 사건이다.
② 신미양요 : 1871년 제너럴 셔먼호 사건을 계기로 미국이 강화도를 침략한 사건이다.
③ 무신 정변 : 1170년 문신에 비해 차별받던 고려의 무신들이 난을 일으켜 정권을 장악한 사건이다.

》 ANSWER 1.③ 2.④ 3.④

4 다음 중 발해에 대한 설명으로 옳은 것을 〈보기〉에서 고른 것은?

〈보기〉

⊙ 고구려 계승 의식을 내세웠다.
ⓒ 당으로부터 해동성국이라 불리었다.
ⓒ 화랑도를 국가적 조직으로 정비하였다.
ⓔ 이성계가 건국한 후 한양으로 천도하였다.

---

① ⊙, ⓒ
② ⊙, ⓒ
③ ⓒ, ⓔ
④ ⓒ, ⓔ

ADVICE ⊙ⓒ 발해는 698년 대조영이 고구려 유민과 말갈인을 이끌고 세운 나라로, 건국 초기부터 고구려 계승 의식을 분명히
내세웠다. 이후 무왕과 문왕 시기에 크게 발전하였으며, 특히 선왕 시기에는 당나라로부터 해동성국(海東盛國)이라
불릴 정도로 국력이 강대하였다.
ⓒ 화랑도 정비는 신라 진흥왕 시기의 일이다.
ⓔ 이성계의 건국은 조선 왕조의 역사로, 발해와는 무관하다.

5 다음에서 설명하는 고려의 왕은?

• 쌍성총관부를 공격하여 철령 이북의 영토를 수복함
• 신돈을 등용하여 전민변정도감을 설치함

---

① 성왕
② 공민왕
③ 장수왕
④ 장수왕

ADVICE ② 공민왕 : 고려 제31대 왕으로 원 간섭기에 약화된 고려의 자주성을 회복하기 위해 여러 개혁을 추진하였다. 쌍성총관
부를 공격하여 철령 이북의 영토를 수복하였고, 또한 권문세족이 불법으로 차지한 토지와 노비를 되돌리기 위해 신돈
을 책임자로 등용하여 전민변정도감을 설치하였다.
① 성왕 : 백제의 제26대 왕으로, 사비로 천도하고 국호를 남부여로 변경하였다.
③ 장수왕 : 고구려의 제20대 왕으로, 평양 천도와 남진 정책을 추진하였다.
④ 진흥왕 : 신라의 제24대 왕으로, 화랑도를 정비하고 한강 유역을 확보하였다.

[전근대 한국사의 이해]

6 다음에서 ㉠에 들어갈 내용으로 가장 적절한 것은?

수행평가 계획서

주제 : (㉠   )

- 1모둠 : 전시과 제도의 정비 과정에 대해 조사하기
- 2모둠 : 공음전, 군인전의 특징에 대해 조사하기

① 고려의 토지 제도
② 삼국의 문물 교류
③ 조선의 대외 관계
④ 통일 신라의 신분 제도

ADVICE ① 전시과, 공음전, 군인전은 모두 고려의 토지 제도와 관련된 내용으로, 고려는 관리들에게 토지를 지급하는 전시과 제도를 운영하였다. 이 과정에서 5품 이상의 고위 관료에게는 공음전, 그리고 중앙의 군인들에게는 군인전이 지급되었다.

[전근대 한국사의 이해]

7 다음에서 설명하는 고려의 공예품은?

- 신라와 발해의 전통과 기술을 토대로 송의 자기 제작 기술을 받아들여 만들어짐
- 귀족 사회의 전성기인 11세기에 만들어진 비색의 자기임

① 청자
② 활구
③ 거중기
④ 신기전

ADVICE ① 청자 : 고려 청자는 신라와 발해의 토기·유약 기술 전통에 송나라의 자기 제작 기술이 더해져 만들어졌다. 특히 귀족 문화가 번성한 11세기에는 비색을 띤 청자가 제작되었다.
② 활구 : 고려 숙종 시기 은으로 만들어진 화폐로, 병(瓶) 모양을 하고 있다. 은병(銀瓶)이라고 지칭하기도 하다.
③ 거중기 : 바위 등 무거운 물체를 들어 올리는 데 사용하던 기구로, 수원화성을 쌓는 데 사용되었다.
④ 신기전 : 조선 세종 시기 개량된 병기로, 화약을 달거나 불을 붙여 쏘는 화살이다.

➣ **ANSWER** 4.① 5.② 6.① 7.①

[전근대 한국사의 이해]

8   다음에서 설명하는 고려의 인물은?

역사 인물 카드

- 생몰 연도 : 1158 ~ 1210
- 주요 활동 – 수선사 결사 조직
  - 수행 방법으로 정혜쌍수, 돈오점수 제시
  - 선 · 교 일치의 사상 체계 정립

① 계백

② 지눌

③ 김유신

④ 김좌진

> **ADVICE** ② 지눌 : 고려 불교 개혁을 주도한 승려로, 수선사 결사를 통해 불교계를 정화하려 하였다. 수행 방법으로는 정혜쌍수와 돈오점수를 제시하였으며, 교종과 선종의 조화를 추구하여 선 · 교 일치 사상을 정립하였다.
> ① 계백 : 백제 의자왕 시기의 장군으로, 나 · 당 연합군에 맞서 황산벌 전투에 참전하였다.
> ③ 김유신 : 신라의 장군으로, 신라의 삼국통일과 당나라 군사를 몰아내는 데 기여하였다.
> ④ 김좌진 : 무장 독립운동 단체 북로 군정서의 총사령관으로, 1920년 청산리에서 일본군을 크게 무찌르는 데 성공하였다.

[전근대 한국사의 이해]

9   다음에서 설명하는 조선의 법전은?

- 세조 때 편찬을 시작하여 성종때 완성함
- 조선의 기본 법전으로 이 · 호 · 예 · 병 · 형 · 공전의 6전으로 구성됨

① 경국대전   ② 농사직설

③ 목민심서   ④ 삼국사기

> **ADVICE** ① 경국대전 : 조선의 기본 통치 법전으로, 세조 때 편찬을 시작하여 성종 때 완성되었다. 이 · 호 · 예 · 병 · 형 · 공전의 6전으로 구성되어 있으며, 경국대전의 완성은 조선의 유교 중심 중앙 집권 체제가 제도적으로 확립되었음을 의미한다.
> ② 농사직설 : 세종 때 우리 풍토에 맞는 농사법을 정리한 농서이다.
> ③ 목민심서 : 정약용이 지방 관리가 지켜야 할 규범을 정리한 책이다.
> ④ 삼국사기 : 고려 김부식이 편찬한 기전체 역사서이다.
> ※ 기전체 … 역사 서술 방식 중 하나이다. 역사를 군주와 관련된 정치 내용인 본기(本紀), 신하들의 전기인 열전(列傳), 통치제도와 경제 등의 내용을 분류한 지(志), 연표로 구성되어 있다.

10 다음에서 ㉠에 들어갈 내용으로 옳은 것은?

정조의 정책

• 규장각 운영
• 장용영 설치
• (㉠   )

① 대가야 정벌
② 훈민정음 창제
③ 수원 화성 건설
④ 노비안검법 실시

ADVICE ③ 정조는 왕권 강화를 위해 여러 개혁 정책을 추진하였다. 학문 연구와 정책 자문을 위해 규장각을 설치하고, 군사적 기반을 확보하기 위해 장용영을 설치하였다. 또한 개혁 정책의 성과를 보여 주기 위해 수원에 화성을 건설하였다. 수원 화성은 기존의 성곽 양식에 더해, 조선 후기 포병 전술의 발달을 반영한 다양한 방어 시설이 함께 갖추어져 있으며 정약용이 설계를 담당하였다.

11 다음에서 설명하는 사건은?

• 배경 : 청의 군신 관계 요구를 조선이 거절함
• 전개 : 청 태종이 침략하자 인조가 남한산성으로 피신하여 항전하였으나 삼전도에서 항복함
• 결과 : 조선은 청과 군신 관계를 맺음

① 방곡령　　　　　　　　　　② 병자호란
③ 을미사변　　　　　　　　　　④ 홍경래의 난

ADVICE ② 병자호란 : 청이 조선에게 군신 관계 체결을 요구했으나 조선이 이를 거부하면서 발생하였다. 청 태종은 군대를 이끌고 조선을 침입하였고, 인조는 남한산성으로 피신하여 항전했지만 결국 삼전도에서 항복하고 청과 군신 관계를 맺게 되었다.
① 방곡령 : 1889년 일본으로의 쌀 수출, 흉작 등으로 인해 미곡의 가격이 폭등하자 이를 관리하기 위해 외국으로의 곡물 수출을 금지한 조치이다.
③ 을미사변 : 1895년 일본 세력이 경복궁을 습격하여 명성 황후를 살해한 사건이다. 이로 인해 고종은 러시아 공사관으로 거처를 옮기게 되었다(아관 파천).
④ 홍경래의 난 : 1811년 삼정의 문란 심화, 서북 지방에 대한 차별 대우로 인해 홍경래를 필두로 몰락농민, 일용노동자, 등이 가세하여 일어난 민란이다.

» ANSWER 8.② 9.① 10.③ 11.②

12 다음에서 ㉠에 들어갈 조선의 수취 제도는?

> 학생 : (㉠)에 대해 알려주세요.
>
> 교사 : 조선 영조 때 군역 부담을 줄여 주기 위하여 실시된 수취 제도로 1년에 2필을 내던 군포를 1필로 줄였습니다.

① 과전법

② 균역법

③ 진대법

④ 호패법

ADVICE ② 균역법 : 균역법은 조선 영조가 군역 부담을 줄이기 위해 시행한 수취 제도이다. 영조는 농민이 내던 군포를 2필에서 1필로 줄였으며, 부족해진 국가 재정을 해결하기 위해 결작과 선무군관포를 거두었다.
① 과전법 : 전·현직 관료 등에게 경기도 지역의 토지(수조권지)를 지급하는 제도로 조선 초기의 토지 제도이다.
③ 진대법 : 식량이 떨어진 봄에 곡식을 대여해 주고 추수를 하는 가을에 갚게 하는 제도로 고구려 고국천왕 시기에 시행되었다. 이후 조선 시대에 환곡 제도로 발전하였다.
④ 호패법 : 16세 이상의 남성들에게 '호패'라는 신분증을 지니고 다니게 한 제도이다. 조선 태종 시기에 처음 시행되었다.

13 다음에서 설명하는 사건은?

> **개화당, 새로운 세상을 꿈꾸다**
>
> 개화당의 김옥균, 박영효, 홍영식, 서재필 등은 우정총국개국 축하연을 기회로 반란을 일으켜 근대 국가를 건설하고자 하였다.

① 갑신정변

③ 삼별초 항쟁

② 묘청의 난

④ 위화도 회군

ADVICE ① 갑신정변 : 김옥균, 박영효, 홍영식, 서재필 등 개화당이 근대 국가를 건설하기 위해 일으킨 정변이다. 이들은 우정총국 개국 축하연을 기회로 정변을 실행하였으나, 청군의 개입으로 3일 만에 실패하였다.
② 묘청의 난 : 고려 인종 시기 서경 천도 운동이 김부식 등의 개경 세력에 의해 좌절된 이후 묘청이 일으킨 반란이다.
③ 삼별초 항쟁 : 삼별초는 고려 무신 정권기의 특수 부대로 몽골과의 강화에 반대하며 봉기하였다. 이들은 근거지를 진도, 남해, 제주도 등으로 옮기며 항전하다가 고려와 몽골 연합군에게 함락되었다.
④ 위화도 회군 : 고려 우왕의 명령으로 요동을 정벌하기 위해 떠난 이성계가 위화도(압록강 하류의 섬)에서 회군하여 고려로 돌아가 정권을 장악한 사건이다.

14 다음에서 설명하는 종교는?

> • 경주의 몰락 양반인 최제우가 창시함
> • 인내천 사상을 바탕으로 인간의 평등을 강조함
> • 1894년 전봉준, 손화중 등 교도들이 농민 운동에 참여함

① 도교

② 동학

③ 대종교

④ 원불교

ADVICE ② 동학은 경주 몰락 양반인 최제우가 창시한 민중 종교이다. 동학은 사람이 곧 하늘이라는 의미의 인내천 사상을 바탕으로 인간의 평등과 사회 개혁을 강조하였다. 이후 1894년 조세 부담, 탐관오리의 수탈, 외세의 침략이 심화되자 전봉준, 손화중 등 동학 교도들이 주도하여 동학 농민 운동에 참여하였다.

15 밑줄 친 ㉠의 회원들이 벌인 활동으로 옳은 것은?

> 1907년 안창호, 양기탁 등의 설립한 ㉠ 비밀 결사 단체로 교육 진흥과 국민 계몽을 강조하고 해외에 독립운동 기지를 건설하였다.

① 강동 6주 개척

② 대동여지도 제작

③ 남북 기본 합의서 채택

④ 대성 학교와 오산 학교 설립

ADVICE ④ ㉠은 '신민회'로 안창호, 양기탁 등이 조직한 민족 계몽 및 독립운동 단체이다. 신민회의 대표적인 활동 중의 하나가 대성 학교와 오산 학교 설립이며, 이를 통해 민족 교육을 강화하고 독립운동 인재를 양성하고자 하였다.
① 993년 고려 성종 시기, 서희가 거란의 장군 소손녕과 회담을 통해 강동6주(흥화 · 용주 · 철주 · 곽주 · 통주 · 구주)의 영유권을 인정받았다.
② 대동여지도는 1861년(철종 12년) 김정호가 제작한 우리나라의 지도이다.
③ 남북 기본합의서는 남한과 북한 사이에 합의된 기본적인 사항에 관한 내용을 담은 문서로 1991년 12월에 채택되었다.

》 ANSWER 12.② 13.① 14.② 15.④

16 다음 퀴즈의 정답으로 옳은 것은?

> **한국사 퀴즈**
>
> 문제 : 다음 힌트를 듣고 정답을 말해 주세요.
> • 힌트 1 – 흥선 대원군이 왕실의 권위를 높이기 위해 실시한 정책입니다.
> • 힌트 2 – 필요 경비를 마련하려고 당백전을 발행하였습니다.

① 경복궁 중건   ② 우산국 정복

③ 삼국유사 편찬   ④ 독서상품과 실시

> **ADVICE** ① 흥선 대원군은 왕권을 강화하고 조선 왕실의 권위를 높이기 위해 경복궁을 대대적으로 중건하였다. 이 공사는 매우 많은 비용이 들었기 때문에, 경비를 마련하기 위해 당백전을 만들고, 원납전 강제 납부 등을 실시하였다.
> ② 우산국은 512년(지증왕 13년)에 신라에 복속되었다.
> ③ 「삼국유사」는 고려 후기 승려인 일연이 편찬하였다.
> ④ 독서삼품과는 통일 신라 시대의 관리 선발 제도이다.

17 다음에서 설명하는 자주 국권 운동을 전개한 단체는?

> 대한 사람 모두 모이시오!
> 만민 공동회는 남녀노소 누구나 참여할 수 있습니다.
>
> • 일자 : 1898년 ○년 ○○일
> • 취지 : 러시아 내정 간섭과 이권 요구 규탄
> • 운영 방법 : 토론회와 강연회

① 의열단   ② 독립 협회

③ 북로 군정서   ④ 미 · 소 공동 위원회

> **ADVICE** ② 독립 협회 : 만민 공동회는 1898년에 독립 협회가 개최한 자주 국권 운동이다. 독립 협회는 서재필 등이 중심이 되어 러시아의 내정 간섭과 이권 침탈을 규탄하자는 취지와 함께, 백성 스스로 나라의 주인이 되어야 한다는 의식을 확산시키고자 하였다. 만민 공동회는 남녀노소 누구나 참여할 수 있는 공개 토론회 형태로 진행되었다.
> ① 의열단 : 1919년 김원봉 등을 중심으로 하여 조직된 단체로, 일제의 기관에 폭탄을 투척하거나 관리를 암살하는 등의 활동을 전개했다.
> ② 북로 군정서 : 1919년 만주에서 조직된 독립군 단체로 김좌진이 총사령관이었다. 1920년 청산리 일대에서 일본군을 크게 무찌르는 데 성공하였다.
> ④ 미 · 소 공동 위원회 : 광복 이후 1946년 한반도에 설치된 공동위원회이다. 한반도의 신탁통치에 관해 논의하기 위해 설치되었다.

[일제 식민지 지배와 민족 운동의 전개]

18 다음에서 설명하는 것은?

> 1919년 3·1 운동을 계기로 상하이에서 수립되었으며, 민주 공화제를 지향하고 연통제와 교통국을 조직하여 활동하였다.

① 삼정이정청
② 통리기무아문
③ 문맹 퇴치 운동
④ 대한민국 임시 정부

ADVICE ④ 대한민국 임시 정부: 1919년 3·1 운동을 계기로 상하이에서 수립된 임시 정부이다. 정부 형태는 민주 공화제를 지향하였으며, 국내·외 독립운동 조직을 연결하기 위해 연통제와 교통국을 운영하였다. 이후 충칭으로 이동하여 한국 광복군을 창설하고 대일 선전 포고를 하는 등 무장 독립 투쟁을 전개하였다.
　① 삼정이정청: 조선 후기 삼정의 문란을 바로잡기 위해 설치된 기구이다.
　② 통리기무아문: 개항기 근대적 개혁을 추진하기 위해 설치된 관청이다.
　③ 문맹 퇴치 운동: 국민 계몽을 위해 전개된 교육 운동이다.

[일제 식민지 지배와 민족 운동의 전개]

19 다음에서 일제 강점기 국가 총동원법이 적용된 시기의 상황으로 옳은 것은?

① 공출 제도가 실시되었다.
② 만적의 난이 발생하였다.
③ 강화도 조약이 체결되었다.
④ 전국에 척화비가 세워졌다.

ADVICE ① 국가 총동원법이 시행된 시기는 일제가 전쟁 수행을 위해 인력과 물자를 강제로 동원하던 시기이다. 이때 미곡·금속 등을 강제로 거두어들이는 공출 제도가 실시되었고, 근로 정신대와 일본군 위안부 강제 동원도 이루어졌다.
　② 만적의 난은 고려 시대 노비 만적을 중심으로 일어난 저항으로, 신분 해방에 목적을 두고 있었다.
　③ 강화도 조약은 1876년 운요호 사건을 빌미로 일본과 맺은 수호 조약으로, 조선이 외국과 맺은 최초의 근대적인 조약이면서 불평등한 조약이었다.
　④ 서양과는 화친할 수 없다는 의지가 담긴 비석으로, 병인양요와 신미양요를 겪은 후 흥선 대원군이 설치하였다.

》 ANSWER　16.①　17.②　18.④　19.①

20 **다음에서 설명하는 단체는?**

> • 어려운 독립운동 상황을 극복하기 위해 김구의 주도하에 조직됨
> • 대표적인 활동으로 이봉창 의거와 윤봉길 의거가 있음

① 별기군

② 교정도감

③ 한인 애국단

④ 조선어 학회

ADVICE ③ 한인 애국단 : 독립운동이 어려워진 상황을 해결하기 위해 김구가 조직한 무장 항일 단체이다. 대표적인 활동으로 이봉창의 도쿄 의거와 윤봉길의 상하이 홍커우 공원 의거가 있으며, 이 두 의거는 한국의 독립 의지를 국제적으로 알리는 계기가 되었다.
　① 별기군 : 1881년에 설치된 신식 군대로 기존의 군대에 비해 우대받았다. 별기군과 구식 군대의 차별은 이후 임오군란의 원인이 되었다.
　② 교정도감 : 고려 무신 정권기에 설치된 기관으로 당시 국정을 총괄하였다.
　④ 조선어 학회 : 한글 맞춤법 통일과 표준어 및 외래어 표기법 통일안을 제정하는 등의 활동을 펼친 단체다. 우리말 큰사전을 편찬하려는 시도를 하기도 했다.

21 **다음에서 ㉠에 들어갈 내용으로 가장 적절한 것은?**

> • 제목 : 일제의 역사 왜곡에 맞선 신채호
> • 기획 의도 : 역사학자 신채호의 활동을 조명한다.
> • 내용 : 1부 대한매일신보에 '독사신론'을 연재하다.
> 　　　　2부 (　　　　　　㉠　　　　　　)

① 동의보감을 편찬한다.

② 임오군란을 주도하다.

③ 해동 천태종을 창시하다.

④ 민족주의 사학을 연구하다.

ADVICE ④ 신채호는 일제의 역사 왜곡에 맞선 민족 중심의 역사관을 세운 사학자이다. 그는 대한매일신보에서 독사신론을 연재하여 역사는 민족의 활동 기록이라고 강조하였다. 이후 「조선사 연구초」, 「조선상고사」를 저술하며 민족주의 사학을 체계적으로 정립하였다.
　① 「동의보감」은 조선 시대 허준이 편찬한 의학서이다.
　② 임오군란은 1882년 신식 군대인 별기군과의 차별 대우에 불만이 극에 달한 구식 군대가 일으킨 난이다.
　③ 해동 천태종은 고려 시대 대각국사 의천에 의해 창시되었다.

22 다음 정책을 실시한 정부 시기에 일어난 사건은?

> - 유신 헌법 제정
> - 한·일 협정 체결
> - 새마을 운동 실시
> - 경제 개발 5개년 계획 추진

① 서원 철폐 ② 자유시 참변

③ 베트남 파병 ④ 금난전권 폐지

ADVICE ③ 유신 헌법, 새마을 운동, 한·일 협정, 경제 개발 5개년 계획 모두 박정희 정부 시기에 일어난 사건들이다. 이 시기의 정부는 경제 개발 자금 등을 위해 베트남 전쟁에 한국군을 파병하였다. 이는 한국 경제 성장에 일정 부분 영향을 주었으나, 국민적 논란과 군사 독재 심화의 배경이 되기도 하였다.

① 서원 철폐는 흥선 대원군의 개혁 정책 중 하나로 양반 세력의 기반이자 백성에게 부담을 지우는 서원을 정리함으로써 민생 회복을 꾀했다.

② 자유시 참변은 일본군의 추격을 피해 소련 자유시에 모인 독립군들이 희생당한 사건이다. 당시 소련은 일본과의 마찰을 피하기 위해 독립군에게 무장해제를 요구하였고, 이를 거절하자 독립군을 공격한 것이었다.

④ 조선 후기 시전(市廛 : 시장의 가게) 상인이 난전(亂廛 : 허가받지 않은 가게)을 규제할 수 있는 권리인 금난전권은 정조 시기에 폐지되었다.

>> **ANSWER** 20.③ 21.④ 22.③

23 다음 대화 내용에 해당하는 민족 운동은?

① 형평 운동 ② 서경 천도 운동
③ 물산 장려 운동 ④ 좌·우 합작 운동

ADVICE ③ 물산 장려 운동 : 물산 장려 운동은 1920년대 평양에서 조만식을 중심으로 전개된 민족 경제 자립 운동이다. "조선 사람 조선 것"이라는 구호 아래 국산품 애용과 민족 자본 육성을 강조하였다.
① 형평 운동 : 백정에 대한 신분 차별에 반대하여 일어난 운동이다.
② 서경 천도 운동 : 고려 인종 시기 묘청을 중심으로 한 서경 세력들이 도읍을 서경(현 평양)으로 옮길 것을 주장하며 전개한 운동이다.
④ 좌·우 합작 운동 : 여운형 등의 주로도 좌익과 우익의 대립을 완화하고자 펼친 통합 운동이다.

24 다음에서 설명하는 사건은?

> 1980년 5월, 비상계엄을 전국으로 확대한 신군부에 맞서 광주의 학생과 시민들은 '광주 시민 궐기문'을 발표하고 격렬하게 저항하였다. 당시 관련 기록물은 2011년 유네스코 세계 기록 유산으로 등재되었다.

① 병인박해
② YH 무역 사건
③ 교조 신원 운동
④ 5 · 18 민주화 운동

ADVICE ④ 5 · 18 민주화 운동 : 신군부가 비상계엄을 전국으로 확대하며 시민의 자유를 억압하자, 이에 반대하는 광주 지역의 학생과 시민들이 항거하면서 일어난 민주화 운동이다. 학생과 시민들은 '광주 시민 궐기문'을 발표하고 무력 진압에 저항하였지만 계엄군은 이를 무자비하게 진압하였다. 당시의 기록물은 2011년 유네스코 세계기록유산으로 등재되어 그 역사적 의의가 국제적으로도 인정되었다.
　① 병인박해 : 1866년 흥선 대원군이 프랑스 선교사 9명과 수천 명의 천주교 신도들을 처형한 사건이다.
　② YH 무역 사건 : 노동자들의 시위를 경찰이 무력으로 진압하여 희생자가 발생한 사건이다. 이 사건은 이후 박정희 정부 몰락의 단초가 되었다.
　③ 교조 신원 운동 : 1864년에 처형당한 동학의 창시자 최제우의 억울함을 풀고 종교의 자유를 위해 벌인 운동이다.

25 다음에서 ㉠에 들어갈 내용으로 옳은 것은?

> (㉠)
>
> • 2000년에 개최된 남북 정상 회담의 결과로 발표됨
> • 이산가족 방문, 개성 공단 건설 등 남북 교류에 합의함

① 홍범 14조
② 교육입국 조서
③ 6 · 15 남북 공동 선언
④ 조 · 청 상민 수륙 무역 장정

ADVICE ③ 6 · 15 남북 공동 선언 : 남북 정상 회담의 결과 내용을 발표한 합의문이다. 이 선언에서 이산가족 상봉, 개성공단 건설, 경제 · 사회 · 문화 교류 확대 등이 합의되어 남북 화해와 교류의 전환점이 되었다.
　① 홍범 14조 : 갑오개혁의 기본적인 강령이다. 청나라로부터의 독립, 왕실의 사무와 국정의 사무 분리 등의 내용이 담겨 있다.
　② 교육입국 조서 : 갑오개혁 시기 발표된 조서로 새로운 교육의 필요성과 교육을 통한 인재 양성이 중요함을 강조하는 내용이 들어 있다.
　④ 조 · 청 상민 수륙 무역 장정 : 청나라와 맺은 조약으로 조선과 청의 사대관계를 확실히 하고, 치외법권 등의 불평등한 내용이 담겨 있다.

≫ ANSWER 23.③ 24.④ 25.③

CHAPTER 03
2022년 제1회 기출문제

[전근대 한국사의 이해]

1 다음 유물이 처음으로 제작된 시대는?

〈탁자식 고인돌〉

> 비파형 동검과 함께 만주와 한반도 북부에 집중적으로 분포한다. 이를 통해 고조선의 문화 범위를 추정할 수 있다.

① 구석기 시대 ② 신석기 시대
③ 청동기 시대 ④ 철기 시대

ADVICE ③ 탁자식 고인돌은 청동기 시대에 제작된 거석 무덤으로, 큰 판석을 탁자처럼 올린 구조를 가진 형태이다. 이 고인돌은 비파형 동검과 함께 만주와 한반도 북부 지역에 널리 분포하는데, 이를 근거로 고조선의 문화 범위가 이 지역까지 확대되었음을 알 수 있다.

[전근대 한국사의 이해]

2 다음에서 설명하는 신라의 인물은?

> • 아미타 신앙을 전파하여 불교 대중화에 기여함
> • 여러 종파의 대립을 없애고자 화쟁 사상을 주장함

① 원효 ② 일연
③ 김부식 ④ 정약용

ADVICE ① 원효 : 신라 시대의 대표적인 승려로, 아미타 신앙을 전파하여 불교를 널리 퍼뜨리는 데 큰 역할을 하였다. 또한 불교 내부의 여러 종파가 서로 대립하던 상황을 조화롭게 통합하고자 화쟁 사상을 주장하여 사상적 통합과 조화를 추구하였다.
② 일연 : 고려 시대 승려로 삼국유사를 저술하였다.
③ 김부식 : 고려 인물로 삼국사기를 편찬하였다.
④ 정약용 : 조선 후기 실학자로 목민심서, 경세유표 등을 저술하였다.

3 **다음에서 설명하는 정치 세력은?**

> • 고려 말 권문세족의 부정부패를 비판함
> • 성리학을 바탕으로 사회 모순을 개혁하고자 함
> • 대표적 인물로는 조준, 정도전, 정몽주 등이 있음

① 6두품

② 보부상

③ 독립 협회

④ 신진 사대부

ADVICE ④ 신진 사대부 : 고려 말 권문세족의 횡포와 부패를 비판하며, 성리학을 바탕으로 사회 및 정치 개혁을 추구한 세력이다. 대표적으로 정도전, 조준, 정몽주 등이 있다.
　① 6두품 : 신라의 신분 제도인 골품제에서 진골 다음으로 높은 계급이다.
　② 보부상 : 조선시대 상업 활동을 하던 상인 조직이다.
　③ 독립 협회 : 대한 제국 시기 자주·개혁을 주장한 근대 계몽 단체이다.

[근대 국민 국가 수립 운동]

4 **다음에서 ㉠에 해당하는 내용으로 적절한 것은?**

> 임오군란
>
> • 배경 : (　㉠　)
> • 전개 : 군란 발생 → 흥선 대원군 재집권 → 청군 개입
> • 영향 : 청의 내정 간섭, 제물포 조약 체결

① 평양 천도

② 신사 참배 강요

③ 금의 군신 관계 요구

④ 구식 군인에 대한 차별

ADVICE ④ 임오군란은 구식 군인들이 신식 군대인 별기군에 비해 열악한 대우를 받은 것이 원인이 되어 발생한 군사 반란이다. 구식 군인들은 급료 지급이 지연되고 그마저도 제대로 지급되지 않는 등 불만이 누적되었다. 이러한 불만은 무력 행동으로 이어지며 군란이 발생하였고, 그 결과 청군의 개입과 제물포 조약을 체결하는 결과를 초래하였다.

》 ANSWER 1.③　2.①　3.④　4.④

5 **다음에서 설명하는 사건은?**

> 일본의 도요토미 히데요시가 조선을 침략하자, 각지에서 의병이 일어나 일본군에게 타격을 주었다. 한편, 이순신이 이끄는 수군은 해전에서 여러 차례 일본군에 승리하였다.

① 임진왜란
② 살수 대첩
③ 만적의 난
④ 봉오동 전투

ADVICE ① 임진왜란 : 1592년 일본의 도요토미 히데요시가 조선을 침략하면서 시작된 전쟁이다. 이 시기 각지에서 의병이 자발적으로 봉기하여 일본군에 맞서 싸웠으며, 이순신은 명량 대첩 등 여러 해전에서 승리를 거두는 성과를 이루었다.
② 살수 대첩 : 고구려의 장수 을지문덕이 살수(현재의 청천강) 일대에서 수나라 군대를 크게 무찌른 전투이다.
③ 만적의 난 : 고려 시대 노비 만적을 중심으로 일어난 저항으로, 신분 해방에 목적을 두고 있었다.
④ 봉오동 전투 : 1920년 홍범도의 대한 독립군과 다른 독립군 부대들이 연합하여 일본군을 격퇴한 전투이다.

6 **다음에서 ㉠에 해당하는 조선의 제도는?**

① 골품제   ② 대동법
③ 단발령   ④ 진대법

ADVICE ② 대동법 : 조선 후기 공납 제도의 폐단, 특히 방납의 폐단을 해결하기 위해 시행된 제도이다. 기존에는 지방 특산물을 바쳐야 했으나, 대동법 실시 후 토지 결수에 따라 쌀·돈·포 등으로 납부하도록 개편하였다.
① 골품제 : 신라의 신분제도로 성골과 진골, 6두품으로 나뉜다. 신분에 따라 올라갈 수 있는 관직이 정해져 있는 등 엄격한 제도였다.
③ 단발령 : 1895년 단행된 을미개혁의 내용 중 하나로 상투를 없애고 머리를 짧게 자르도록 한 명령이다.
④ 진대법 : 식량이 떨어진 봄에 곡식을 대여해 주고 추수를 하는 가을에 갚게 하는 제도로, 고구려 고국천왕 시기에 시행되었다.

7 다음에서 ㉠에 해당하는 것은?

> 신미양요 이후 홍선 대원군은 전국 각지에 (㉠)을/를 세워 서양과의 통상을 거부한다는 의지를 널리 알려졌다.

① 규장각
② 독립문
③ 척화비
④ 임신서기석

ADVICE ③ 척화비 : 1866년 병인양요와 1871년 신미양요 이후, 홍선 대원군이 서양 세력과의 통상 거부 의지를 명확히 드러내기 위해 전국 각지에 세운 비석이다. 척화비는 조선 전통 질서를 지키고 외세 침략을 막으려 했던 홍선 대원군의 통상 수교 거부 정책을 상징한다.
    ① 규장각 : 정조가 학문과 정책 연구를 위해 설치한 기관으로 일종의 왕실 도서관이다.
    ② 독립문 : 개화기 독립 협회의 활동 과정에서 건립된 건축물이다.
    ④ 임신서기석 : 신라 화랑들이 학문에 힘쓸 것을 다짐한 서약 비석이다.

8 다음에서 설명하는 조약은?

> • 조선이 외국과 맺은 최초의 근대적 조약임
> • 조약 체결의 결과로 부산 외 2개 항구를 개항함
> • 해안 측량권과 영사 재판권을 인정한 불평등 조약임

① 간도 협약   ② 전주 화약
③ 톈진 조약   ④ 강화도 조약

ADVICE ④ 강화도 조약 : 외국과 맺은 최초의 근대적 조약으로, 일본이 운요호 사건을 빌미로 무력으로 체결을 강요하였다. 이 조약으로 인하여 부산·원산·인천 항구가 개항되었으며, 일본이 해안 측량권과 영사 재판권을 갖는 등 불평등한 내용이 조항에 포함되어 있었다.
    ① 간도 협약 : 1909년 청과 일본 사이에 맺은 협약으로 일본은 철도 부설권, 탄광 개발권 등의 이권을 받는 대신 간도를 청나라의 영토로 인정하였다.
    ② 전주 화약 : 동학 농민 운동 중 정부와 농민군이 개혁을 약속하고 맺은 협정이다.
    ③ 톈진 조약 : 갑신정변 이후 청·일이 조선 문제에 대한 상호 파병 규칙을 정한 조약이다.

≫ ANSWER 5.① 6.② 7.③ 8.④

9 다음에서 ㉠에 해당하는 문화유산은?

역사 유물 카드

- 명칭 : (　㉠　)
- 소재지 : 경남 합천 해인사
- 내용 : 몽골의 침입을 부처의 힘으로 물리치고자 제작하였으며, 고려의 뛰어난 목판 인쇄술을 보여줌

---

① 석굴암
② 경국대전
③ 무령왕릉
④ 팔만대장경판

ADVICE ④ **팔만대장경판** : 고려 시대 부처의 힘으로 몽골의 침입을 물아내고자 제작된 불교 경전 목판이다. 경남 합천 해인사에 보관되어 있으며, 정확한 글자 조각과 균형 잡힌 판각 솜씨를 통해 고려의 탁월한 목판 인쇄술을 보여주는 대표적 문화유산이다.
① **석굴암** : 통일 신라 시대의 불교 조각 예술을 대표하는 석굴 사원이다.
② **경국대전** : 조선 성종 때 완성된 통치 법전이다.
③ **무령왕릉** : 중국 남조의 영향을 받아 제작된 백제 무령왕의 무덤이다.

10 다음에서 ㉠에 해당하는 통치 기구는?

① 삼별초
② 집현전
③ 통감부
④ 화랑도

ADVICE ③ **통감부** : 을사늑약 이후 1905년에 설치된 통감부는 일본이 대한 제국의 내정을 간섭하고 식민 지배를 본격화하는 중심 기구였으며, 이를 통해 외교권을 상실하게 되었다.
① **삼별초** : 고려 무신 정권기에 만들어진 특수부대이다.
② **집현전** : 조선 세종 때 설치된 학문 연구 기관이다.
④ **화랑도** : 신라 시대의 청소년 집단으로 인재양성을 위한 교육적인 기능뿐만 아니라 군사적인 기능도 가지고 있었다.

[근대 국민 국가 수립 운동]

11 다음에서 설명하는 지역은?

> • 안용복이 일본에 건너가 조선의 영토임을 확인함
> • 입론이 「태정관 지령」으로 조선의 영토로 인정함
> • 대한 제국은 「칙령 제41호」를 통해 울도군의 관할로 둠

① 진도

② 독도

③ 벽란도

④ 청해진

ADVICE ② 독도는 조선 숙종 때 안용복이 일본에 건너가 조선의 영토임을 주장하여 영유권을 재확인한 섬이다. 이후 일본 정부는 1877년 태정관 지령을 통해 독도가 조선의 영토임을 공식 인정하였으며, 1900년 대한 제국은 칙령 제41호를 통해 울도군의 관할로 명시하였다.

　① 진도 : 전라남도 서남쪽의 진도군에 속한 섬이다.

　③ 벽란도 : 고려의 수도 개경과 가까운 곳에 자리한 나루터로 왕래하는 상인들이 많은 국제무역항이었다.

　④ 청해진 : 통일신라 시기 장보고의 건의로 설치된 해상기지이다. 해상 교역을 방해하는 해적 소탕을 목적으로 설치되었으며, 이후 당−신라−일본을 이어주는 역할을 하였다.

[근대 국민 국가 수립 운동]

12 다음에서 설명하는 시설은?

> • 우리나라 최초의 근대식 병원임
> • 1885년에 선교사 알렌의 제안으로 설립함
> • 제중원을 거쳐 세브란스 병원으로 개칭함

① 서원　　　　　　　　　　② 향교

③ 광혜원　　　　　　　　　④ 성균관

ADVICE ③ 광혜원 : 1885년 미국 선교사 알렌의 건의로 설립된 우리나라 최초의 근대식 병원이다. 이후 제중원으로 개칭되었으며, 후에 세브란스 병원으로 발전하였다. 이는 개항기 서구 의학이 조선에 도입된 중요한 계기였다.

　① 서원 : 조선 시대 선비들이 선현의 뜻을 받들고 학문을 증진하기 위해 설립된 곳으로 일종의 사립 교육기관이었다.

　② 향교 : 지방에 설립된 일종의 국립 교육 기관으로 유학 교육을 위해 설치되었다.

　④ 성균관 : 조선 시대 최대의 유학 교육 기관으로 일종의 국립대학이었다.

≫ ANSWER　9.④　10.③　11.②　12.③

13 다음과 같이 주장한 일제 강점기의 사회 운동은?

① 병인박해
② 형평 운동
③ 거문도 사건
④ 서경 천도 운동

ADVICE ② 형평 운동 : 1923년 경남 진주에서 백정에 대한 차별 철폐를 목표로 시작된 사회 운동으로, 조선 형평사가 창립되어 신분 차별을 반대하며 인권 향상을 위해 활동하였다.
① 병인박해 : 1866년 흥선 대원군이 프랑스 선교사 9명과 수천 명의 천주교 신도들을 처형한 사건이다.
③ 거문도 사건 : 1885년부터 1887년까지 영국이 거문도를 불법적으로 점령한 사건이다. 조선 내에서 러시아의 영향력이 강해지자 이를 견제하기 위해 점령한 것이었다.
④ 서경 천도 운동 : 고려 인종 시기 묘청을 중심으로 한 서경 세력들이 도읍을 서경(현 평양)으로 옮길 것을 주장하며 전개한 운동이다.

14 다음에서 설명하는 1910년대 일제의 식민 지배 방식은?

- 헌병 경찰로 일상생활을 감시함
- 「조선 태형령」으로 한국인을 탄압함
- 학교 교원에게도 제복을 입히고 칼을 차게 함

① 선대제
② 기인 제도
③ 무단 통치
④ 나 · 제 동맹

ADVICE ③ 무단 통치 : 1910년대 일제는 한국을 강제로 병합한 후, 헌병 경찰 제도를 중심으로 무단 통치를 실시하였다. 주민들의 일상생활까지 감시하고 통제하였으며, 사소한 죄에도 태형을 가할 수 있도록 「조선 태형령」을 시행하였다. 또한 학교 교사에게까지 제복과 칼을 차게 하는 등 조선인을 군사적 규율 아래 두고자 하였다.
① 선대제 : 상인이 수공업자에게 원료 · 자금을 미리 빌려주고, 그 수공업자가 완성품을 만들어 다시 상인에게 납품하는 방식이다.
② 기인 제도 : 고려 초기에 지방 세력 견제를 위해 지방 호족 자제를 중앙에 머물게 한 제도이다.
④ 나 · 제 동맹 : 신라와 백제가 고구려를 견제하기 위해 결성한 군사 동맹이다.

15 다음에서 ㉠에 해당하는 사건은?

(㉠) 다큐멘터리 기획안

- 주요 장면
  - 장면1. 독립 선언서를 준비하는 33인의 민족 대표
  - 장면2. 아우내 장터에서 만세운동을 벌이는 유관순

---

① 3·1 운동
② 무신 정변
③ 이자겸의 난
④ 임술 농민 봉기

ADVICE ① 3·1 운동 : 민족 자결주의의 영향을 받아 전국적으로 전개된 대규모 평화적 독립 만세 운동이다. 국내에서 민족 대표 33인이 독립 선언서를 발표하면서 시작되었으며, 유관순은 아우내 장터에서 만세 시위를 주도하였다.
② 무신 정변 : 1170년 문신에 비해 차별받던 고려의 무신들이 난을 일으켜 정권을 장악한 사건이다.
③ 이자겸의 난 : 고려 왕실의 외척이었던 이자겸이 왕위를 노리고 일으킨 난이다.
④ 임술 농민 봉기 : 조선 후기 삼정(전정·군정·환곡)의 문란과 부패한 세도 정권의 수탈을 견디지 못한 백성들이 일으킨 봉기이다.

» ANSWER 13.② 14.③ 15.①

16 다음 대화에 해당하는 무장 투쟁은?

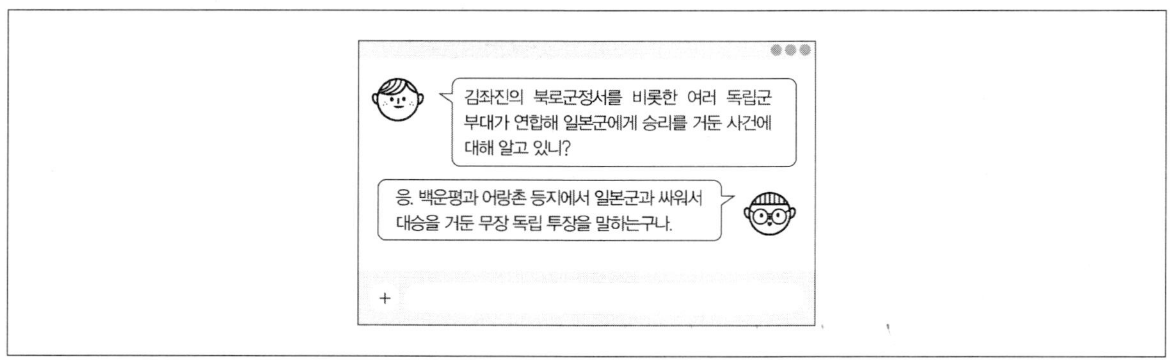

① 명량 대첩　　　　　　　　　　② 청산리 대첩

③ 홍경래의 난　　　　　　　　　④ 6 · 10 만세 운동

ADVICE ② **청산리 대첩** : 1920년 김좌진이 이끄는 북로 군정서와 홍범도의 대한 독립군 등 여러 독립군 부대가 연합하여 일본군을 크게 격파한 무장 독립 투쟁이다. 특히 백운평, 어랑촌 등지에서 대승을 거두었으며, 이 승리는 무장 독립운동의 사기를 크게 높였다.

① **명량 대첩** : 1597년 임진왜란 시기 이순신이 이끈 조선 수군이 명량(울돌목)에서 일본의 수군을 크게 무찌른 해전이다.

③ **홍경래의 난** : 1811년 삼정의 문란 심화, 서북 지방에 대한 차별 대우로 인해 홍경래를 필두로 몰락농민, 일용노동자, 등이 가세하여 일어난 민란이다.

④ **6 · 10 만세 운동** : 1926년 6월 10일 순종의 장례일을 기하여 일어난 만세 운동이다. 학생들을 중심으로 전개되었다.

17 다음에서 ㉠에 해당하는 내용으로 적절한 것은?

전시 동원 체제와 인력 수탈

• 일제가 1938년에 「국가 총동원법」을 공포함
• 지원병제와 징병제로 청년을 침략 전쟁에 투입함
• 근로 정신대와 (　㉠　) 등으로 여성을 강제 동원함

---

① 정미의병　　　　　　　　　　② 금융 실명제

③ 서울 올림픽　　　　　　　　　④ 일본군 '위안부'

ADVICE ④ 일제는 1938년 국가 총동원법을 공포하여 인력과 물자를 전쟁에 동원하였다. 청년과 학생들은 징병당해 강제로 전쟁터에 투입되었고, 여성들은 근로 정신대와 일본군 위안부로 강제 동원되었다.

① 정미의병은 1907년 고종이 일제에 의해 강제 퇴위당하고 군대가 해산된 일에 반발하여 일어난 의병이다.

② 금융 실명제는 금융 거래를 실제 명의로 하고, 가명 또는 무기명 거래는 인정하지 않는 제도다. 1993년 김영삼 정부 시기에 실시되었다.

③ 서울 올림픽은 1988년 노태우 정부 시기 대한민국 서울에서 개최되었던 올림픽이다.

[대한민국의 발전]

18 다음 설명에 해당하는 것은?

> • 1948년에 김구와 김규식 등이 추진함
> • 김구 일행이 38도선을 넘어 평양으로 감
> • 남북의 지도자들이 통일 정부 수립을 결의함

① 남북 협상　　　　　　　　　　② 아관 파천
③ 우금치 전투　　　　　　　　　　④ 쌍성총관부 공격

ADVICE ① 남북 협상 : 남한의 김구·김규식 등이 단독 정부 수립에 반대하고 민족 통일 정부 수립을 이루기 위해 38도선을 넘어 평양으로 가서 김일성 등 북한 지도자들과 회담한 사건이다. 회담에서는 통일 정부 수립을 결의했으나 실현되지는 못했다.
　② 아관 파천 : 일본 세력이 궁을 습격하여 명성 황후를 살해한 을미사변 이후 신변의 위협을 느낀 고종이 러시아 공사관으로 거처를 옮긴 일이다.
　③ 우금치 전투 : 2차로 봉기한 동학 농민군이 공주 우금치 일대에서 관군, 일본군과 싸운 전투이다.
　④ 쌍성총관부 공격 : 쌍성총관부는 원간섭기에 원나라가 고려에 설치한 관부로 공민왕은 개혁 정책의 일환으로 쌍성총관부를 공격하여 철령 이북의 영토를 회복하였다.

[일제 식민지 지배와 민족 운동의 전개]

19 다음에서 ㉠에 해당하는 것은?

> 질문 : (　㉠　)의 활동에 대해 알려주세요.
> 답변 : 1919년 상하이에서 수립되었으며, 충칭으로 이동한 후 한국 광복군을 창설하여 대일 선전 포고를 하고 국내 진공 작전을 준비하였습니다.

① 9산선문　　　　　　　　　　　② 급진 개화파
③ 대한민국 임시정부　　　　　　　④ 동양 척식 주식회사

ADVICE ③ 대한민국 임시 정부 : 3·1 운동 이후 중국 상하이에서 수립되었으며, 일본의 탄압으로 인하여 충칭으로 이동하였다. 충칭 시기에는 한국 광복군을 창설하고 연합군과 협력하여 대일 선전 포고, 국내 진공 작전을 준비하며 무장 독립 투쟁의 중심 역할을 수행했다.
　① 9산선문 : 통일신라 이후 전래된 선종이 퍼지면서 성립된 9개의 선문을 뜻한다.
　② 급진 개화파 : 개화기 외국 문물을 적극적으로 받아들여 부국강병을 이룩할 것을 주장한 이들이다. 대표적 인물로는 김옥균, 박영효 등이 있다.
　④ 동양 척식 주식회사 : 1908년 일본이 한국에 설치한 국책회사로 일제강점기 한국 경제를 착취하는 역할을 하였다.
　※ 선문…불교를 믿는 사람 또는 그런 사람들의 사회를 말한다.

> **ANSWER** 16.② 17.④ 18.① 19.③

20 다음에서 ㉠에 해당하는 내용으로 적절한 것은?

반민족 행위 특별조사 위원회

- 설치 시기 : 1948년 이승만 정부 시기
- 설치 근거 : 반민족 행위 처벌법
- 설치 목적 : (㉠)

---

① 과거제 실시   ② 친일파 청산
③ 황무지 개간   ④ 방곡령 시행

ADVICE ② 반민족 행위 특별 조사 위원회(반민특위)는 1948년 이승만 정부 시기에 반민족 행위 처벌법을 근거로 설치된 기구로, 친일파를 조사하고 처벌하는 것을 목적으로 하였다. 이 위원회는 친일 세력 규명에 나섰으나, 보수 정치 세력과 경찰의 방해로 인해 활동이 제대로 지속되지 못하고 결국 약화되었다.
　① 과거제는 고려 광종 시기 쌍기의 건의를 받아들여 처음 실시되었다.
　③ 일본은 한국을 심민지로 삼을 계획으로 황무지를 개간할 수 있는 권리를 요구하였고, 이에 대한 대대적인 항일운동이 일어났다.
　④ 방곡령은 일본으로의 쌀 수출, 흉작 등으로 인해 미곡의 가격이 폭등하자, 이를 방지하기 위해 곡물 수출을 금지한 조치이다.

21 다음에서 ㉠에 해당하는 사건으로 적절한 것은?

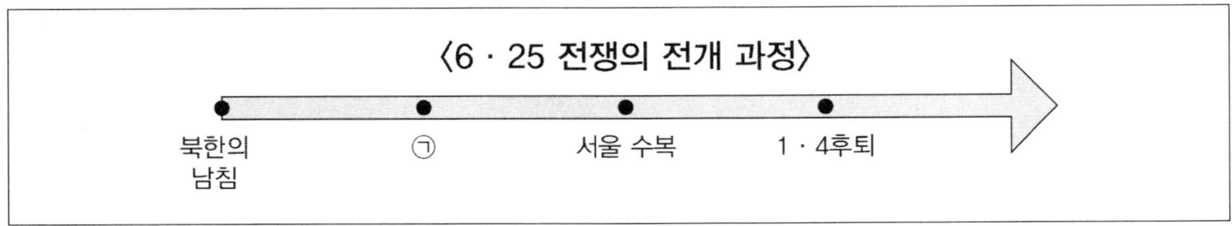

① 녹읍 폐지   ② 후삼국 통일
③ 자유시 참변   ④ 인천 상륙 작전

ADVICE ④ 6 · 25전쟁은 북한군이 기습 남침으로 시작된 전쟁으로, 전쟁 초기에 북한군은 낙동강 일대까지 남하하였으나, 인천 상륙 작전으로 전세가 역전되었다. 이후 서울을 수복하고 압록강 부근까지 진격하였으나, 중국군의 개입으로 1 · 4 후퇴가 발생하였다.
　① 녹읍은 신라의 토지 제도로 신문왕 시기에 폐지되었다.
　② 후백제와 고려 사이의 전쟁에서 고려가 승리하고, 통일신라의 경순왕이 항복함으로써 고려로 통일되었다.
　③ 일제강점기 일본군의 추격을 피해 소련 자유시에 모인 독립군들이 희생당한 사건이다.

22 **다음에서 설명하는 사건은?**

- 배경 : 3 · 15 부정선거(1960)
- 과정 : 전국에서 시위 발생, 대학교수단 시국 선언
- 결과 : 이승만 대통령 하야

---

① 4 · 19혁명
② 제주 4 · 3사건
③ 12 · 12 사태
④ 5 · 18 민주화 운동

ADVICE ① 4 · 19 혁명 : 3 · 15 부정선거에 항의하여 마산에서 시작된 시위가 전국으로 확산되며 발생한 민주 시민 혁명이다. 학생들이 중심이 되어 시위에 참여하였고, 대학교수단의 시국 선언도 이어졌다. 그 결과 이승만은 대통령직에서 하야하게 되었다.
　② 제주 4 · 3 사건 : 남한만의 단독선거에 반대하여 무장 봉기를 일으킨 제주의 남조선 노동당과 이를 진압하려는 진압대의 무력 충돌 과정에서 수많은 민간인들이 희생된 사건이다.
　③ 12 · 12 사태 : 박정희가 피살되고 전두환을 필두로 한 신군부 세력이 정권을 차지한 사건이다.
　④ 5 · 18 민주화 운동 : 12 · 12 사태 이후 전국으로 확대된 비상 계엄령에 반발한 광주의 대학생과 시민들이 전개한 시위이다. 정부는 계엄군을 투입하여 시위를 무력으로 진압하였다.

23 **다음에서 설명하는 정부는?**

- 경제개발 5개년 계획을 추진함
- 근면 · 자조 · 협동 정신을 강조한 새마을 운동을 시작함
- 전태일 사건, YH 무역 사건 등의 노동 문제에 직면함

---

① 장면 정부
② 박정희 정부
③ 김영삼 정부
④ 김대중 정부

ADVICE ② 박정희 정부는 경제 개발 5개년 계획을 추진하여 산업화를 가속하였으며, 농촌 환경을 개선하기 위해 근면 · 자조 · 협동 정신을 강조한 새마을 운동을 추진하였다. 또한 노동 운동이 성장함에 따라 전태일 분신 사건과 YH 무역 농성 사건 등 노동 착취와 인권 침해 문제 역시 박정희 정부 시기에 일어났다.

» ANSWER 20.② 21.④ 22.① 23.②

24 **다음에서 ㉠에 해당하는 내용으로 적절한 것은?**

수행평가 보고서

- 주제 : 6월 민주 항쟁
- 조사 내용
  - 인물 탐구 : 박종철, 이한열
  - 항쟁 결과 : (㉠)

① 집강소 설치

② 정전 협정 체결

③ 노비안검법 실시

④ 대통령 직선제 개헌

ADVICE ④ 6월 민주 항쟁은 박종철 고문치사 사건과 이한열 열사 사망을 계기로 전국적 민주화 요구가 폭발하여 진행된 대규모 시민 항쟁이었다. 그 결과 6·29 민주화 선언이 발표되었고, 대통령을 국민이 직접 선출하는 대통령 직선제 개헌이 이루어졌다.
① 집강소는 동학 농민 운동 당시 농민군이 각 고을에 설치한 자치 기구이다.
② 정전 협정은 한국 전쟁의 휴전 협상을 통해 체결되었다.
③ 노비안검법은 억울하게 노비가 된 사람을 양인으로 회복시켜주는 제도로 고려 광종 시기 호족 견제를 목적으로 실시되었다.

25 다음에서 ㉠에 해당하는 것은?

① 외환 위기

② 베트남 파병

③ 원산 총파업

④ 서울 진공 작전

ADVICE ① 외환 위기 : 급속한 시장 개방 속에서 일부 기업들의 무리한 사업 확장, 부실한 금융권 등으로 인하여 무역 수지 적자와 단기 외채 급증 등이 복합적으로 겹치며 발생하였다. 외환 보유고가 급속히 고갈되자, 대한민국은 결국 국제 통화 기금(IMF)에 구제 금융을 요청하였다.

② 베트남 파병 : 박정희 정부 시기 미국에게 경제적 지원을 약속받고 베트남에 군대를 파병하였다.

③ 원산 총파업 : 한국인 노동자가 일본인 감독관으로부터 구타당한 일을 계기로 약 3개월 동안 노동자들이 총파업을 이어나간 사건이다.

④ 서울 진공 작전 : 일제에 의한 고종의 강제 퇴위, 군대의 해산 등에 반발하여 일어난 의병들이 계획한 서울 탈환 작전이다. 서울을 일제로부터 되찾으려는 계획을 추진하나, 실패하였다.

> **ANSWER** 24.④ 25.①

CHAPTER 04

2022년 제2회 기출문제

[전근대 한국사의 이해]

1 **다음에서 설명하는 유물은?**

> • 구석기 시대를 대표하는 뗀석기임
> • 사냥을 하거나 가죽을 벗기는 용도로 사용함

①

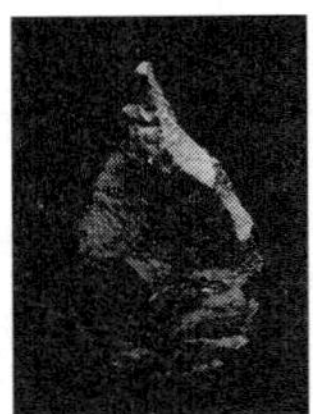

주먹도끼

②

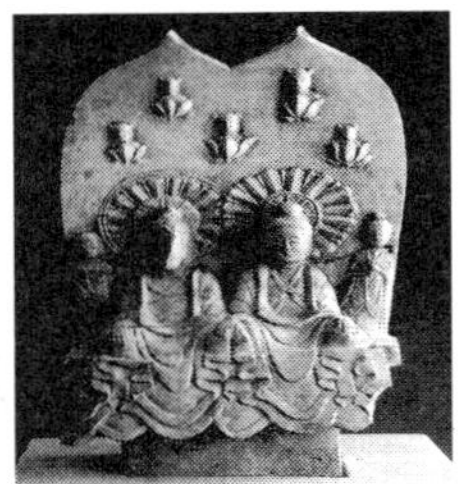

이불병좌상

③

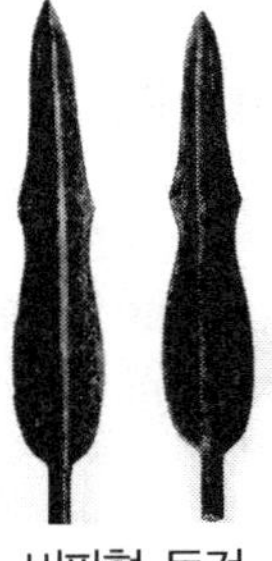

비파형 동검

④

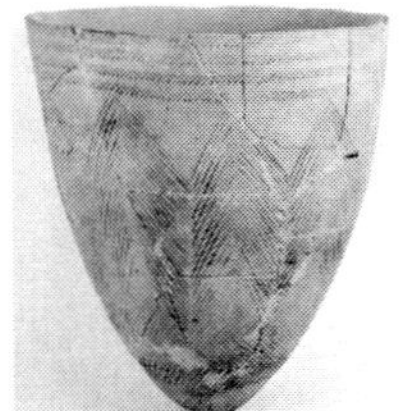

빗살무늬 토기

ADVICE ① 주먹도끼 : 구석기 시대를 대표하는 뗀석기로, 손에 쥐고 사용할 수 있도록 만든 석기이다. 날 부분을 뾰족하게 만들어 사냥을 하거나 가죽을 벗기기 등에 활용하였다.
② 이불병좌상 : 발해의 불상으로 일본 도쿄 국립박물관에 소장되어 있다.
③ 비파형 동검 : 청동기 시대의 대표적인 유물로 지배 계층의 장신구 또는 무기로 사용되었다.
④ 빗살무늬 토기 : 식량을 저장하는 등의 용도로 사용된 신석기 시대의 대표적인 토기이다.

2 **다음에서 설명하는 왕은?**

> • 신라를 도와 왜를 격퇴함
> • '영락'이라는 독자적 연호를 사용함
> • 4세기 말 즉위 후 고구려의 영토를 크게 넓힘

① 세종

② 고이왕

③ 공민왕

④ 광개토 대왕

ADVICE ④ 광개토 대왕 : 고구려 제19대 왕으로 고구려 전성기의 기반을 마련하였다. 요동과 만주 일대를 장악하여 고구려의 영토로 편입시켰으며, 영락이라는 독자적인 연호를 사용함으로써 강력한 왕권을 증명했다. 또한 왜의 침입을 받은 신라의 구원 요청에 응하여 왜군을 격퇴하기도 하였다.
① 세종 : 조선의 제4대 왕으로 인재 양성 및 학문 연구 증진을 위해 집현전을 설치하고, 정치 체제를 6조 직계제에서 의정부 서사제로 바꾸는 등의 정책을 펼쳤다.
② 고이왕 : 백제의 제8대 왕으로 관등제를 도입하고 관리의 복색을 제정하는 등 체제 정비에 힘썼다.
③ 공민왕 : 고려의 제31대 왕으로 왕권을 강화하고 원의 간섭에서 벗어나기 위해 전민변정도감을 설치하였으며, 쌍성총관부를 공격하는 등의 개혁 정책을 펼쳤다.

3 **다음에서 설명하는 기구는?**

> • 국방에 관계된 일을 회의로 결정함
> • 식목도감과 함께 고려의 독자적인 정치 기구임
> • 원 간섭기에 도평의사사로 명칭과 권한을 변경함

① 집사부　　　　　　　　　　② 정당성

③ 도병마사　　　　　　　　　④ 군국기무처

ADVICE ③ 도병마사 : 고려 시대 국방에 관한 문제를 논의하고 결정하던 회의 기구이다. 식목도감과 함께 국가의 중대사를 논하는 독자적 정치 기구로, 원 간섭기에 들어서면서 도병마사는 도평의사사로 바뀌어 국방뿐만 아니라 국정 전반을 담당하는 최고 결정 기구로 기능하게 되었다.
① 집사부 : 신라 시대 왕명 출납 기관이다.
② 정당성 : 발해의 최고 행정 기구이다.
④ 군국기무처 : 갑오개혁 때 설치된 개혁 기구이다.

》 ANSWER 1.① 2.④ 3.③

4 **다음에서 ㉠에 들어갈 내용으로 옳은 것은?**

조선 성종의 정책

- 경연 활성화
- 홍문관 설치
- (㉠)

① 경국대전 반포   ② 기인 제도 실시
③ 삼청 교육대 운영   ④ 전민변정도감 설치

ADVICE ① 성종은 세조 시기부터 편찬되기 시작한 경국대전을 최종적으로 완성하였다. 이를 통해 국가 운영의 기준과 법 체제가 확립되었으며, 조선의 중앙 집권 체제가 안정되었다. 성종 시기 유교적 통치 질서를 완성한 중요한 조치라고 할 수 있다.

② 기인 제도는 고려 초 호족의 자제를 등용하여 수도에 머물게 한 제도로 일종의 인질로서 호족을 견제하기 위해 실시된 제도이다.

③ 삼청 교육대는 1980년 국가 보위 비상 대책 위원회가 군부대에 설치한 기관으로 영장 없이 불건전한 행위를 하는 자 등을 체포하였다.

④ 전민변정도감은 고려 공민왕 시기 귀족들이 불법적으로 차지한 토지 등을 조사하여 정리할 목적으로 설치된 관청이다.

5 **다음에서 설명하는 문화유산은?**

문화유산 카드

- 위치 : 경상북도 토함산
- 특징 : 불국사와 함께 불국토의 이상 세계를 표현한 통일신라 시기의 대표적 건축물

① 경복궁   ② 무령왕릉
③ 수원 화성   ④ 경주 석굴암

ADVICE ④ 경주 석굴암 : 경상북도 토함산에 위치한 통일 신라 시대의 대표적 불교 석굴 사원이다. 불국사와 함께 불교적 이상 세계, 즉 불국토를 현실에 구현하고자 한 걸작으로 평가된다. 내부의 본존불과 석조 조각들은 예술적 완성도가 매우 높아 세계 문화유산으로 등재되어 있다.

① 경복궁 : 조선 시대 정궁으로 사용된 궁궐로 그 명칭은 「시경」에서 따 온 것이다.

② 무령왕릉 : 백제 제25대 왕 무령왕의 무덤으로 우리나라의 고대 무덤 중 유일하게 그 주인이 누군지 알 수 있는 무덤이다.

③ 수원 화성 : 정조의 개혁 정치의 일환으로 건설된 화성이다. 건설의 책임자였던 정약용은 거중기 등을 이용하여 효율적으로 성곽을 축조하였다.

6 다음에서 ㉠에 들어갈 내용으로 옳지 않은 것은?

수행평가 계획서

주제 : 흥선 대원군이 주도한 정책

- 1모둠 : 경복궁 중건
- 2모둠 : (㉠   )

---

① 서원 정리

② 당백전 발행

③ 호포제 시행

④ 훈민정음 창제

ADVICE ④ 흥선 대원군은 서원 정리, 경복궁 중건, 호포제 시행, 당백전 발행 등의 정치 개혁을 주도하였다. 그러나 훈민정음 창제는 조선 세종 때 이루어진 일로 흥선 대원군의 정책과 관련이 없다.

① 서원 정리는 흥선 대원군의 개혁 정책 중 하나로 백성에게 부담을 주는 서원을 정리함으로써 민생 회복을 꾀하기 위함이었다.

② 당백전은 흥선 대원군이 경복궁을 중건하기 위해 발행한 화폐이다. 통상적으로 쓰이던 상평통보의 100배 가치를 목표로 하고 발행되었다.

③ 호포제는 일반 백성에게만 거두던 군포를 양반에게도 거둔 제도이다.

> **ANSWER** 4.① 5.④ 6.④

[전근대 한국사의 이해]

7 **다음에서 설명하는 화폐는?**

> 조선 후기에 주조된 화폐로 17세기 말 전국적으로 유통되면서 물품 구입이나 세금 납부 수단으로 사용되었다.

① 호패

② 명도전

③ 상평통보

④ 독립 공채

ADVICE ③ 상평통보 : 조선 후기 국가가 주조하여 전국적으로 유통된 화폐이다. 17세기 말 이후 본격적으로 사용되었으며, 물건을 사고 팔거나 세금을 낼 때 사용되는 등 상품 화폐 경제의 발달에 중요한 역할을 하였다.
　　① 호패 : 조선 시대 신분 확인을 위해 사용된 일종의 신분증이다.
　　② 명도전 : 중국의 전국 시대 연나라에서 사용된 청동 화폐이다.
　　④ 독립 공채 : 대한민국 임시 정부가 자금 확보를 위해 발행한 채권이다.

[전근대 한국사의 이해]

8 **다음에서 ㉠에 해당하는 지역은?**

> (　㉠　)는 군사 전략 요충지로 큰 역할을 해 왔다. 고려시대에는 몽골의 침입을 피해 이곳으로 수도를 옮긴 적이 있었고, 조선 시대에는 이곳에서 병인양요가 발발하였다.

① 강화도

② 거문도

③ 울릉도

④ 제주도

ADVICE ① 강화도는 예로부터 군사적으로 중요한 요충지였다. 고려 시대에는 몽골의 침입을 피해 강화도로 옮겨 항전을 벌였으며, 조선 시대에는 후금의 침입으로 일어난 정묘호란 시기 인조가 강화도로 피난간 적이 있었다. 또한 1866년 프랑스가 병인박해를 구실로 강화도를 침략하면서 병인양요가 발생하기도 하였다.

9 **다음에서 설명하는 신문은?**

• 한글판과 영문판으로 발행됨

• 서재필 등이 정부의 지원을 받아 창간함

• 국민을 계몽하고 국내 사정을 외국인에게도 전달함

---

① 독립신문

② 동아일보

③ 조선일보

④ 한성순보

ADVICE ① 독립신문 : 1896년 서재필이 정부 지원을 받아 창간한 신문으로, 한글판과 영문판을 함께 발행하였다. 독립신문은 국민 계몽을 목표로 하였으며 외국인에게 국내 사정을 알리고자 하였다.

②③ 동아일보, 조선일보 : 1920년대 일제강점기에 창간된 일간지이다.

④ 한성순보 : 1883년에 창간한 우리나라 최초의 근대 신문이며, 순수 한문으로 되어 있다.

10 **다음에서 ㉠에 들어갈 내용으로 옳은 것은?**

다큐멘터리 기획안

• 제목 : 녹두장군의 꿈!

• 의도 : 동학 농민군 지도자 전봉준의 삶을 조명한다.

• 내용 : 1부 고부 농민 봉기를 주도하다.

      2부 (　　㉠　　)

---

① 거중기를 제작하다.

② 신민회를 조직하다.

③ 천리장성을 축조하다.

④ 황토현 전투에서 승리하다.

ADVICE ④ 전봉준은 1894년 고부 농민 봉기를 시작으로 동학 농민군의 지도자로 활약하였다. 이후 농민군을 이끌어 황토현 전투와 황룡촌 전투에서 승리하여 전주성을 점령하였다.

① 거중기 제작은 조선 후기 정약용과 관련된 내용이다.

② 신민회는 안창호 등이 조직한 항일 비밀 결사이다.

③ 천리장성은 삼국시대 고구려가 당의 침입에 대비하기 위해 축조한 성곽이다. 또한 고려 초기 거란과 여진 등의 침입을 막기 위해 쌓은 장성의 이름이기도 하다.

》 ANSWER 7.③ 8.① 9.① 10.④

11 다음 질문에 대한 답으로 옳은 것은?

① 새마을 운동　　　　　　　　　② 위정척사 운동
③ 국채 보상 운동　　　　　　　　④ 서경 천도 운동

ADVICE ③ 국채 보상 운동 : 1907년 서상돈과 대구 시민들을 중심으로 시작된 국권 수호 운동이다. 대한 제국이 일본으로부터 강제적으로 차관을 들여 국가 부채가 1,300만 원에 달하자 국민들이 자발적으로 성금을 모아 빚을 갚고 국권을 지키고자 하였다.
① 새마을 운동 : 박정희 정부 시기에 농촌 근대화를 위해 전개된 운동이다.
② 위정척사 운동 : 개화기 성리학을 따르는 유생들을 중심으로 서양 문물과 과학 기술을 받아들이는 개화에 반대하며 일어난 운동이다.
④ 서경 천도 운동 : 고려 인종 시기 묘청을 중심으로 한 서경 세력들이 도읍을 서경으로 옮길 것을 주장하며 전개한 운동이다.

12 다음에서 ㉠ 시기에 들어갈 사건은?

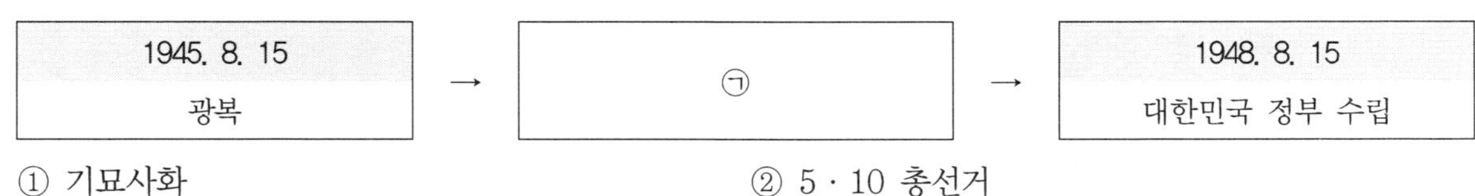

① 기묘사화　　　　　　　　　　　② 5 · 10 총선거
③ 오페르트 도굴 사건　　　　　　　④ 6 · 15 남북 공동 선언 발표

ADVICE ② 5 · 10 총선거 : 광복 이후 한반도에는 미군과 소련군이 주둔하면서 분단된 상태로 관리되었다. 이후 남한 지역에서만 총선거가 실시되었는데, 이것이 1948년 5월 10일의 5 · 10 총선거이다. 이 선거를 통해 제헌 국회가 구성되었고, 그 결과 1948년 8월 15일 대한민국 정부가 수립되었다.
① 기묘사화 : 1519년 조광조 등의 사림 세력이 탄압받아 숙청된 사건이다.
③ 오페르트 도굴 사건 : 독일의 상인 오페르트가 흥선 대원군의 부친 남연군의 묘를 도굴하려고한 사건이다. 이를 계기로 쇄국 정책이 더욱 강화되었다.
④ 6 · 15 남북 공동 선언 발표 : 김대중 정부 시기 남북한 정상이 만나 회담을 하고 평화를 위해 합의한 선언이다.

13 다음에서 설명하는 일제 식민 정책은?

> 1910년대 일제가 시행한 경제 정책으로, 토지 소유권자가 정해진 기간 내에 직접 신고하여 소유지로 인정받는 신고주의 원칙에 따라 진행되었다.

① 균역법

② 노비안검법

③ 토지 조사 사업

④ 경부 고속 국도 개통

ADVICE ③ 토지 조사 사업 : 1910년대 일제가 식민 통치의 기초를 마련하기 위해 실시한 경제 정책이다. 토지 소유권을 신고주의에 따라 등록하게 하고, 이를 근거로 지세를 부과하였다. 이 과정에서 농민들은 문서가 없다는 이유로 토지를 빼앗기거나 소작농으로 전락하는 경우가 많아 경제적 피해가 매우 컸다.
① 균역법 : 조선 영조가 세금 부담을 줄이기 위해 시행한 제도이다.
② 노비안검법 : 불법적으로 노비가 된 자들을 해방한 제도로 고려 광종 시기에 호족 견제 목적으로 시행되었다.
④ 경부 고속 국도 개통 : 박정희 정부 시기에 추진된 도로 건설 사업이다.

14 다음 대화 내용에 해당하는 단체는?

① 삼별초

② 신간회

③ 통신사

④ 화랑도

ADVICE ② 신간회 : 1927년 비타협적 민족주의 세력과 사회주의 세력이 연합하여 조직된 항일 단체이다. 신간회는 단결을 강조하며 합법적인 방법으로 민족 운동을 전개하였다. 특히 광주 학생 항일 운동이 일어나자 진상 조사단을 파견하여 민중의 저항을 지지하였다.
① 삼별초 : 고려 무신 정권기의 특수 부대로 몽골과의 강화에 반대하며 항전하였다.
③ 통신사 : 조선이 일본과 외교적 교류를 위해 파견한 사절단이다.
④ 화랑도 : 신라의 청소년 조직으로 교육적·군사적 성격을 지녔다.

> **ANSWER** 11.③ 12.② 13.③ 14.②

15 다음에서 설명하는 사건은?

> 1919년에 일어난 일제 강점기 최대 규모의 민족 운동이다. 일제의 통치 방식이 바뀌는 계기가 되었으며, 대한
> 민국 임시 정부 수립에 영향을 주었다.

① 3 · 1운동

② 제주 4 · 3 사건

③ 임술 농민 봉기

④ 12 · 12 군사 반란

ADVICE ① 3 · 1 운동 : 1919년 민족 자결주의의 영향을 받아 전국적으로 일어난 대규모 독립 운동이다. 이 운동으로 일본은 무
단 통치의 한계를 인식하고 문화 통치로 방식을 변경하였다. 또한 독립운동 세력은 상하이에 대한민국 임시 정부를
수립하여 항일 독립 운동의 기반을 체계적으로 마련하였다.
② 제주 4 · 3 사건 : 1948년 제주에서 일어난 무장 충돌 사건이다.
③ 임술 농민 봉기 : 1862년 조선 철종 시기 농민들이 봉기한 사건이다.
④ 12 · 12 군사 반란 : 1979년 신군부가 군사 권력을 장악한 사건이다.

16 다음에서 ㉠에 들어갈 내용으로 옳은 것은?

> 한국사 묻고 답하기
>
> 질문 : 갑오개혁에 대해 알려 주세요.
> 답변 : 1894년부터 추진되었습니다.
>   → (㉠   )

① 별무반이 창설되었습니다.

② 신분제가 폐지되었습니다.

③ 척화비가 건립되었습니다.

④ 세도 정치가 시작되었습니다.

ADVICE ② 갑오개혁은 청과 일본의 영향 아래에 추진된 근대적 개혁이다. 개혁을 추진하는 중앙 기구로 군국기무처가 설치되었
고 그 내용으로는 신분제와 과거제 폐지, 재정에 관한 사무를 담당하는 탁지아문 설치 등이 있다.
① 별무반은 고려 숙종 시기 여진족을 정벌하기 위해 조직된 군대이다.
③ 척화비는 병인양요와 신미양요를 겪은 후 서양 세력을 배척하겠다는 의지를 담은 비석으로 개화기에 건립되었다.
④ 세도 정치는 왕권이 약화되고 왕실의 외척 등 유력 가문이 정치를 주도한 것으로 특히 조선 후기에 나타났다.

17 **다음 밑줄 친 ㉠에 해당하는 것은?**

> 일제는 한국인을 전쟁에 효율적으로 동원하고 일왕에 충성하는 백성으로 만들고자 ㉠ 황국 신민화 정책을 실시하였다.

① 골품제 실시
② 사사오입 개헌
③ 신사 참배 강요
④ 사심관 제도 시행

ADVICE ③ 1930년대 일제는 조선인을 일본 천황에게 충성하는 백성으로 만들려는 황국 신민화 정책을 실시하였다. 학교에서는 황국 신민 서사 암송, 신사에 절하도록 하는 신사 참배 강요, 창씨개명 등이 강요되었으며, 이는 한국인의 정체성과 민족 문화를 파괴하려는 의도였다.
① 골품제는 신라의 엄격한 신분제도로 성골과 진골, 6두품으로 나뉜다.
② 사사오입 개헌은 이승만 정부 시기 초대 대통령에 한해 3선 금지 조항을 적용하지 않는다는 내용의 개헌안을 통과시킨 사건이다.
④ 사심관 제도는 고려 태조 시기 시행된 제도로 각 지방에 연고가 있는 인물에게 그 지방을 다스리게 한 제도이다.

18 **다음 대본에서 ㉠에 들어갈 말로 가장 적절한 것은?**

> 장면 #27 평화 시장에서 시위하는 모습
> 전태일 : 우리 노동자들은 열악한 작업 환경에서 장시간 노동으로 고통 받고 있다. 우리는 기계가 아니다!
> (㉠   )

① 신탁 통치를 반대한다!
② 근로 기준법을 준수하라!
③ 군사력을 강화하여 청을 정벌하자!
④ 교조 최제우의 억울함을 풀어 주시오!

ADVICE ② 전태일은 1970년대 서울 평화 시장 노동자들의 노동 환경을 개선하고자 노동 운동을 전개하였다. 그는 "우리는 기계가 아니다"라는 구호를 외치며, 존재하지만 지켜지지 않던 근로 기준법의 준수를 요구하였다.

» ANSWER   15.①   16.②   17.③   18.②

19 다음에서 설명하는 정부는?

- 금융 실명제를 실시함
- 지방 자치제를 전면적으로 시행함
- 국제 통화 기금(IMF)에 구제 금융 지원을 요청함

---

① 김영삼 정부　　　　　　　　② 박정희 정부
③ 이승만 정부　　　　　　　　④ 전두환 정부

ADVICE ① 김영삼 정부 시기에 금융 실명제를 실시하여 불투명한 자금 흐름을 바로잡고 부정부패 척결을 추진하였다. 또한 지방 자치제를 전면적으로 실시하여 지방 분권과 민주주의 발전에 기여하였다. 그러나 말기에 외환 위기가 발생하여 국제 통화 기금(IMF)에 구제 금융을 요청하게 되었다.

20 다음에서 설명하는 것은?

- 국제 사회가 한국의 독립을 처음으로 약속함
- 1943년 미·영·중 정상들이 모여 전후 처리를 논의함

---

① 팔관회
② 화백 회의
③ 만민 공동회
④ 카이로 회담

ADVICE ④ 카이로 회담 : 1943년 미국, 영국, 중국의 정상들이 한국 독립 문제로 논의한 회담이다. 이 자리에서 한국에 대해 적절한 시기에 독립하게 해 줄 선언하여, 국제 사회가 공식적으로 한국의 독립을 약속한 첫 외교적 선언이 이루어졌다.
① 팔관회 : 우리나라 고유의 민속 신앙과 불교의 성격이 융합된 불교 행사로 불교가 국교였던 고려 시대에 연중행사로 발전하였다.
② 화백 회의 : 신라의 귀족 회의로 국가의 중대사를 의논하는 자리였다.
③ 만민 공동회 : 독립 협회의 주도로 개최되었던 집회로 국가의 자주독립 등이 핵심 내용이었다.

21 다음에서 ㉠에 해당하는 사건으로 옳은 것은?

① 자유시 참변

③ 5 · 18 민주화 운동

② 6 · 10 만세 운동

④ 제너럴 셔먼호 사건

ADVICE ③ 5 · 18 민주화 운동 : 1980년 신군부가 비상계엄을 전국으로 확대하자, 광주의 시민들이 이에 저항하여 민주화를 요구하며 벌인 항쟁이다. 신군부는 공수 부대를 투입하는 등 무력으로 진입하였으며 이로 인하여 많은 희생자가 발생하였다.

① 자유시 참변 : 일본군의 추격을 피해 소련 자유시에 모인 독립군들이 희생당한 사건이다.

② 6 · 10 만세 운동 : 1926년 6월 10일 순종의 인산일에 일어난 만세 운동이다. 학생들을 중심으로 전개되었다.

④ 제너럴 셔먼호 사건 : 대동강을 따라 올라와 위협적으로 교역을 요구한 미국의 제너럴 셔먼호를 평양의 관민들이 불태워 침몰시킨 사건이다.

22 다음에서 설명하는 종교는?

> 나철 등을 중심으로 단군 신앙을 내세웠으며, 중광단을 조직하여 독립운동을 전개하였다.

① 도교

③ 대종교

② 기독교

④ 천주교

ADVICE ③ 대종교는 1909년 나철 등이 단군 신앙을 내세우며 창시한 민족 종교이다. 대종교는 단군을 신앙적 중심으로 삼아 민족의 정체성과 자주성을 강조하였으며, 만주 지역에서 중광단을 조직해 항일 무장 투쟁에 앞장섰다.

》 ANSWER 19.① 20.④ 21.③ 22.③

23 다음에서 ⑦에 해당하는 사건은?

6 · 25 전쟁의 전개 과정

북한의 남친 → 인천 상륙 작전 → 서울 수복(1950. 9. 28) → (⑦) → 정전 협정 체결

① 1 · 4 후퇴
② 명량 대첩
③ 무신 정변
④ 아관 파천

ADVICE ① 6 · 25 전쟁은 1950년 6월 25일 북한군이 기습 남침으로 발발한 전쟁이다. 전쟁 초기에 북한군은 낙동강 유역까지 남하하였으나, 인천 상륙 작전으로 서울을 수복하면서 전세가 역전되었다. 이후 국군과 유엔군은 평양까지 진격했으나, 중국군의 개입으로 1 · 4 후퇴가 발생하였다. 전쟁은 38도선 부근에서 장기적인 공방전으로 이어졌고, 1953년 정전 협정이 체결되었다.
② 명량 대첩은 1597년 임진왜란 시기 이순신이 이끈 조선 수군이 울돌목에서 일본의 수군을 크게 무찌른 해전이다.
③ 무신 정변은 1170년 문신에 비해 차별 대우를 받던 고려의 무신들이 반란을 일으켜 정권을 장악한 사건이다.
④ 아관 파천은 일본 세력에 의해 명성 황후가 살해당한 을미사변 이후 위협을 느낀 고종이 러시아 공사관으로 거처를 옮긴 사건이다.

24 다음에서 설명하는 단체는?

• 1919년 만주에서 김원봉 등이 주도하여 결성함
• 신채호의 「조선 혁명 선언」을 활동 지침으로 삼음

① 별기군
② 의열단
③ 교정도감
④ 조선어 학회

ADVICE ② 의열단 : 1919년 김원봉 등이 만주에서 결성한 항일 무장 단체이다. 일제에 직접 타격을 주기 위해 폭탄 투척 등 적극적인 무력 투쟁을 전개하였다. 이후 신채호가 작성한 「조선 혁명 선언」을 활동 이념으로 삼아 민중을 중심으로 하는 무장 혁명을 강조하였다.
① 별기군 : 1881년에 설치된 신식 군대로, 구식 군대에 비해 우대받았다. 이러한 차별 대우는 이후 임오군란의 도화선이 되었다.
③ 교정도감 : 고려 무신 정권기에 설치된 것으로 당시 국정을 총괄한 기관이었다.
④ 조선어 학회 : 한글 맞춤법 통일과 표준어 및 외래어 표기법 통일안을 제정하는 등의 활동을 펼친 단체이다.

25 다음에서 ㉠에 해당하는 것은?

1972년, 서울과 평양에서 (㉠   )이/가 동시에 발표되었다. 이는 분단 후 남북한이 통일과 관련하여 최초로 합의한 것이며, 자주·평화·민족 대단결의 통일 원칙을 명시하였다.

---

① 시무 28조

② 전주 화약

③ 4·13 호헌 조치

④ 7·4 남북 공동 성명

ADVICE ④ 7·4 남북 공동 성명 : 1972년 서울과 평양에서 동시에 발표된 통일 관련 최초의 합의문이다. 이 성명에서 통일의 기본 원칙으로 자주, 평화, 민족 대단결이 제시되었으며, 분단 상황 속에서도 남북이 대화를 통해 통일 문제를 논의하기 시작한 계기가 되었다.

① 시무 28조 : 고려 성종 시기 최승로가 올린 정치 개혁 건의문이다.

② 전주 화약 : 동학 농민군과 정부군이 농민군 해산과 개혁을 약속한 합의이다.

③ 4·13 호헌 조치 : 전두환 정부가 대통령 직선제로의 개헌 요구를 무시하고 개헌 논의를 중단하겠다고 선언한 사건이다.

CHAPTER 05

2023년 제1회 기출문제

[전근대 한국사의 이해]

1 ㉠에 들어갈 유물로 옳은 것은?

신석기 시대 생활 체험하기

- 장소 : 서울 강동구 암사동 선사 유적지
- 체험 활동 – 가락바퀴를 이용하여 실뽑기
  - (㉠   ) 모형 만들기

---

① 상평통보

② 비파형 동검

③ 빗살무늬 토기

④ 불국사 3층 석탑

ADVICE ③ 빗살무늬 토기 : 대표적인 신석기 시대 유물로, 이 시기에는 농경과 목축이 시작되면서 정착 생활을 하였으며 가락바퀴를 사용해 실을 뽑는 활동이 이루어졌다.

① 상평통보 : 조선 후기에 발행되어 유통된 화폐로 조선 시대의 유일한 법화였다.

② 비파형 동검 : 청동기 시대의 대표적인 유물로 지배 계층의 장신구 또는 무기로 사용되었다.

④ 불국사 3층 석탑 : 신라 시대에 창건된 불국사 내부에 세워진 석탑으로 석가탑(釋迦塔)이라고도 불린다.

2 ㉠에 들어갈 내용으로 옳은 것은?

법흥왕의 업적

- 불교 공인
- 금관가야 정복
- (㉠)

---

① 율령 반포
② 훈민정음 창제
③ 사심관 제도 실시
④ 전민변정도감 설치

ADVICE ① 법흥왕은 불교를 공인하여 사상적 통합을 이루고, 금관가야를 정복하여 영토를 확장하였다. 또한 국가 운영의 기본 규범을 마련하기 위해 율령을 반포하여 통치 체제를 정비하였다.
② 훈민정음은 조선 세종 시기에 창제되었다.
③ 사심관 제도는 지방에 연고가 있는 자에게 해당 지방의 사심관으로 삼아 다스리게 한 제도로 고려 태조 시기에 실시되었다.
④ 전민변정도감은 귀족들이 불법으로 차지한 토지와 노비를 바로잡는다는 목적을 가진 기구로 고려 공민왕 시기에 설치되었다.

》 ANSWER 1.③ 2.①

3 다음 설명에 해당하는 문서는?

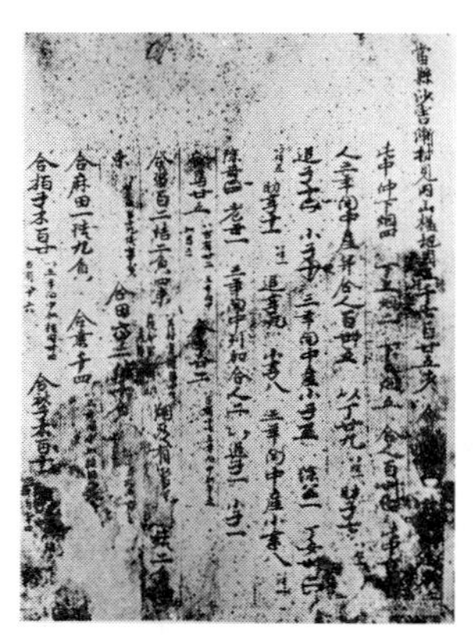

일본 도다이사 쇼소인에서 발견된 문서이다. 이 문서에는 서원경(충북 청주)에 속한 촌락을 비롯한 4개 촌락의 인구 수, 토지의 종류와 크기, 소와 말의 수 등이 기록되어 있어 당시의 경제 상황을 알 수 있다.

① 공명첩

② 시무 28조

③ 영남 만인소

④ 신라 촌락 문서

ADVICE ④ 신라 촌락 문서 : 일본 도다이사 쇼소인에서 발견된 문서로, 신라 시대 서원경 일대 4개 촌락의 경제 상황을 기록한 자료이다. 문서에는 인구 수, 토지의 종류와 면적, 소·말 등의 가축 수가 적혀 있어 당시 촌락의 규모와 경제 구조를 파악할 수 있다.

① 공명첩 : 천인을 면천시켜주거나 관직을 제수하는 것 등을 허가해 주는 문서이다. 조선 후기에는 재정 확보를 위해 돈을 받고 발행해 주어 남발되기도 하였다.

② 시무 28조 : 고려 성종에게 최승로가 바친 시무책(時務策)이다.

③ 영남 만인소 : 영남 지방의 유생 이만손 등이 올린 상소로 그 내용은 황준헌의 「조선책략」을 비판하는 내용이다.

※ 시무책 … 당시에 중요하게 다뤄져야 할 문제에 대한 계책을 뜻한다.

4 ㉠에 들어갈 내용으로 옳은 것은?

삼국 통일 과정

백제 멸망 → 고구려 멸망 → (㉠) → 삼국 통일

① 귀주 대첩   ② 매소성 전투

③ 봉오동 전투   ④ 한산도 대첩

ADVICE ① 귀주 대첩 : 고려 현종 시기 강감찬 등이 이끄는 군대가 귀주(강동육주 중 하나)에서 고려에 침입한 거란군을 크게 격파한 전쟁이다.

③ 봉오동 전투 : 홍범도의 대한 독립군을 비롯한 독립군들이 1920년 6월 봉오동 일대에서 일본군을 격퇴한 전투이다.

④ 한산도 대첩 : 임진왜란 시기 이순신, 원균 등이 이끈 조선 수군이 한산도 앞바다에서 왜군을 물리친 해전이다.

※ 신라는 당과 군사 동맹을 맺어 백제와 고구려를 차례로 멸망시켰다. 이후 당이 한반도 전체를 지배하려 하자, 신라는 당과 전쟁을 벌였다. 나·당 전쟁은 7년 동안 이어졌으며, 매소성 전투(675)와 기벌포 전투(676)에서 신라가 승리하면서 당을 몰아 내고 삼국 통일을 완성하였다.

5 두 학생의 대화 내용에 해당하는 인물은?

① 김구   ② 의천

③ 안중근   ④ 전태일

ADVICE ② 대화에서 언급된 인물은 고려 시대 승려 의천이다. 의천은 해동 천태종을 창시하고 교종과 선종의 조화를 추구하였다. 그는 경전 연구와 수행을 함께 해야 한다는 교관겸수를 강조하였다.

» ANSWER 3.④ 4.② 5.②

6 다음 내용의 원인이 되어 일어난 사건은?

> • 명성 황후 시해 사건
> • 단발령 실시

① 갑신정변

② 병자호란

③ 을미의병

④ 무신 정변

ADVICE ③ 을미의병 : 1895년 일본이 명성 황후를 시해하고 단발령을 강요하자, 이에 반발한 유생들이 일으킨 항일 의병이다.

　① 갑신정변 : 1884년 김옥균, 박영효 등의 급진 개화파 인물들이 우정총국 개국 연회를 이용해 일으킨 정변이다. 근대적 개혁을 시도하였으나 청군의 개입으로 실패하였다.

　② 병자호란 : 1636년 청나라가 조선에 침입하여 일어난 전쟁으로 남한산성으로 피란 간 인조는 삼전도에서 항복하였다.

　④ 무신 정변 : 1170년 문신에 비해 차별받던 고려의 무신들이 난을 일으켜 정권을 장악한 사건이다.

7 ㉠에 들어갈 내용으로 옳은 것은?

> 수행 평가 계획서
>
> • 주제 : 고려 광종의 정책
> • 조사할 내용 : (　㉠　), 과거제 등

① 신문지법

② 노비안검법

③ 치안 유지법

④ 국가 총동원법

ADVICE ② 노비안검법 : 불법적으로 노비가 된 사람들을 해방시키는 제도로, 고려 광종 시기 호족의 경제 · 군사적 기반을 약화시키고 왕권을 강화하기 위해 시행되었다.

　① 신문지법 : 일제강점기 신문의 창간, 발행을 관리할 목적으로 제정된 법이다. 실질적으로는 언론을 통제하기 위해 제정되었다.

　③ 치안 유지법 : 1925년 일제가 사회주의 운동과 항일 운동을 탄압하기 위해 제정한 법이다.

　④ 국가 총동원법 : 1938년 일제가 전쟁 수행에 필요한 인적 · 물적 자원을 충당하기 위해 제정한 법이다. 이 법으로 인해 수많은 한국인이 전쟁에 강제로 동원되었다.

8 다음 사건이 일어난 시기에 대한 설명으로 옳은 것은?

• 홍경래의 난 (1811)	• 임술 농민 봉기(1862)

① 권문세족이 농장을 확대하였다.

② 세도 가문이 권력을 독점하였다.

③ 진골 귀족들이 왕위 쟁탈전을 벌였다.

④ 일제가 황국 신민화 정책을 추진하였다.

ADVICE ② 홍경래의 난(1811)과 임술 농민 봉기(1862)는 조선 후기 세도 정치 시기에 발생한 농민 봉기이다. 이 시기에는 안동 김씨 등 소수의 외척 가문이 권력을 독점하고, 정치를 사적으로 운영하였다. 그 결과 삼정의 문란이 심화되어 백성들의 생활이 피폐해졌고, 결국 농민 반란으로 이어졌다.

9 ㉠에 들어갈 내용으로 가장 적절한 것은?

질문 : 고려 양인 중 (㉠   )에 대해 알려 주세요. 답변 : 과거 응시와 거주 이전에 제한이 있었습니다. 　　　 일반 군현민에 비해 많은 세금을 부담해야 했습니다.

① 노비

② 향리

③ 하급 장교

④ 향·소·부곡민

ADVICE ④ 향·소·부곡은 고려 시대의 특수 행정 구역으로 해당 지역에 사는 사람들은 법적으로는 양인 신분이나, 일반적인 군·현민들보다 낮은 사회적 대우를 받았다. 이들에게는 거주 이전의 자유가 없었으며, 주로 왕실 등에 필요한 공물을 생산하였다.

> **ANSWER**　6.③　7.②　8.②　9.④

10 다음에서 설명하는 조선의 교육 기관은?

> • 사림의 주도로 설립되기 시작함
> • 지방 양반의 권위를 강화하는 역할을 함
> • 선현에 대한 제사와 학문 연구 및 교육을 담당함

① 서원 ② 광혜원
③ 우정총국 ④ 경성 제국 대학

ADVICE ① 서원 : 조선 시대 민간 교육 기관이다. 서원에서는 유학을 공부하고 학문 연구를 진행하였으며, 선현에게 제사를 지내는 기능도 수행하였다.
② 광혜원 : 개항 이후 설립된 최초의 서양식 병원이다.
③ 우정총국 : 조선 시대 우편 업무를 담당한 기관으로, 우정총국 개국 기념행사에서 갑신정변이 일어났다.
④ 경성 제국 대학 : 이상재 주도의 민립 대학 설립 운동이 일어나자 이를 막기 위해 일제가 설립한 대학이다.

11 ㉠에 들어갈 용어로 옳은 것은?

> 조선에서는 사헌부, 사간원, 홍문관의 (㉠)을/를 두어 정사를 비판하고 관리의 비리를 감찰하게 하여 권력의 독점과 부정을 방지하였다.

① 3사 ② 비변사
③ 식목도감 ④ 군국기무처

ADVICE ① 3사 : 조선 시대에는 사헌부 · 사간원 · 홍문관을 합하여 3사라고 불렀다. 3사는 정사를 비판하고 관리의 비리를 감찰하는 역할을 담당하여 권력의 독점과 부정을 견제하는 기능을 수행하였다.
② 비변사 : 조선 시대 외적의 침입에 대처하기 위한 목적으로 설치된 국방 목적의 임시 기구였다. 이후 조선 중 · 후기에는 의정부를 대신해 국정 전반을 총괄하는 성격으로 변모하였다.
③ 식목도감 : 고려 시대 격식과 법제를 담당하는 관청이다.
④ 군국기무처 : 갑오개혁 당시 개혁 추진을 위해 설치된 중앙 기구이다.

12 ㉠에 들어갈 내용으로 옳은 것은?

> 1866년 프랑스는 병인박해를 구실로 강화도를 공격하였다. 이에 맞서 양헌수 부대가 정족산성에서 승리하여 프랑스군이 철수하였다. 이 과정에서 조선은 (㉠)

① 쌍성총관부를 탈환하였다.
② 나 · 제 동맹을 결성하였다.
③ 백두산정계비를 건립하였다.
④ 외규장각 도서를 약탈당하였다.

ADVICE ④ 1866년 병인박해를 구실로 프랑스 군대가 강화도를 침략한 사건을 병인양요라고 한다. 이때 조선은 양헌수 부대가 정족산성에서 프랑스군을 물리쳐 침략을 막아냈다. 프랑스군은 철수 과정에서 의궤 등 외규장각에 도서를 약탈해 가져갔다.
① 쌍성총관부는 원간섭기에 원나라가 고려에 설치한 관부로 고려 공민왕 시기 이곳을 공격하여 철령 이북의 영토를 회복하였다.
② 나 · 제 동맹은 삼국 시대 고구려 장수왕의 남진 정책에 위협을 느낀 신라와 백제가 고구려 견제 목적으로 결성된 연합이다.
③ 백두산정계비는 조선 숙종 시기 조선과 청나라 사이의 국경선을 나타내기 위해 세워진 비석이다.

13 다음 질문에 대한 학생의 답으로 옳은 것은?

〈한국사 골든벨〉

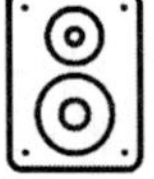

① 집강소
② 성균관
③ 국문 연구소
④ 조선 총독부

ADVICE ① 집강소 : 동학 농민 운동 과정에서 설치된 농민 자치 기구이다. 집강소는 탐관오리 처벌, 조세 제도 개혁, 사회적 악습 폐지 등 각종 개혁안을 실행하였다.
② 성균관 : 조선 시대의 최고 교육 기관으로 일종의 국립 대학이었다.
③ 국문 연구소 : 대한 제국 시기 한글 연구와 정리를 위해 설치된 기관이다.
④ 조선 총독부 : 1910년대 일제가 대한 제국을 강제로 병합한 후 식민 통치를 위해 설치한 기구이다.

≫ **ANSWER** 10.① 11.① 12.④ 13.①

[일제 식민지 지배와 민족 운동의 전개]

14 다음에서 설명하는 민족 운동은?

> • 준비 과정에서 민족주의 세력과 사회주의 세력이 연대함
> • 1926년 순종의 장례일에 맞추어 시위를 전개함

① 새마을 운동
② 서경 천도 운동
③ 6 · 10 만세 운동
④ 5 · 18 민주화 운동

ADVICE ③ 6 · 10 만세 운동 : 1926년 순종의 장례일에 맞추어 전개된 항일 민족 운동으로 학생들을 중심으로 하여 전개되었다.
① 새마을 운동 : 1970년대 박정희 정부가 농촌 근대화를 위해 실시한 운동이다.
② 서경 천도 운동 : 고려 인종 시기 묘청을 중심으로 한 서경 세력들이 도읍을 서경(현 평양)으로 옮길 것을 주장하며 전개한 운동이다.
④ 5 · 18 민주화 운동 : 신군부가 정권을 장악한 이후 전국으로 확대된 비상 계엄령에 반발한 광주의 대학생과 시민들이 벌인 시위이다. 정부는 계엄군을 투입하여 시위를 무력으로 진압하였다.

[일제 식민지 지배와 민족 운동의 전개]

15 ㉠에 들어갈 내용으로 옳은 것은?

> **한국사 묻고 답하기**
>
> 질문 : 1910년대 일제의 무단 통치에 대해 알려 주세요.
> 답변 : 교사도 제복을 입고 칼을 차게 했어요.
> → (　　　　　　　　㉠　　　　　　　　)

① 골품제를 실시했어요.
② 삼청 교육대를 설치했어요.
③ 사사오입 개헌을 단행했어요.
④ 헌병 경찰 제도를 실시했어요.

ADVICE ④ 1910년대 일제는 한국을 강압적으로 통치하는 무단 통치를 실시하였다. 이 시기에 교사에게 제복을 입고 칼을 착용하게 하는 등 폭력과 감시를 중심으로 한 억압적 지배가 이루어졌다. 또한 헌병 경찰 제도를 시행하여 헌병이 경찰 업무까지 겸임하며 일상생활 전반을 강하게 통제하였다.
① 골품제는 삼국 시대에 존재했던 신라의 엄격한 신분 제도이다.
② 삼청교육대는 1980년 국가보위비상대책위원회가 군부대에 설치한 기관으로 영장 없이 불건전한 행위를 하는 자 등을 체포하였다.
③ 사사오입개헌은 이승만 정부 시기 초대 대통령에 한해 3선 금지 조항을 적용하지 않는다는 내용의 개헌안이 통과된 사건이다.

16 ㉠에 들어갈 인물로 옳은 것은?

> 1932년 일제는 홍커우 공원에서 상하이 사변의 승리를 축하하는 기념식을 열었다. 이때 (　㉠　)이 폭탄을 던져 일본의 군 장성과 고관들을 처단하였다. 이를 계기로 중국 국민당 정부는 한국 독립운동을 적극 지원하게 되었다.

① 일연
② 김유신
③ 윤봉길
④ 정약용

ADVICE ③ 1932년 윤봉길은 상하이 홍커우 공원에서 열린 일본의 전승 기념식에서 폭탄을 투척하여 일본 주요 인사를 다수 처단하였다. 이 의거는 대한민국 임시 정부의 위상을 국제 사회에 알리는 계기가 되었으며, 이를 계기로 중국 국민당 정부는 한국 독립 운동 세력을 적극적으로 지원하였다.

17 다음에서 설명하는 일제의 식민지 지배 정책은?

> • 배경 : 제1차 세계 대전 이후 일본에서 쌀값이 폭등함
> • 전개 : 일제가 한국을 식량 공급지화함
> • 결과 : 한국의 식량 사정이 악화되고 농민의 부담이 증가함

① 대동법　　　　　　　　　　　② 탕평책
③ 의정부 서사제　　　　　　　　④ 산미 증식 계획

ADVICE ④ 산미 증식 계획 : 제1차 세계 대전 이후 일본에서 쌀값이 폭등하자 일제가 한국을 식량 공급지로 삼기 위해 실시한 식민지 경제 정책이다. 일제는 한국에서 쌀 생산량을 늘린다는 명목으로 농민들에게 수리 시설 확장과 품종 개량을 강요하였다. 그러나 실제로는 수확된 쌀 대부분을 일본으로 반출하여 한국의 식량 사정이 악화되고 농민의 부담이 더욱 증가하는 결과를 가져왔다.
① 대동법 : 조선 후기 공납을 토산물 대신 쌀·돈·포로 내게 한 제도이다.
② 탕평책 : 조선 영조와 정조가 붕당 간의 갈등을 완화하기 위해 추진한 정치 정책이다.
③ 의정부 서사제 : 조선시대 6조에서 올린 보고를 의정부의 3정승이 심의한 뒤 임금에게 보고를 올리는 제도이다.

> **ANSWER**　14.③　15.④　16.③　17.④

18 ㉠에 들어갈 내용으로 옳은 것은?

① 현량과를 시행함   　　　② 삼국사기를 저술함

③ 어린이날 제정을 주도함   　　② 이토 히로부미를 처단함

ADVICE ③ 방정환은 천도교 소년회를 조직하고, 소년 운동과 아동 인권 보호에 앞장선 인물이다. 그는 어린이날을 제정하여 어
　　　린이를 존중해야 한다는 의식을 확산시키는 데 큰 역할을 하였다.
　　① 현량과는 천거(薦擧)와 시험이 합쳐진 형태의 특별 과거(科擧)로 조선 중종 시기에 실시되었다.
　　② 삼국사기를 저술한 인물은 고려 시대 인물인 김부식이다.
　　④ 이토 히로부미는 1909년 안중근에 의해 사살되었다.
　　※ 천거… 어떠한 일을 담당하여 할 수 있는 인물을 소개하거나 추천하는 것이다.

19 밑줄 친 ㉠에 해당하는 민주화 운동은?

1987년 전두환 대통령의 4 · 13 호헌 조치에 맞서 시민들은 ㉠ 호헌 철폐와 독재 타도를 외치며 전국적으로
시위를 전개하였다. 결국 전두환 정부는 국민의 요구에 굴복하여 대통령 직선제 개헌안을 수용하였다.

① 3 · 1 운동   　　　② 6월 민주 항쟁

③ 국채 보상 운동   　　④ 금 모으기 운동

ADVICE ② 6월 민주 항쟁 : 1987년 전두환 정부가 4 · 13 호헌 조치를 발표하여 대통령 직선제 개헌을 거부하자, 이에 시민과 학
　　　생들이 호헌 철폐, 독재 타도를 외치며 전국적으로 전개한 민주화 운동이다.
　　① 3 · 1 운동 : 1919년 일제에 맞서 전국적으로 일어난 독립 만세 운동이다. 이를 계기로 대한민국 임시정부가 만들어졌다.
　　③ 국채 보상 운동 : 1907년 대구에서 시작된 국가 부채를 갚기 위한 국민 모금 운동이다.
　　④ 금 모으기 운동 : 1997년 외환 위기 극복을 위해 국민이 자발적으로 금을 모은 운동이다.

20 ㉠에 들어갈 내용으로 옳은 것은?

> 1945년 개최된 (㉠)에서 한국의 임시 민주 정부 수립, 이를 위한 미·소 공동위원회 설치, 신탁 통치 실시 등이 결정되었다.

① 신민회

② 화백 회의

③ 조선 물산 장려회

④ 모스크바 3국 외상 회의

ADVICE ④ 모스크바 3국 외상 회의: 한국의 임시 민주 정부 수립을 추진하고, 이를 위해 미·소 공동 위원회 설치가 결정된 회의이다. 회의에서는 최대 5년간의 신탁 통치 실시도 논의되었는데, 이 결정은 해방 이후 대한민국의 정치 체제 구성 과정에 큰 영향을 주었다.

① 신민회: 독립운동과 민중 계몽 등을 목적으로 조직된 비밀 결사 단체다. 남만주에 무관학교를 설립하여 독립군을 양성하기도 하였다.

② 화백 회의: 신라의 귀족 회의로 국정 운영의 주요 안건들을 심의하는 곳이었다.

③ 조선 물산 장려회: 조만식 등을 필두로 조직된 단체로 조선의 물건을 애용하자는 목적으로 물산 장려 운동을 추진하였다.

21 다음 전쟁의 결과로 옳지 않은 것은?

> 1950년 6월 25일, 북한의 남침으로 발발하였다. 이후 인천상륙 작전, 1·4 후퇴를 거쳐 38도선 일대에서 공방전이 지속되다가 1953년 7월 27일 정전 협정이 체결되었다.

① 강화도 조약이 체결되었다.

② 남북 분단이 고착화되었다.

③ 많은 군인과 민간인이 희생되었다.

④ 이산가족과 전쟁고아가 발생하였다.

ADVICE ① 보기의 내용은 6·25전쟁의 경과이다. 일본과의 강화도 조약 체결은 1876년 운요호 사건을 빌미로 이루어졌으며, 조선이 외국과 맺은 최초의 근대적인 조약이면서 불평등한 조약이다.

> **ANSWER** 18.③ 19.② 20.④ 21.①

22 ㉠에 들어갈 내용으로 옳은 것은?

박정희 정부의 정책

- 베트남 파병
- 7 · 4 남북 공동 성명 발표
- (㉠)

① 별기군 창설

② 유신 헌법 제정

③ 독서삼품과 실시

④ 한 · 일 월드컵 대회 개최

ADVICE ② 박정희 정부는 1972년 유신 헌법을 제정하여 대통령의 권한을 대폭 강화하였다. 유신 체제하에서 대통령은 임기 6년 중임이 가능했고, 국회의 기능이 약화되는 등 독재적 통치 체제가 강화되었다. 또한 박정희 정부는 베트남 파병과 1972년 7 · 4 남북 공동 성명 발표 등을 통해 대외 정책과 남북 화해 정책을 병행하였다.
① 별기군은 1881년에 창설된 신식 군대로 기존의 군대에 비해 우대받았으며, 이는 임오군란의 원이이 되었다.
③ 독서삼품과는 통일 신라 시대의 관리 선발 제도로 원성왕 때부터 시행되었다.
④ 한 · 일 월드컵은 2002년 한국과 일본이 공동으로 개최한 축구 대회로, 사상 처음으로 공동 개최된 월드컵이었다.

23 다음에서 설명하는 정부는?

• 삼백 산업 발달   • 3 · 15 부정 선거 자행

① 이승만 정부   ② 노태우 정부

③ 김대중 정부   ④ 이명박 정부

ADVICE ① 이승만 정부 시기에는 미국의 원조물자인 밀가루 · 설탕 · 면적물을 만드는 삼백산업이 발달하였다. 또한 1960년 부통령 이기붕을 당선시키기 위해 3 · 15 부정 선거가 자행되었으며, 이는 곧 4 · 19 혁명으로 이어져 이승만이 대통령직에서 물러나는 결과를 낳았다.

24 다음에서 설명하는 군사 조직은?

> • 1940년에 대한민국 임시 정부가 창설함
> • 총사령관에 지청천, 참모장에 이범석이 취임함
> • 미국 전략 정보국(OSS)과 협력하여 국내 진공 작전을 계획함

① 별무반 ② 삼별초
③ 장용영 ④ 한국 광복군

ADVICE ④ 한국 광복군 : 1940년 대한민국 임시 정부가 중국 충칭에서 창설한 군사 조직이다. 총사령관에는 지청천, 참모장에는 이범석이 임명되었으며, 미국 전략 정보국(OSS)과 협력하여 국내 진공 작전을 준비하는 등 광복을 위한 무장 독립 투쟁의 중심이 되었다.
  ① 별무반 : 고려 숙종 때 여진을 정벌하기 위해 조직된 특수 부대이다.
  ② 삼별초 : 고려 무신 정권 시기의 특수부대로 근거지를 옮기며 대몽항쟁을 벌였다.
  ③ 장용영 : 조선 정조가 왕권 강화를 위해 설치한 군사 조직이다.

25 ㉠에 들어갈 내용으로 옳은 것은?

> 김영삼 정부 시기의 경제 상황
>
> – (㉠)
> – 경제 협력 개발 기구(OECD) 가입
> – 외환 위기 발생

① 당백전 발행 ② 방곡령 선포
③ 진대법 실시 ④ 금융 실명제 실시

ADVICE ④ 김영삼 정부는 부정부패를 근절하고 투명한 금융 거래를 확립하기 위해 금융 실명제를 실시하였다. 또한 경제 협력 개발 기구(OECD)에 가입하였으나, 1997년 외환 위기가 발생하여 국제 통화 기금(IMF)의 구제 금융을 신청하였다.
  ① 당백전은 흥선 대원군이 경복궁 중건을 위해 발행한 화폐다. 기존의 화폐인 상평통보의 100배 가치를 목표로 발행되었다.
  ② 방곡령은 1889년 일본으로의 쌀 수출, 흉작 등으로 인한 미곡 가격의 폭등을 조절하고자 외국으로의 곡물 수출을 금지한 조치이다.
  ③ 진대법은 식량이 떨어진 봄에 곡식을 대여해 주고 추수를 하는 가을에 갚게 하는 제도로 고구려 고국천왕 시기에 시행되었다.

≫ ANSWER 22.② 23.① 24.④ 25.④

CHAPTER 06 2023년 제2회 기출문제

[전근대 한국사의 이해]

1 다음 설명에 해당하는 시대는?

> • 빈부의 차이와 계급의 분화가 발생함
> • 대표적인 유물은 비파형 동검임
> • 우리 역사 최초의 국가인 고조선이 건국됨

① 구석기 시대
② 신석기 시대
③ 청동기 시대
④ 철기 시대

ADVICE ③ 청동기 시대에는 농업의 발달로 생산량이 늘어나면서 잉여 생산물이 생기고, 이를 둘러싼 빈부 격차와 계급의 분화가 발생하였다. 대표적인 유물로는 비파형 동검과 민무늬 토기가 있으며, 이 무렵 우리 역사상 최초의 국가인 고조선이 건국되었다.

[전근대 한국사의 이해]

2 다음에서 설명하는 역사서는?

> • 김부식이 왕명을 받아 편찬함
> • 현존하는 우리나라 역사서 중 가장 오래됨

① 경국대전
② 삼국사기
③ 조선책략
④ 팔만대장경

ADVICE ② 삼국사기 : 고려시대 김부식이 왕명으로 편찬한 우리나라에 현존하는 가장 오래된 역사서이다.
① 경국대전 : 조선 세조 시기부터 편찬하기 시작하여 성종 대에 완성된 법전이다.
③ 조선책략 : 청나라의 황준헌이 집필한 역사서로 조선은 러시아를 경계하고 중·일·미와 가깝게 지내야 한다는 내용을 담고 있다. 조선의 문호 개방에 영향을 주기도 하였다.
④ 팔만대장경 : 고려 시대 부처의 힘으로 몽골군의 침입을 막아내려는 염원을 담아 제작된 불교 경전이다.

3 ㉠에 들어갈 신라의 왕으로 옳은 것은?

> (㉠)의 정책
>
> – 국학 설립
> – 9주 5소경 체제 정비
> – 관료전 지급 및 녹읍 폐지

① 신문왕
② 장수왕
③ 근초고왕
④ 광개토 대왕

ADVICE ① 신문왕 : 신라 제31대 왕으로 왕권 강화를 위해 여러 제도를 정비하였다. 국학을 설립하여 유학 교육을 실시하고, 9주 5소경 체제를 완비하여 지방 통치를 강화하였다. 또한 관료전을 지급하고 녹읍을 폐지하여 귀족 세력을 약화시키고 중앙 집권 체제를 강화하였다.
② 장수왕 : 고구려 제20대 왕으로 수도를 국내성에서 평양으로 천도하여 남진정책을 펼쳤다. 이에 백제와 신라는 나·제 동맹을 맺어 고구려를 견제하고자 하였다.
③ 근초고왕 : 백제의 제13대 왕으로 마한을 병합하고, 고구려를 공격하여 고국원왕을 전사시키며 영토를 넓혔다. 또한 중국의 동진, 왜와 교류하는 등 백제의 전성기를 이끌었다.
④ 광개토 대왕 : 고구려 제19대 왕으로 영락이라는 독자적인 연호를 사용했고 요동과 만주 일대를 고구려의 영토로 장악하였다. 고구려 전성기의 기반을 다졌다.

4 ㉠에 들어갈 정책으로 옳은 것은?

> 공민왕의 반원 정책
>
> – 친원 세력 제거
> – 정동행성 이문소 폐지
> – (㉠)

① 장용영 설치
② 금관가야 정복
③ 쌍성총관부 공격
④ 치안 유지법 제정

ADVICE ③ 공민왕은 원의 간섭에서 벗어나기 위해 반원 정책을 추진하였다. 친원 세력을 제거하고, 정동행성 이문소를 폐지하였으며, 원의 지배로 넘어갔던 영토를 수복하기 위해 쌍성총관부를 공격하여 철령 이북의 땅을 되찾았다.
① 장용영은 조선 정조 시기 왕권 강화 정책의 일환으로 설치된 군영이다. 국왕의 호위 등을 담당하였다.
② 금관가야는 신라 법흥왕 시기에 신라에게 정복되었다.
④ 치안 유지법은 1925년 일제가 사회주의 운동과 항일 운동을 탄압하기 위해 제정한 법이다.

≫ ANSWER 1.③ 2.② 3.① 4.③

5 **다음에서 설명하는 제도는?**

> 조선은 이상적인 유교 정치 구현을 위해 노력하였다. 특히 세종은 왕권과 신권의 조화를 추구하여 군사 업무, 특정 인사 등을 제외한 대부분의 일들을 의정부에서 논의하여 보고하도록 하였다.

① 골품제 　　　　　　　　　　　　② 6조 직계제
③ 헌병 경찰제 　　　　　　　　　　④ 의정부 서사제

ADVICE ④ 의정부 서사제 : 조선 세종 때 시행된 정치 제도로, 국정 운영에서 왕권과 신권의 조화를 이루기 위해 행정 사무를 의
정부가 심의·결정하도록 한 제도이다. 군사·인사 등 일부 사안을 제외한 대부분의 국가 정책이 의정부를 거쳐 국왕
에게 보고되었다.
① 골품제 : 신라의 신분제도로 성골과 진골, 6두품으로 나뉜다.
② 6조 직계제 : 조선 시대 국정 운영에서 6조가 의정부를 거치지 않고 왕에게 직접 보고하던 제도이다.
③ 헌병 경찰제 : 일제강점기 헌병이 경찰의 업무까지 겸하던 1910년대 식민지 통치 제도 중 하나이다.

6 **다음에서 설명하는 근대적 교육 기관은?**

> 개항 이후 근대적 교육의 필요성이 확대되었다. 이에 1883년 근대 학문과 외국어를 가르치는 최초의 근대적 교육 기관이 함경도 덕원 주민들에 의해 세워졌다.

① 태학 　　　　　　　　　　　　　② 국자감
③ 성균관 　　　　　　　　　　　　④ 원산 학사

ADVICE ④ 원산 학사 : 함경도 덕원 주민들이 세운 최초의 근대적 교육 기관이다. 이 학교는 근대 학문과 외국어 교육의 필요성이
커지면서 설립되었다.
① 태학 : 고구려 시기의 유학 교육 기관이다.
② 국자감 : 고려 시대 중앙의 최고 교육 기관이다.
③ 성균관 : 조선 시대의 최고 교육 기관이다.

7 **㉠에 들어갈 내용으로 옳은 것은?**

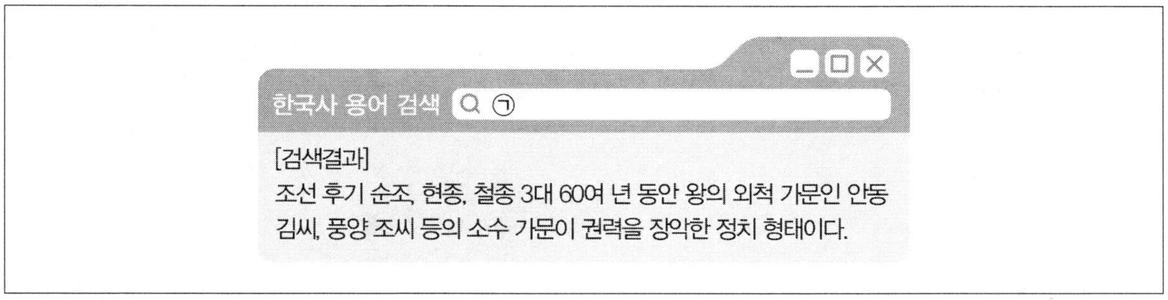

① 도병마사

② 세도 정치

③ 무신 정권

④ 동북 공정

ADVICE ② 세도 정치 : 조선 후기 순조 · 헌종 · 철종 3대 약 60여 년간 외척 가문이 권력을 독점하던 정치 형태이다. 극소수 권세
가가 권력을 장악하여 국정을 운영하였으며, 이로 인해 부정부패가 심화되고 백성들의 삶이 극도로 어려워졌다.
① 도병마사 : 군사적 문제를 의논하는 고려 시대의 기관이다. 고려 후기에는 도평의사사로 바뀌어 군사뿐만 아니라 전반
적인 국정을 논의하는 기관으로 개편되었다.
③ 무신 정권 : 1170년에 일어난 무신 정변 이후 1270년까지 무신이 고려의 정치를 주도했던 정권이다.
④ 동북 공정 : 2002년부터 중국 정부가 실시한 역사 및 현실 문제와 연관된 연구로 우리나라의 고구려와 발해의 역사를
중국 역사에 편입하려는 시도가 있었다.

8 **밑줄 친 '운동'에 해당하는 것은?**

일본의 차관이 도입되면서 대한 제국의 빚은 1,300만 원에 이르게 되었다. 이에 1907년 대구에서 성금을 모아
빚을 갚자는 운동이 시작되었고, 대한매일신보 등 언론사가 후원하면서 전국으로 확산되었다.

① 형평 운동

② 북벌 운동

③ 국채 보상 운동

④ 서경 천도 운동

ADVICE ③ 국채 보상 운동 : 1907년 일제의 차관 도입으로 늘어난 대한 제국의 빚 1,300만 원을 국민이 힘을 모아 갚고자 한 운동이
다. 이 운동은 대구에서 시작되었으며, 대한매일신보 등 언론의 적극적인 보도와 모금 활동으로 전국에 확산되었다.
① 형평 운동 : 1923년 백정에 대한 사회적 차별을 없애기 위해 일어난 운동이다.
② 북벌 운동 : 조선 효종이 병자호란의 치욕을 씻기 위해 추진한 청 정벌 운동이다.
④ 서경 천도 운동 : 고려 인종 시기 묘청 등의 서경 세력들이 도읍을 서경으로 옮길 것을 주장하며 전개한 운동이다.

》 ANSWER 5.④ 6.④ 7.② 8.③

[근대 국민 국가 수립 운동]

9 ㉠에 들어갈 내용으로 옳은 것은?

> 일본은 (㉠) 체결에 따라 대한 제국의 외교권을 **빼앗고** 통감부를 설치하였다. 초대 통감으로 부임한 이토 히로부미는 대한 제국의 내정 전반을 간섭하기 시작하였다.

① 을사늑약
② 헌의 6조
③ 남북 협상
④ 간도 협약

ADVICE ① 을사늑약 : 일본이 러 · 일 전쟁 직후 대한 제국의 외교권을 강제로 박탈하기 위해 체결한 불평등 조약이다. 이 조약으로 일본은 대한 제국에 통감부를 설치하였으며, 초대 통감으로 이토 히로부미가 부임하였다.
② 헌의 6조 : 독립 협회가 고종에게 건의한 6개 조항의 정책 내용이 담긴 제안서로 대한 제국의 자주 국권을 확립하자는 내용 등이 있다.
③ 남북 협상 : 광복 이후 남한만의 단독 선거에 반대한 김구와 김규식 등은 남한과 북한의 협상을 추진하여 회의를 개최하였으나, 큰 성과 없이 각각의 정부가 수립되었다.
④ 간도 협약 : 1909년 청과 일본 사이에 맺은 협약으로 일본은 철도 부설권, 탄광 개발권 등의 이권을 받는 대신 간도를 청나라의 영토로 인정하였다.

[근대 국민 국가 수립 운동]

10 을미개혁의 내용으로 옳은 것을 〈보기〉에서 고른 것은?

〈보기〉

> ㉠ 단발령 시행
> ㉡ 태양력 사용
> ㉢ 노비안검법 실시
> ㉣ 독서삼품과 실시

① ㉠, ㉡

② ㉠, ㉣

③ ㉡, ㉢

④ ㉢, ㉣

ADVICE ㉠㉡ 을미개혁은 일본의 간섭 아래 추진된 갑오개혁의 연장선상 개혁으로, 태양력이 도입되어 서양식 달력이 사용되었고 단발령이 시행되어 상투를 자르고 머리를 짧게 하는 서양식 복장이 권장되었다.
㉢ 노비안검법은 억울하게 노비가 된 사람을 원래의 신분으로 면천시켜준 제도로 고려 광종 시기에 호족 견제 목적으로 실시되었다.
㉣ 독서삼품과는 통일 신라 시대 원성왕 시기부터 시행된 관리 선발 제도이다.

11 ㉠에 들어갈 인물로 옳은 것은?

수행 평가 계획서

- 주제 : (㉠)의 통상 수교 거부 정책
- 조사할 내용 : 병인양요, 신미양요, 척화비

---

① 서희

② 안향

③ 정약용

④ 흥선 대원군

ADVICE ④ 흥선 대원군은 서양 열강의 침략에 맞서 통상 수교 거부 정책을 추진한 인물이다. 그는 1866년 프랑스 함대가 강화도를 침입한 병인양요, 1871년 미국이 제너럴 셔먼호 사건을 계기로 개항을 요구하며 침입한 신미양요 때 모두 무력 저항으로 대응하였다. 또한 전국 주요 지역에 척화비를 세워 외세 배척 의지를 드러냈다.

[대한민국의 발전]

12 ㉠에 들어갈 내용으로 옳은 것은?

① 아관 파천

② 위화도 회군

③ 국내 진공 작전

④ 3 · 15 부정 선거

ADVICE ④ 3 · 15부정 선거 : 이승만이 장기 집권을 위해 이기붕을 부통령에 당선시키기 위해 저지른 대규모 부정 선거 사건이다. 이를 계기로 4 · 19 혁명이 일어났으며 이승만이 대통령직에서 하야하는 결과를 낳았다.

① 아관 파천 : 명성 황후가 시해된 을미사변 이후 위협을 느낀 고종이 러시아 공사관으로 거처를 옮긴 사건이다.

② 위화도 회군 : 고려 우왕의 명령으로 요동을 정벌하러 떠난 이성계가 위화도에서 회군하여 고려로 돌아가 정권을 잡은 사건이다.

③ 국내 진공 작전 : 미국 전략 정보국의 훈련을 받은 한국 광복군(대한민국 임시 정부의 군대)이 추진한 계획이다. 일본의 항복으로 계획은 실패하였다.

» **ANSWER** 9.① 10.① 11.④ 12.④

13 밑줄 친 '기구'에 해당하는 것은?

> 1880년대 조선 정부는 개화 정책을 총괄하기 위한 <u>기구</u>를 설치하였다. 그 아래에 실무를 담당하는 12사를 두어 외교, 통상 재정 등의 업무를 맡게 하였다. 또한 군사 제도를 개편하고 신식 군대인 별기군을 창설하였다.

① 집현전
② 교정도감
③ 통리기무아문
④ 동양 척식 주식회사

ADVICE ③ 통리기무아문 : 조선 정부가 개화 정책을 총괄하기 위해 설치한 근대적 행정 기구이다. 이 기구는 개화 업무를 담당했으며, 그 아래에 12사를 두어 각 부문별 실무를 맡겼다. 또한 국방력 강화를 위해 신식 군대인 별기군을 창설하였다.
① 집현전 : 조선 세종 시기 학문 연구와 정책 자문을 위해 설치된 기관이다.
② 교정도감 : 고려 무신 정권기에 설치된 기관으로 당시 국정을 총괄하였다.
④ 동양 척식 주식회사 : 1908년 일본이 한국에 설치한 국책회사로 일제강점기 한국 경제를 착취하는 역할을 하였다.

14 ㉠에 들어갈 내용으로 옳은 것은?

> 1910년대 일제는 한국의 산업 성장을 방해하기 위한 정책을 실시하였다. 특히 회사를 설립할 때는 조선 총독의 허가를 받도록 하는 (㉠   )을 공포하여 한국인의 회사 설립을 억제하려 하였다.

① 회사령
② 균역법
③ 공명첩
④ 대동법

ADVICE ① 회사령 : 일제가 조선의 산업 발전을 억제하고 경제를 통제하기 위해 공포한 명령이다. 이에 따라 한국인이 회사를 설립하려면 조선 총독의 허가를 받아야 했으며, 그 결과 민족 자본의 성장과 기업 활동이 크게 제약되었다.
② 균역법 : 조선 영조 때 군역의 부담을 줄이기 위해 제정된 법이다.
③ 공명첩 : 천인을 면천시켜주거나 관직을 제수하는 것 등을 허가해 주는 문서이다.
④ 대동법 : 조선 광해군 때 시행된 제도로, 공물을 쌀·돈·포로 납부하게 한 제도이다.

15 다음에서 설명하는 무장 독립 투쟁은?

> 1920년 김좌진이 이끄는 북로 군정서와 홍범도의 대한 독립군을 중심으로 한 독립군 연합 부대는 백운평과 어랑촌 등지에서 일본군을 크게 격파하였다.

① 병자호란
② 청산리 대첩
③ 한산도 대첩
④ 황토현 전투

ADVICE ② 청산리 대첩 : 김좌진이 이끄는 북로 군정서와 홍범도의 대한 독립군 등이 연합하여 일본군을 크게 물리친 전투이다. 이 전투는 백운평·어랑촌 등지 약 10여 차례에 걸쳐 큰 승리를 거두었다.
　① 병자호란 : 1636년 청나라가 조선에 침입하여 일어난 전쟁으로 남한산성으로 피란 간 인조는 결국 삼전도에서 항복하였다.
　③ 한산도 대첩 : 임진왜란 시기 이순신, 원균 등이 이끈 조선 수군이 한산도 앞바다에서 왜군을 물리친 해전이다.
　④ 황토현 전투 : 전봉준 등을 필두로 한 동학 농민군이 전라감영군을 격퇴하여 승리한 전투이다.
　※ 감영군 … 조선 시대 관찰사가 업무를 처리하던 관아(감영)에 소속된 군대이다.

16 다음 질문에 대한 답으로 옳은 것은?

① 3·1 운동
② 제주 4·3 사건
③ 금 모으기 운동
④ 부·마 민주 항쟁

ADVICE ① 3·1 운동 : 일제 강점기 최대 규모의 민족 독립 운동으로, 민족 자결주의와 2·8 독립 선언의 영향을 받아 전국적으로 확산되었다.
　② 제주 4·3 사건 : 1948년 남한만의 단독 선거에 반대한 제주도의 남로당이 일으킨 무장 봉기를 진압하는 과정에서 수많은 민간인들이 희생된 사건이다.
　③ 금 모으기 운동 : 김대중 정부 시기 외환 위기를 극복하기 위해 시민들이 자발적으로 금을 모은 운동이다. 이를 통해 IMF(국제 통화 기금)의 구제 금융을 조기 상환하였다.
　④ 부·마 민주 항쟁 : 1979년 박정희 정부의 유신 체제에 반대하여 부산과 마산을 중심으로 일어난 시위이다.

》 ANSWER 13.③　14.①　15.②　16.①

17 다음에서 설명하는 민족 운동은?

> 일제는 한국인에게 고등 교육의 기회를 거의 주지 않았다. 이에 이상재를 중심으로 고등 교육 기관을 설립하자는 취지 아래, '한민족 1천만이 한 사람이 1원씩'이라는 구호를 내세우며 모금 운동을 펼쳤다.

① 만민 공동회
② 서울 진공 작전
③ 토지 조사 사업
④ 민립 대학 설립 운동

ADVICE ④ 민립 대학 설립 운동 : 일제가 한국인에게 고등 교육의 기회를 제한하자, 우리 손으로 대학을 세우고자 한 민족 자주 교육 운동이다. 이 운동은 이상재 등을 중심으로 "한민족 1천만이 한 사람이 1원씩"이라는 구호 아래 전국적인 모금 운동이 전개되었다.
① 만민 공동회 : 1898년 독립 협회가 주도한 정치 집회로, 자주 독립을 주장하며 열강의 간섭을 막고자 하였다.
② 서울 진공 작전 : 1908년 일제를 몰아내기 위해 항일 의병들이 추진한 서울 탈환 작전이다.
③ 토지 조사 사업 : 일제가 1910년대 식민 통치 강화를 위해 시행한 토지 수탈 정책이다.

18 다음에서 설명하는 일제의 식민 지배 방식은?

> 일제는 침략 전쟁을 확대하면서 한국인을 전쟁에 동원하고자 하였다. 이에 황국 신민 서사 암송, 궁성 요배, 신사 참배를 강요하고 한국인의 성과 이름도 일본식으로 바꾸게 하였다.

① 호포제
② 금융 실명제
③ 민족 말살 통치
④ 4 · 13 호헌 조치

ADVICE ③ 민족 말살 통치 : 한국인을 전쟁 동원에 활용하기 위한 식민지 정책으로, 황국 신민 서사 암송, 궁성 요배, 신사 참배 등을 강요하며 천황에 대한 충성을 요구하였다. 또한 창씨개명을 강요하여 한국인의 이름을 일본식으로 바꾸게 하였다.
① 호포제 : 양반에게도 군포를 부과한다는 내용의 제도로 흥선 대원군의 개혁 정책 중 하나였다.
② 금융 실명제 : 김영삼 정부 시기에 실시된 금융 거래를 실제 명의로 하고, 가명 또는 무기명 거래는 인정하지 않는 정책이다.
④ 4 · 13 호헌 조치 : 1987년 전두환 정부가 시민들의 대통령 직선제 개헌 요구를 거부하고 개헌 논의를 중단하겠다는 결정을 내린 조치이다.

[대한민국의 발전]

19 ㉠에 들어갈 내용으로 옳은 것은?

모스크바 3국 외상 회의 결정 내용 요약문

1. 한국의 독립을 위하여 임시 민주 정부를 수립한다.
2. 임시 정부 수립을 위하여 미국과 소련은 (　㉠　)를 설치하고 한국의 정당 및 사회단체와 협의한다.

① 신간회
② 조선 형평사
③ 국민 대표 회의
④ 미·소 공동 위원회

ADVICE ④ 모스크바 3국 외상 회의 : 미·소·영·중 4개국이 한국의 독립을 위한 임시 민주 정부 수립과 함께 최대 5년간의 신탁 통치 실시를 결정한 회의이다. 회의 결과에 따라 미국과 소련은 미·소 공동 위원회를 설치하여, 임시 정부 수립을 위한 한국 내 정당 및 사회단체와의 협의를 진행하기로 하였다.

① 신간회 : 1927년 민족주의자들과 사회주의자들이 연합하여 항일운동을 하기 위해 조직된 단체다. 1931년 내부적인 갈등으로 인해 해체되었다.

② 조선 형평사 : 1923년 백정(白丁)의 신분 해방을 목적으로 조직된 사회운동단체로, 백정에 대한 차별을 철폐하고자 하였다.

③ 국민 대표 회의 : 일제의 탄압으로 원활한 독립 운동을 이어나가지 못한 임시 정부가 활동 방향성을 정하기 위해 소집한 회의이다. 임시 정부를 해체하고 새 정부를 조직하자는 창조파와 기존의 정부를 유지하되 개편하자는 개조파로 나뉘어 갈등을 빚었고, 결국 회의는 결렬되었다.

》 ANSWER 17.④ 18.③ 19.④

20 **다음에서 설명하는 인물은?**

① 궁예

② 김구

③ 박제가

④ 연개소문

ADVICE ② 김구는 일제 강점기의 대표적인 독립운동가로, 대한민국 임시 정부의 주석을 역임하였다. 1931년 한인 애국단을 조직하여 침체된 임시 정부의 상황을 타개하고자 하였으며, 자서전 백범일지에는 독립운동과 민족 사랑의 정신이 기록되어있다.

21 **㉠에 들어갈 내용으로 옳은 것은?**

> 일제의 식민 지배에 협력했던 민족 반역자를 청산하는 것은 민족경기를 바로잡기 위한 필요한 일이었다. 이에 1948년 제헌 국회는 국민적 여론과 제헌 헌법에 따라 (㉠   )을/를 제정하였다.

① 시무 28조

② 미쓰야 협정

③ 남북 기본서 합의서

④ 반민족 행위 처벌법

ADVICE ④ 반민족 행위 처벌법 : 1948년 제헌 국회는 친일파를 처벌하고 민족 정기를 바로 세우기 위해 반민족 행위 처벌법을 제정하였다. 이를 근거로 반민족 행위 특별 조사 위원회가 구성되어 친일 혐의자를 조사하였다.

① 시무 28조 : 고려 성종에게 최승로가 바친 시무책(時務策)이다. 불교 행사인 연등회와 팔관회를 축소하고 민생 문제에 관심을 두는 등의 내용으로 구성되어 있다.

② 미쓰야 협정 : 1925년 만주에서 활동하는 한국의 독립군을 체포하기 위해 조선 총독부의 경무 국장 미쓰야와 중국 만주의 군벌 장쭤린이 맺은 협정이다. 독립군을 체포하여 일본에 넘기면 포상금을 지불한다는 게 협정의 주요 내용이다.

③ 남북 기본 합의서 : 노태우 정부 시기 남한과 북한 간 합의된 기본적인 사항들을 담은 외교문서다. 남북 상호 불가침, 남북교류 등의 내용을 담고 있다.

22 다음에서 설명하는 사건은?

① 갑신정변

② 교조 신원 운동

③ 물산 장려 운동

④ 5 · 18 민주화 운동

ADVICE ④ 5 · 18 민주화 운동 : 1980년 신군부 세력이 정권 장악을 위해 비상계엄을 전국으로 확대하자, 이에 반대하는 광주의 학생과 시민들이 민주화를 요구하며 저항한 사건이다. 이 운동은 대한민국 민주주의 발전의 전환점이 되었으며, 당시의 기록물은 2011년 유네스코 세계기록유산으로 등재되었다.

① 갑신정변 : 1884년 급진 개화파가 우정총국 개국 축하연을 계기로 일으킨 정변이다.

② 교조 신원 운동 : 1864년에 처형당한 동학의 교조 최제우의 억울함을 풀고 종교의 자유를 위해 벌인 운동이다.

③ 물산 장려 운동 : 1920년대 토산품 애용 등의 취지로 시작된 운동이다. 조만식의 주도로 평양에서 시작되어 전국으로 확산되었다.

▶ ANSWER 20.② 21.④ 22.④

23 ㉠에 들어갈 전쟁으로 옳은 것은?

> (㉠)의 전개 과정
>
> 북한군의 남침 → 인천 상륙 작전 → 1 · 4 후퇴 → 정전 협정

① 임진왜란

② 귀주 대첩

③ 6 · 25 전쟁

④ 쌍성보 전투

ADVICE ③ 6 · 25 전쟁 : 1950년 6월 25일, 북한군이 기습 남침함으로써 6 · 25 전쟁이 발발하였다. 전쟁 초기 북한군은 낙동강 일대까지 진격하였으나, 국군과 유엔군의 인천 상륙 작전으로 전세가 역전되었다. 이후 중공군의 참전으로 1 · 4 후퇴 가 일어나면서 전선이 교착되었으며, 결국 1953년 정전 협정이 체결되었다.
① 임진왜란 : 1592년부터 1598년까지 두 차례에 걸쳐 조선과 일본 사이에서 일어난 전쟁이다. 정유년에 있었던 일본의 두 번째 침입을 정유재란이라고도 한다.
② 귀주 대첩 : 고려 현종 시기 강감찬 등이 이끄는 군대가 귀주(강동육주 중 하나)에서 고려에 침입한 거란군을 크게 격 파한 전쟁이다.
④ 쌍성보 전투 : 1932년 만주의 쌍성보에서 지청천이 이끈 한국 독립군이 중국의 군대와 연합하여 일본군과 만주국군과 벌인 전투이다.

24 박정희 정부 시기에 있었던 사실로 옳은 것을 〈보기〉에서 고른 것은?

> ─── 〈보기〉 ───
>
> ㉠ 베트남 파병
> ㉡ 전주 화약 체결
> ㉢ 유신 헌법 제정
> ㉣ 서울 올림픽 개최

① ㉠, ㉡   ② ㉠, ㉢

③ ㉡, ㉣   ④ ㉢, ㉣

ADVICE ㉠㉢ 박정희 정부 시기에는 경제 개발 5개년 계획 추진, 베트남 파병, 유신 헌법 제정, 한 · 일 국교 정상화 등의 정책 이 시행되었다.
㉡ 전주 화약은 1894년 동학 농민 운동 시기의 일이다.
㉣ 서울 올림픽 개최는 1988년 노태우 정부 시기의 일이다.

25 ㉠에 들어갈 지역으로 옳은 것은?

- 1905년 러·일 전쟁 중에 일본은 (㉠   )를 자국의 영토로 불법 편입하였다.
- 연합국 최고 사령관 각서 제677호 (㉠   )가 한국 영토로 표기되어 있다.

---

① 독도
② 강화도
③ 제주도
④ 거문도

ADVICE ① 1905년 러·일 전쟁 중, 일본은 군사적 이익을 목적으로 독도를 자국 영토로 불법 편입하였다. 그러나 연합국 최고 사령관 각서(SCAPIN) 제677호에는 독도가 한국의 영토로 명시되어 있다.

CHAPTER 07

2024년 제1회 기출문제

[전근대 한국사의 이해]

1 다음에서 설명하는 유물은?

경기 연천 전곡리에서 발견된 구석기 시대의 대표적인 유물로 주로 사냥을 하거나 가죽을 벗기는 등의 용도로 사용하였다.

① 해국도지

② 주먹 도끼

③ 수월관음도

④ 임신서기석

ADVICE ② 주먹 도끼 : 구석기 시대의 대표적인 유물로, 경기도 연천 전곡리 유적에서 다수 발견되었다. 주로 사냥이나 동물의 가죽을 벗기는 데 사용된 다목적 석기였으며, 양쪽 끝을 다듬어 손에 쥐기 편하게 만든 것이 특징이다.

① 해국도지 : 1842년에 청나라의 위원이 쓴 세계 지리서이다.

③ 수월관음도 : 고려 시대에 제작된 관음보살 그림이다.

④ 임신서기석 : 신라 시대 두 명의 화랑이 학문 증진과 충성을 맹세한 내용이 적힌 비석이다.

※ 관음보살 … 불교에서 중생의 목소리를 듣고 구원 해준다는 보살이다.

[전근대 한국사의 이해]

2 ㉠에 들어갈 내용으로 옳은 것은?

① 거란

② 미국

③ 영국

④ 일본

ADVICE ① 거란은 고려 초기에 국경 문제를 이유로 여러 차례 침입한 북방 민족이다. 고려 성종 때 서희의 외교 담판으로 강동 6주를 획득하며 1차 침입을 평화적으로 해결하였다. 이후 2차 침입 때는 양규의 활약, 3차 침입 때는 강감찬의 귀주 대첩으로 거란군을 물리쳤다.

[전근대 한국사의 이해]

3 ㉠에 해당하는 인물은?

고려 무신 집권기 보조 국사 (㉠)은/는 세속화된 불교를 개혁하기 위해 정혜상수와 돈오점수를 내세우며 수선사를 중심으로 결사 운동을 펼쳤다.

① 지눌

② 원효

③ 이순신

④ 장수왕

ADVICE ① 지눌 : 고려 무신 집권기 보조국사로, 타락하고 세속화된 불교를 개혁하기 위해 결사 운동을 주도한 인물이다. 그는 정혜 쌍수와 돈오점수의 수행 방법을 내세워 수선사를 중심으로 선종 중심의 불교 개혁 운동을 전개하였다.
② 원효 : 통일 신라 시대의 승려로, 화쟁 사상을 주장하며 불교 대중화에 힘썼다.
③ 이순신 : 조선 시대 장군으로, 임진왜란 시기 조선 수군을 이끌며 왜군을 물리쳤다.
④ 장수왕 : 고구려의 제20대 왕으로, 수도를 국내성에서 평양으로 천도하고 남진 정책을 추진하였다.

» ANSWER 1.② 2.① 3.①

4 ㉠에 들어갈 내용으로 옳은 것은?

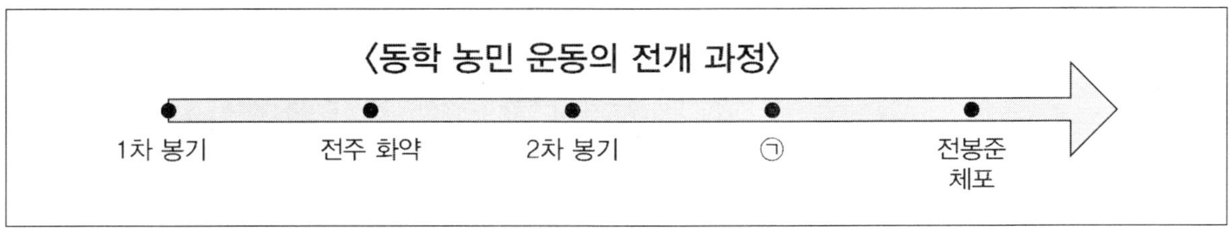

① 국학 설치　　　　　　　　② 사비 천도

③ 우금치 전투　　　　　　　④ 고구려 멸망

> **ADVICE** ③ 1894년 동학 농민군은 부패한 관리와 외세의 간섭에 맞서 봉기하였다. 1차 봉기 이후 정부와 전주 화약을 맺고 폐정 개혁을 약속받았으나, 일본이 내정에 간섭하자 다시 2차 봉기를 일으켰다. 이후 우금치 전투에서 정부군과 일본군의 연합군에 패배하고, 동학 농민군을 이끌었던 전봉준이 체포되면서 해산되었다.

5 ㉠에 들어갈 내용으로 옳은 것은?

세도 정치 시기의 (　　㉠　　)

- 원인 : 정치 기강이 문란해져 관원의 부패가 심해짐
- 결과 : 진정 · 군정 · 환곡의 부담으로 백성들의 삶이 매우 힘들어짐

① 회사령

② 삼정 문란

③ 발췌 개헌

④ 정읍 발언

> **ADVICE** ② 삼정 문란 : 세도 정치 시기에는 정치 기강이 무너지고, 권력을 장악한 일부 외척과 탐관오리들이 백성을 수탈하였다. 이로 인해 전정 · 군정 · 환곡의 운영이 부패하여 백성의 생활이 극도로 피폐해진 현상을 삼정 문란이라 한다.
> ① 회사령 : 1910년대 일제가 한국인의 기업 설립을 통제하기 위해 공포한 명령이다.
> ③ 발췌 개헌 : 1952년 이승만 정부가 대통령 직선제를 위해 헌법 일부를 개정한 사건이다.
> ④ 정읍 발언 : 1946년 이승만이 남한만의 단독 정부 수립을 선언하면서 한 발언이다.

6 자료와 관련한 정책으로 옳은 것은?

> 유생들이 반발하자 흥선 대원군이 크게 노하여 "이곳은 존경받는 선현을 제사하는 곳인데 지금은 붕당의 근거지로 도둑의 소굴이 되지 않았더냐."라고 말하였다.

① 서원 철폐
② 녹읍 설치
③ 교정도감 폐지
④ 동 · 서 대비원 설치

ADVICE ① 서원 철폐는 흥선 대원군 집권기에 시행된 대표적인 개혁 정책이다. 당시 전국의 서원은 선현에 대한 제사를 지내고 학문을 연마하는 본래의 목적에서 벗어나, 붕당 정치의 근거지이자 탐관오리의 부패 중심지로 변질되어 있었다. 이에 흥선 대원군은 "서원은 도둑의 소굴이 되었다."며 47개 서원을 제외하고 전국의 서원을 철폐하였다.
② 수조권과 노동력 수취가 가능했던 토지인 녹읍은 통일 신라 신문왕 시기 폐지되었다가 경순왕 시기에 다시 부활하였다. 이후 고려 태조 시기에는 개국 공신들에게 녹읍을 지급하였다.
③ 교정도감은 고려 무신 정권기의 최고 통치기관으로 1270년 무신 정권이 막을 내리면서 사라졌다.
④ 동 · 서 대비원은 고려에 있었던 구제 기관으로 환자를 치료하거나 식량을 지급하였다.

7 다음에서 설명하는 정치 세력은?

> • 인물 : 김옥균, 박영효, 김윤식, 김홍집
> • 특징 : 서양의 근대적 제도와 가학 기술을 수용하고자 함

① 호족
② 무신
③ 개화파
④ 오경박사

ADVICE ③ 개화파 : 조선 후기 김옥균, 박영효, 김윤식, 김홍집 등을 중심으로 한 정치 세력으로, 서양의 근대적 제도와 과학 기술을 적극적으로 수용하여 자주적 근대 국가를 건설하려 한 인물들이다.
① 호족 : 신라 말기와 고려 초기 지방에서 성장한 세력들로 강한 경제력과 무력을 갖추고 있었다.
② 무신 : 신하 중 문관(文官)이 아닌 무관(武官)인 사람을 가리키는 말로 고려 시대에는 문신에 비해 차별받던 무신들이 정변을 일으켜 정권을 잡기도 하였다(무신 정변).
④ 오경박사 : 삼국 시대 백세에서 오경(五經) 즉, 다섯 개의 유학 경전(시경, 서경, 역경, 예기, 춘추)에 능통한 사람에게 주었던 칭호이다.

》 ANSWER 4.③ 5.② 6.① 7.③

8 다음에서 설명하는 유물은?

역사 유물 카드

- 출토지 : 충남 부여 능산리
- 용도 : 종교 행사 등에서 향을 피움
- 특징 : 불교와 도교 세계를 함께 표현함

① 택리지

② 상평통보

③ 곤여만국전도

④ 백제 금동 대향로

ADVICE ④ 백제 금동 대향로 : 충남 부여 능산리에서 발견된 유물로, 도교적 요소인 봉황과 산천, 그리고 불교적 상징인 연꽃 무늬가 표현되어 있다. 주로 종교 행사 등에서 향을 피울 때 사용되었다.

① 택리지 : 조선 후기 이중환이 저술한 지리서이다.

② 상평통보 : 조선 후기 화폐로, 전국적 유통을 통해 상업이 발달했음을 보여 준다.

③ 곤여만국전도 : 이탈리아의 선교사 마테오 리치가 1602년 명나라에서 제작한 지도이다. 1708년 숙종 시기에 조선의 문신들이 모사하여 지도로 제작하기도 하였다.

9 다음 정책을 펼친 조선의 국왕은?

> • 임진왜란 이후 피해 극복을 위해 노력함
> • 명과 후금의 싸움에 말려들지 않고 실리를 취하려 함

① 광해군

② 혜공왕

③ 법흥왕

④ 고국천왕

ADVICE ① 광해군 : 임진왜란 이후 즉위하여 국토를 복구하고 백성들의 삶을 안정시키기 위해 노력한 조선 제15대 왕이다. 그는 전란의 피해를 수습하는 한편, 명과 후금이 대립하던 국제 정세 속에서 어느 한쪽에도 치우치지 않는 실리 외교, 즉 중립 외교 정책을 펼쳤다.

② 혜공왕 : 신라 제36대 왕이다. 당시는 왕권이 약했고 신하들 간의 권력 다툼이 심화된 시기였으며, 혜공왕은 김지정이 일으킨 반란 과정에서 살해되었다.

③ 법흥왕 : 신라 제23대 왕으로 불교 공인, 율령 반포, 공복 제정 등의 정책을 통해 중앙집권 체제 국가를 완성하였다.

④ 고국천왕 : 고구려 제9대 왕으로 진대법을 실시하여 춘궁기의 농민들을 구제하고, 왕위 상속을 형제 상속에서 부자 상속으로 확립하였다.

10 다음 질문에 대한 답으로 옳은 것은?

〈한국사 골든벨〉

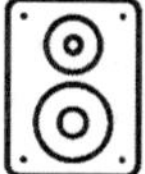

① 중추원

② 도병마사

③ 중서문하성

④ 헤이그 특사

ADVICE ④ 헤이그 특사 : 고종이 을사늑약의 부당함과 대한 제국의 독립 의지를 국제 사회에 알리기 위해 네덜란드 헤이그에서 열린 만국 평화 회의에 파견한 특사이다. 특사의 구성원은 이준, 이상설, 이위종이다.

① 중추원 : 고려와 조선 시대의 왕명 출납 및 자문 기관이다.

② 도병마사 : 군사적 문제를 의논하는 고려 시대의 기관이다. 고려 후기에는 도평의사사로 바뀌어 군사뿐만 아니라 전반적인 국정을 논의하는 기관으로 개편되었다.

③ 중서문하성 : 고려 시대 정무를 담당하는 최고 기관이다. 고려는 당나라의 관제인 3성 6부를 본 따 상서성, 중서성, 문하성을 설치하였고 이후 중서성과 문하성이 합쳐져 중서문하성이 되었다.

》 ANSWER 8.④ 9.① 10.④

11 ㉠에 들어갈 내용으로 옳은 것은?

> 1920년대 농민들은 소작료 인하, 소작권 이동 반대 등을 요구하는 쟁의를 벌였다. 특히 (㉠   )은/는 소작료를 낮추는 데 성공하여 전국의 농민 운동을 자극하였다.

① 6 · 3 시위
② 이자겸의 난
③ 강조의 정변
④ 암태도 소작 쟁의

ADVICE ④ 암태도 소작 쟁의 : 전라남도 신안군 암태도에서 발생한 대표적인 농민 운동으로, 지주의 횡포와 높은 소작료에 맞서 농민들이 소작료 인하를 요구하며 벌인 쟁의이다.
① 6 · 3 시위 : 박정희 정부 시기 한 · 일 정상회담 개최와 한 · 일 국교 정상화에 반대하며 일어난 시위이다.
② 이자겸의 난 : 고려 왕실의 외척 이자겸이 왕위를 차지하기 위해 일으킨 반란이다.
③ 강조의 정변 : 고려 목종 시기 권신 강조가 목종을 살해하고 현종을 옹립한 사건이다. 거란은 이를 구실로 고려를 침입하였다.

12 다음에서 설명하는 신문은?

> • 순 한글, 국한문, 영문 세 종류로 발행
> • 영국인 베델이 발행인으로 참여한 일간 신문

① 독사신론
② 동경대전
③ 대한매일신보
④ 조선왕조실록

ADVICE ③ 대한매일신보 : 항일 언론 활동의 중심이 된 일간 신문으로, 대한제국의 국권을 수호하고 일본의 침략을 비판하기 위해 창간되었다. 순한글 · 국한문 · 영문의 세 가지 형태로 발행되었으며, 특히 영국인 베델이 발행인으로 참여하였다.
① 독사신론 : 신채호가 쓴 역사 논설문으로, 민족주의 사관을 강조하였다.
② 동경대전 : 동학의 교리를 정리한 경전이다.
④ 조선왕조실록 : 조선 시대 태조부터 철종 때까지 왕의 통치 기록, 당시 사회, 경제 등의 역사를 편년체로 서술한 역사서이다.

13 다음 설명에 해당하는 일제의 식민 지배 방식은?

> 3 · 1 운동을 계기로 일제는 무단 통치로는 한국을 지배하기 어렵다고 판단하여 한글 신문의 발행을 허용하는 등 문화적 제도의 혁신을 내세웠다.

① 기인 제도
② 문화 통치
③ 대통령 중심제
④ 친명 배금 정책

ADVICE ② 문화 통치 : 3 · 1 운동 이후 일제가 기존의 무단 통치로는 지배하기 어렵다고 판단해 새롭게 실시한 식민 통치 방식이다.
　① 기인 제도 : 고려 초 호족의 자제를 등용하여 수도에 머물게 한 제도로 일종의 인질로서 호족을 견제하기 위해 실시된 제도이다.
　③ 대통령 중심제 : 투표로 선출된 대통령을 중심으로 행정부를 구성하고 입법부, 사법부와 권력을 분립하여 정치를 운영하는 형태이다.
　④ 친명 배금 정책 : 조선 시대 후금을 멀리하고 명나라를 가까이 하였던 외교 정책이다.

14 다음에서 설명하는 인물은?

출생 : 1902. 3. 15.
직업 : 이화 학당 학생
활동 : 3 · 1 운동이 일어나자 천안에서 만세 운동 주도
특징 : 서대문 형무소에서 사망

① 김흠돌
② 나운규
③ 유관순
④ 윤원형

ADVICE ③ 유관순 : 이화 학당 학생으로, 3 · 1운동이 일어나자 천안 아우내 장터에서 만세 운동을 주도한 독립운동가이다.
　① 김흠돌 : 신라 신문왕의 장인으로 반란을 일으켜 처형당했다.
　② 나운규 : 일제 강점기 독립 운동을 바탕으로 한 작품인 아리랑 등을 제작한 배우이자 영화감독이다.
　④ 윤원형 : 조선 명종 시기의 신하로 을사사화를 일으켜 왕실의 외척인 대윤(윤임 등)을 몰아내었다.

➤ **ANSWER** 11.④ 12.③ 13.② 14.③

15 ㉠에 들어갈 내용으로 옳은 것은?

> 개항 이후 일본으로 곡물 수출이 늘어나자 곡물 가격이 오르고 사람들의 피해가 커졌다. 이에 일부 지방관들은
> (　㉠　)을/를 선포하여 곡물 유출을 막고자 하였다.

① 방곡령

② 봉사 10조

③ 교육 입국 조서

④ 좌우 합작 7원칙

ADVICE ① 방곡령 : 개항 이후 일본으로 곡물 수출이 급격히 늘어나자, 곡물 가격이 폭등하고 백성들의 피해가 커져 이를 막기
위해 일부 지방관이 곡물 유출을 금지한 조치이다.
② 봉사 10조 : 고려 무신 정권기 최충헌이 당시 국왕 명종에게 올린 사무책이다. 10개 조의 개혁안이 담겨 있다.
③ 교육 입국 조서 : 1895년 교육을 통해 근대화를 이루고자 반포된 조서이다.
④ 좌우 합작 7원칙 : 1946년 좌우 합작 위원회가 합의한 통일 정부 수립 방안이다.

16 다음 설명에 해당하는 활동으로 옳은 것은?

> • 파견 목적 : 독립 투쟁을 위한 국내 침투
> • 파견 요원 : 미국 전략 정보국(OSS)의 훈련을 마친 한국 광복군

① 위화도 회군

② YH 무역 사건

③ 국내 진공 작전

④ 서경 천도 운동

ADVICE ③ 국내 진공 작전 : 미국 전략 정보국(OSS)의 훈련을 받은 한국 광복국이 추진한 작전이다. 군대를 양성하여 국내로 진
공하고자 했으나 일본의 항복으로 실패하였다.
① 위화도 회군 : 고려 우왕의 명령으로 요동을 정벌을 떠난 이성계가 위화도에서 회군하여 고려로 돌아가 정권을 장악한
사건이다.
② YH 무역 사건 : 노동자들의 시위를 경찰이 무력으로 진압하여 희생자가 발생한 사건이다. 이 사건은 이후 박정희 정부
몰락의 단초가 되었다.
④ 서경 천도 운동 : 고려 인종 시기 묘청을 중심으로 한 서경 세력들이 수도를 서경(현 평양)으로 옮길 것을 주장하며 전
개한 운동이다.

17 ㉠에 들어갈 내용으로 옳은 것은?

한국사 묻고 답하기

질문 : 모스크바 3국 외상 회의에서 결정된 내용에 대해 알려 주세요.

답변 : 임시 민주 정부의 수립과 이를 위한 미·소 공동 위원회 설치, 최대 5년간의 (㉠) 실시 등이 결정
되었어요.

---

① 신탁 통치

② 제가 회의

③ 나·제 동맹

④ 독서삼품과

ADVICE ① 모스크바 3국 외상 회의 : 한반도 문제를 논의하기 위해 미국·영국·소련이 참여한 회의로, 한반도에 임시 민주 정부
를 수립하고, 미·소 공동 위원회를 설치하며, 최대 5년간의 신탁 통치를 실시한다는 결정이 내려졌다.

② 제가 회의 : 국정 운영에 관련된 사안을 논의하는 고구려의 정치 회의로 신라의 화백 회의와 비슷한 성격을 지녔다.

③ 나·제 동맹 : 고구려 장수왕의 남진 정책으로 압박받던 신라와 백제가 고구려를 견제하기 위해 맺은 동맹이다.

④ 독서삼품과 : 통일 신라 시기의 관리 선발 제도이다.

18 다음에서 설명하는 기구는?

• 1948년 10월에 설치

• 반민족 행위자 조사 및 처벌을 위한 기구

---

① 정당성

② 식목도감

③ 건국 준비 위원회

④ 반민족 행위 특별조사 위원회

ADVICE ④ 반민족 행위 특별 조사 위원회 : 1948년 제헌 국회에서 제정한 '반민족 행위 처벌법'에 따라 설치된 기구로, 일제 강점기
동안 일본에 협력한 친일파를 조사하고 처벌하기 위해 조직되었다.

① 정당성 : 발해의 최고 행정 관부로 당나라의 3성 6부제를 변형하여 운영하였다.

② 식목도감 : 고려 시대 법제를 담당한 기관이다.

③ 건국 준비 위원회 : 광복 직후 여운형이 조직한 건국준비단체이다.

» ANSWER 15.① 16.③ 17.① 18.④

19 ㉠에 들어갈 내용으로 옳은 것은?

역사의 한 장면

이 사진은 1920년대 조선 물산 장려회의 거리 행진 모습입니다. 행진에 참여한 사람은 '(㉠)'라는/이라는 구호를 외쳤습니다.

① 선 건설 후 통일
② 유신 헌법 철폐하라
③ 조선 사람 조선 것
④ 근로 기준법 준수하라

ADVICE ③ '조선 사람 조선 것'은 물산 장려 운동의 구호로, 평양에서 조만식 등의 주도로 시작되어 전국적으로 확산되었다.
　① '선 건설 후 통일'은 5 · 16 군사 정변 이후 들어선 박정희 정부가 내세운 논리로 경제 성장과 근대화가 남북통일의 대전제라고 보았다.
　② '유신 헌법 철폐하라'는 박정희 정부 시기 대통령의 중임 제한 철폐, 임기 6년으로 연장 등의 내용인 유신 헌법에 반대하며 나온 구호다.
　④ '근로 기준법을 준수하라'는 열악한 노동 환경 개선을 주장하며 시위에 나선 전태일 열사가 외친 구호이다.

20 ㉠에 들어갈 내용으로 옳은 것은?

수행평가 보고서

• 주제 : 4 · 19 혁명
• 조사 내용
　- 배경 : 3 · 15 부정 선거
　- 전개 : 전국적으로 시위 발생, (㉠)

① 집강소 설치
② 기묘사화 발생
③ 노비안검법 실시
④ 이승만 대통령의 하야

ADVICE ④ 4 · 19 혁명은 이승만 정부의 독재와 자유당의 3 · 15 부정 선거에 항의하여 일어난 국민적 민주 항쟁이다. 마산을 시작으로 시위가 전국적으로 확산되었으며, 결국 이승만은 대통령직에서 하야하였다.
　① 집강소는 동학 농민 운동 당시 농민군이 각 고을에 설치한 자치 기구이다.
　② 기묘사화는 조선 중종 시기 조광조 등의 사림 세력이 숙청당한 사건이다.
　③ 노비안검법은 억울하게 노비가 된 자를 자유민으로 해방시키는 제도로 고려 광종 시기 호족 약화를 목적으로 시행되었다.

21 ㉠에 들어갈 내용으로 옳은 것은?

---

6 · 25 전쟁의 전개 과정

(㉠   ) → 인천 상륙 작전 → 1 · 4후퇴 → 정전 협정

---

① 자유시 참변
② 미쓰야 협정
③ 별기군 창설
④ 북한군의 남침

ADVICE ④ 6 · 25 전쟁 : 1950년 6월 25일, 북한군의 기습 남침으로 시작된 전쟁이다. 북한군은 서울을 점령하고 낙동강 전선까지 진출하였으나, 유엔군과 국군이 인천 상륙 작전을 성공시켜 전세를 역전하였다. 이후 서울을 수복하고 북진하였지만, 중국군의 참전으로 1 · 4 후퇴가 발생하였다. 전쟁은 1953년 7월 정전 협정이 체결되면서 휴전 상태로 종결되었다.
  ① 자유시 참변 : 일본군의 추격을 피해 소련 자유시에 모인 독립군들이 희생당한 사건이다.
  ② 미쓰야 협정 : 1925년 만주에서 활동하는 한국의 독립군을 체포하기 위해 조선 총독부의 경무 국장 미쓰야와 중국 만주의 군벌 장쭤린이 맺은 협정이다.
  ③ 별기군 창설 : 별기군은 신식 군대로 고종시기 개화 정책의 일환으로 1881년에 설치되었다.

22 다음에서 설명하는 정부는?

• 대북 화해 협력 정책(햇볕 정책) 추진
• 남북 정상 회담 개최와 6 · 15 남북 공동 선언 발표

---

① 장면 내각
② 김대중 정부
③ 노태우 정부
④ 이명박 정부

ADVICE ② 김대중 정부는 대북 화해 협력 정책인 '햇볕 정책'을 추진하였으며, 2000년 최초로 남북 정상 회담이 이루어졌고, 이 자리에서 6 · 15 남북 공동 선언이 발표되었다.

» ANSWER 19.③ 20.④ 21.④ 22.②

23 **다음에서 설명하는 사건은?**

> 전두환 등 신군부 세력이 불법적으로 병력을 동원하여 계엄 사령관을 비롯한 군의 주요 지휘관들을 몰아내고 군권을 장악하였다.

① 3포 왜란
② 거문도 사건
③ 12 · 12 군사 반란
④ 임술 농민 봉기

ADVICE ③ 12 · 12 군사 반란 : 전두환, 노태우 등의 신군부 세력이 일으킨 군사 쿠데타로, 그들은 군사력을 통해 군의 주요 지휘권을 강제로 장악함으로써 실질적인 군권을 손에 넣었다.
　① 3포 왜란 : 조선 중종 시기 왜인(현재 일본인)에게 교역을 허락한 3포(염포, 부산포, 내이포 세 개의 항으로 현재 울산, 동래, 웅천이다)에서 왜인들이 일으킨 폭동이다. 이로 인해 3포는 폐쇄되고 교역도 중단되었다.
　② 거문도 사건 : 1885년 영국이 러시아의 남하를 막기 위해 거문도를 점령한 사건이다.
　④ 임술 농민 봉기 : 조선 후기 삼정(전정 · 군정 · 환곡)의 문란과 부패한 세도 정권의 수탈을 견디지 못한 백성들이 일으킨 봉기이다.

24 **밑줄 친 ㉠에 해당하는 운동은?**

① 형평 운동
② 금 모으기 운동
③ 교조 신원 운동
④ 문자 보급 운동

ADVICE ② 금 모으기 운동 : IMF 외환 위기 당시 국가 부도 위기를 극복하기 위해 국민들이 자발적으로 금을 모아 외채 상환에 동참한 국민 운동이다.
　① 형평 운동 : 백정에 대한 신분 차별에 반대하여 일어난 운동이다.
　③ 교조 신원 운동 : 1864년에 처형당한 동학의 창시자 최제우의 억울함을 풀고 종교의 자유를 위해 벌인 운동이다.
　④ 문자 보급 운동 : 조선일보 등이 중심이 되어 문맹 퇴치를 위해 전개한 계몽 운동으로, 한글 교재 등을 보급하였다.

25 ㉠에 들어갈 내용으로 옳은 것은?

박정희 정부 시기의 경제 상황

– 경제 개발 5개년 계획 추진
– (㉠   )

① 원산 총파업
② 상평창 설치
③ 당백전 발행
④ 경부 고속 국도 건설

ADVICE ④ 박정희 정부 시기에는 경제 개발 5개년 계획이 추진되면서 산업화 정책이 본격적으로 시행되었다. 이 시기에 경부 고속 국도가 건설되어 물류 이동이 원활해졌고, 포항 제철소 건립 등 기간산업이 육성되면서 경제 구조가 공업 중심으로 바뀌었다.

① 원산 총파업은 1929년 한국인 노동자가 일본인 감독관으로부터 구타당한 일을 계기로 약 3개월 동안 노동자들이 총파업을 이어나간 사건이다.

② 상평창은 고려와 조선 시대에 물가를 조절했던 기관으로 풍년에 곡물 가격이 내려가면 값을 올려 곡식을 구매하고, 흉년에 곡물 가격이 올라가면 값을 내려 곡식을 판매하였다.

③ 당백전은 1866년에 주조된 화폐로 흥선 대원군이 경복궁 중건을 위해 발행하였다. 상평통보의 100배 가치를 목표로 통용시키고자 하였다.

❯ ANSWER 23.③ 24.② 25.④

CHAPTER 08

2024년 제2회 기출문제

[전근대 한국사의 이해]

1   다음 설명에 해당하는 시대는?

> • 농경과 목축을 시작하여 식량을 생산함
> • 대표적인 유물은 빗살무늬 토기임

① 구석기 시대　　　　　　　　② 신석기 시대
③ 청동기 시대　　　　　　　　④ 철기 시대

ADVICE ② 신석기 시대에는 농경과 목축을 시작하여 식량을 생산하고, 움집을 짓고 살며 정착 생활을 하였다. 대표적인 유물로는 빗살무늬 토기와 돌을 갈아서 만든 간석기가 있다.

[전근대 한국사의 이해]

2   다음에서 설명하는 불교의 종파는?

> • 경전 공부보다 참선 수행을 강조함
> • 호족 세력의 적극적인 후원을 받음
> • 대표적인 사원으로 '9산선문'이 있음

① 서학　　　　　　　　　　　② 선종
③ 대종교　　　　　　　　　　④ 천도교

ADVICE ② 선종 : 신라 말에 등장한 불교의 한 종파로, 경전 공부보다 참선 수행을 중시하였다. 이 종파는 호족 세력의 적극적인 후원을 받으며 지방에서 크게 유행하였으며, 대표적인 사찰로는 9산선문이 있다.
① 서학 : 조선 후기 서양에서 들어온 과학 기술, 천주교 등 서양 문물을 가리키는 말이다.
③ 대종교 : 단군을 신으로 모시는 민족 종교이다.
④ 천도교 : 동학 사상을 계승한 민족 종교이다.

3 ㉠에 들어갈 국왕으로 옳은 것은?

① 세종

② 공민왕

③ 광해군

④ 진흥왕

ADVICE ④ 진흥왕 : 신라의 제24대 왕으로, 한강 유역을 확보하고 대가야를 정복하여 영토를 확장하였다. 또한 정복한 지역에 순수비를 세워 영토 확장의 사실을 기록하였다.

① 세종 : 조선의 제4대 왕으로 인재 양성 및 학문 연구 증진을 위해 집현전을 설치하고, 정치 체제를 6조 직계제에서 의정부 서사제로 바꾸는 등의 정책을 펼쳤다.

② 공민왕 : 고려의 제31대 왕으로 신돈을 등용하여 왕권을 강화하고 원의 간섭에서 벗어나기 위해 전민변정도감을 설치하였으며, 쌍성총관부를 공격하는 등 개혁 정책을 펼쳤다.

③ 광해군 : 조선 제15대 왕으로 후금과 명 사이에서 중립 외교를 추진하며 실리를 찾으려 하였다. 명을 따르고 후금을 배척해야 한다는 신하들과 충돌하였고, 이후 인조반정으로 폐위되었다.

> **ANSWER** 1.② 2.② 3.④

4 ㉠에 들어갈 내용으로 옳은 것은?

> 인종은 묘청, 정지상 등 서경 세력을 등용하였다. 이들은 칭제 건원과 금국 정벌, (　㉠　) 등을 주장하였다.
> 이들의 주장이 좌절되자 묘청은 반란을 일으켰다.

① 개항 반대   ② 녹읍 폐지

③ 서경 천도   ④ 반민족 행위자 처벌

ADVICE ③ 고려 인종 시기 묘청, 정지상 등 서경 세력은 서경 천도와 칭제 건원, 금국 정벌 등을 주장하였다. 이들은 풍수지리
사상에 근거하여 서경을 새로운 수도로 삼아 국력을 강화하자고 하였으나, 개경의 관료 세력인 김부식 등의 반대로
무산되었다. 이에 불만을 품은 묘청은 서경에서 반란을 일으켰으나 진압되었다.
① 흥선 대원군은 외국 세력이 조선에 침투하는 것을 막고자 개항에 반대하며 강력한 쇄국정책(鎖國政策)을 펼쳤다.
② 녹읍은 세금을 거둘 수 있는 수조권과 노동력을 징발할 수 있는 권리가 있는 토지를 신하들에게 준 신라의 토지제도
로 신문왕 시기에 폐지되었다.
④ 광복 이후 1948년 제헌국회는 반민족 행위 처벌법을 제정하여 친일파와 같은 반민족 행위자들을 체포하였다.

5 다음 질문에 대한 답으로 옳은 것은?

① 택리지   ② 삼국유사

③ 홍길동전   ④ 대동여지도

ADVICE ② 삼국유사 : 일연이 고려 후기 불교적 관점에서 저술한 역사서로, 단군 신화를 비롯한 고조선 건국 이야기와 각종 설
화·전설·불교 관련 기록을 수록하였다.
① 택리지 : 조선 후기 이중환이 저술한 지리서이다.
③ 홍길동전 : 조선 중기의 허균이 지은 최초의 한글 소설이다.
④ 대동여지도 : 조선 후기 김정호가 제작한 대축척 지도이다.

6 **㉠에 들어갈 내용으로 옳은 것은?**

수행 평가 계획서

주제 : 정조의 개혁 정치

• 1모둠 : 영조의 탕평책 계승

• 2모둠 : (㉠   )

① 규장각 설치

② 유신 헌법 제정

③ 수선사 결사 결성

④ 통리기무아문 설치

ADVICE ① 정조는 영조의 탕평책을 계승하면서 왕권 강화를 위해 여러 개혁 정치를 추진하였다. 인재를 양성하고 학문을 장려하기 위해 규장각을 설치하였으며, 이를 통해 젊은 신진 세력을 등용하였다. 또한 장용영을 설치하여 군사력을 강화하고, 서얼 출신의 관리 등용 제한을 완화하였다.
② 유신 헌법 제정은 1972년 박정희 정부 시기에 이루어진 일이다.
③ 수선사는 고려 후기 지눌이 중심이 된 불교 결사(結社)로 당대의 불교를 비판하며 성립되었다.
④ 통리기무아문은 고종의 개화 정책 추진을 위해 만들어진 근대 행정 기구이다.

7 **다음에서 설명하는 정책은?**

• 배경 : 방납의 폐단

• 내용 : 공납을 토산물 대신 쌀, 옷감, 동전 등으로 납부

• 결과 : 공인의 등장, 상품 화폐 경제의 발달

① 대동법

② 양천제

③ 전시과

④ 호포제

ADVICE ① 대동법 : 조선 광해군 때 처음 시행된 공납 제도로, 기존의 공납 제도에서 각 지역의 특산물을 바치는 대신, 쌀·포·동전 등으로 통일하여 납부하게 한 제도이다. 이로써 방납의 폐단이 줄어들고, 공인이 등장하여 상품 화폐 경제가 발달하였다.
② 양천제 : 조선 시대의 신분 제도로 양인과 천민으로 구분하였다.
③ 전시과 : 신하들에게 수조권이 있는 전지(田地)와 땔감을 얻을 수 있는 시지(柴地)를 나눠주는 고려 시대의 토지 제도이다.
④ 호포제 : 일반 백성에게만 거두던 군포를 양반에게도 거둔 제도이다.

ANSWER 4.③ 5.② 6.① 7.①

[근대 국민 국가 수립 운동]

8 **다음에서 설명하는 나라는?**

> • 제너럴셔먼호 사건을 구실로 신미양요를 일으킴
> • 서구 열강 중 최초로 조선과 근대적 조약을 체결함

① 독일
② 미국
③ 영국
④ 베트남

ADVICE ② 미국은 1871년 제너럴 셔먼호 사건을 구실로 조선을 침략하여 신미양요를 일으켰다. 이후 1882년 조선과 조·미 수호 통상 조약을 체결하면서 서구 열강 중 최초로 조선과 근대적 조약을 맺은 나라가 되었다.

[근대 국민 국가 수립 운동]

9 **밑줄 친 '개혁 정강'의 내용으로 옳은 것은?**

> 1884년 급진 개화파는 우정총국 개국 축하연을 이용하여 갑신정변을 일으켰다. 이들은 <u>개혁 정강</u>을 마련하여 근대적 개혁을 추진하려 했으나, 청군의 개입으로 실패하였다.

① 율령 반포
② 모내기법 보급
③ 정동행성 설치
④ 인민 평등권 보장

ADVICE ④ 갑신정변은 김옥균, 박영효 등의 급진 개화파가 우정총국 개국 축하연에서 정변을 일으켜 근대적 개혁을 추진하려고 한 사건이다. 당시 마련된 14개조의 혁신 정강에는 문벌을 폐지하고 모든 국가 재정을 호조에서 관할하게 하는 등 인민 평등권을 보장하고 근대적인 국민 국가를 목표로 하는 내용이 담겨 있었다.

[근대 국민 국가 수립 운동]

10 다음에서 ㉠ 시기에 들어갈 사건은?

일제의 국권 침탈 과정

1945. 8. 15 광복	→	㉠	→	1948. 8. 15 대한민국 정부 수립

① 붕당 형성

② 예송 논쟁

③ 무신 정권 수립

④ 을사늑약 체결

ADVICE ④ 을사늑약 체결 : 러 · 일 전쟁에서 승리한 일본이 대한 제국의 외교권을 강제로 박탈하고 보호국으로 만든 조약으로 1905년에 강제로 체결되었다.
　① 붕당 형성 : 조선 중기의 정치 세력 분열 현상이다.
　② 예송 논쟁 : 조선 후기 효종과 효종의 왕비인 조 대비의 사후 상복을 입는 기간을 둘러싸고 서인과 남인 사이에 벌어진 두 차례의 논쟁이다. 효종 사후에 일어난 기해예송(1659년)과 조 대비 사후에 일어난 갑인예송(1674년)으로 나뉜다.
　③ 무신 정권 수립 : 1170년에 일어난 무신 정변 이후 1270년까지 무신이 정치를 주도했던 정권이다.

[근대 국민 국가 수립 운동]

11 다음에서 설명하는 단체는?

> • 1907년 안창호, 양기탁 등이 비밀 결사로 조직함
> • 실력 양성을 도모하고 국외 독립운동 기지를 건설함

① 별기군　　　　　　　　　② 비변사
③ 승정원　　　　　　　　　④ 신민회

ADVICE ④ 신민회 : 안창호 · 양기탁 등이 조직한 항일 비밀 결사 단체이다. 신민화는 교육과 산업을 통한 실력 양성 운동을 추진하며, 국권 회복을 준비하였다. 또한 국외 독립운동 기지 건설을 계획하여 만주와 연해주 일대에 기반을 마련하고, 독립군 양성에도 힘썼다.
　① 별기군 : 1881년에 설치된 신식 군대로 기존의 군대에 비해 우대받았다.
　② 비변사 : 조선 시대 외적의 침입에 대처하기 위한 목적으로 설치된 국방 목적의 임시 기구였다. 이후 조선 중 · 후기에는 의정부를 대신해 국정 전반을 총괄하는 성격으로 변모하였다.
　③ 승정원 : 조선 시대 왕명의 출납을 담당하던 관청으로 국왕의 비서 역할을 담당하였다.

12 다음에서 설명하는 인물은?

① 이황   ② 강감찬

③ 전봉준   ④ 을지문덕

ADVICE ③ 전봉준 : 조선 말기의 동학 농민 운동을 주도한 인물로 녹두장군이라 불렸다. 탐관오리의 수탈과 외세의 침략에 맞서 반봉건·반외세 운동을 이끌었으며, 고부 농민 봉기를 시작으로 황토현과 황룡촌 전투에서 승리하고 전주성을 점령하였다. 이후 정부와 전주 화약을 체결하고 폐정 개혁안을 추진하였으나, 일본군이 개입하면서 우금치 전투에서 패배하였다.
① 이황 : 조선의 성리학자로, 「성학십도」를 편찬하였다.
② 강감찬 : 고려 시기 문신으로 귀주대첩에서 거란군과의 전투를 승리로 이끌었다.
④ 을지문덕 : 고구려 장군으로, 살수 대첩에서 수나라군을 대파하였다.

13 ㉠에 들어갈 내용으로 옳은 것은?

> 2차 갑오개혁 시기에 (㉠)이/가 반포되었다. 이로 인해 소학교, 외국어 학교, 사범 학교 등 많은 관립 학교가 세워지며 근대적 교육 제도가 마련되었다.

① 교육입국 조서   ② 신라 촌락 문서

③ 조선 혁명 선언   ④ 7·4 남북 공동 성명

ADVICE ① 교육입국 조서 : 2차 갑오개혁 시기 고종이 근대적 교육 제도를 확립하기 위해 반포한 조서이다. 이 조서에는 교육을 통해 인재를 양성하고 국가를 부강하게 하겠다는 내용이 담겨 있다. 이를 계기로 소학교, 외국어 학교, 사범 학교 등 관립 학교가 세워졌으며, 근대적 학교 제도와 교과 과정이 정비되었다.
② 신라 촌락 문서 : 통일 신라 시대의 행정 문서이다. 세금 수취와 노동력 파악을 목적으로 작성되었다.
③ 조선 혁명 선언 : 1923년 신채호가 작성한 의열단의 선언문이다.
④ 7·4 남북 공동 성명 : 1972년 박정희 정부 시기 남북 화해와 통일의 3대 원칙을 발표한 사건이다.

14 ㉠에 들어갈 내용으로 옳은 것은?

한국사 묻고 답하기

질문 : (㉠)에 대해 알려 주세요.

답변 : 일제가 1910년 대한 제국을 강제로 병합하고 설치한 식민 통치의 최고 기구예요.

① 삼별초　　　　　　　　　　　② 도병마사

③ 제가 회의　　　　　　　　　　④ 조선 총독부

ADVICE ④ 조선 총독부 : 1910년 일제가 대한 제국을 강제로 병합한 뒤 조선을 식민지로 통치하기 위해 설치한 최고 통치 기구이다. 총독은 일본 육·해군 대장 중에서 임명되었으며, 입법·행정·사법권을 모두 장악하여 무단 통치를 실시하였다.
① 삼별초 : 고려 무신 정권기의 특수 부대로 몽골과의 강화에 반대하며 항전하였다.
② 도병마사 : 군사적 문제를 의논하는 고려 시대의 기관이다. 고려 후기에는 도평의사사로 바뀌어 군사뿐만 아니라 전반적인 국정을 논의하는 기관으로 개편되었다.
③ 제가 회의 : 국정 운영에 관련된 사안을 논의하는 고구려의 정치 회의로 신라의 화백 회의, 백제의 정사암 회의와 비슷한 성격을 지녔다.

15 ㉠에 들어갈 인물로 옳은 것은?

조별과제 : 민족주의 사학자와 저서 알아보기

• 1조 : 박은식 – 한국통사, 한국독립운동지혈사
• 2조 : (㉠) – 조선사연구초, 조선상고사

① 궁예　　　　　　　　　　　　② 신채호

③ 이성계　　　　　　　　　　　④ 정약용

ADVICE ② 신채호 : 일제 강점기 민족주의 사학자이자 독립운동가로, 한국사의 주체를 민족으로 보고 자주적 역사관을 확립하였다. 그는 「조선사연구초」와 「조선상고사」를 저술하여 우리 민족의 주체성과 역사의 연속성을 강조하였다.
① 궁예 : 901년 후고구려를 건국한 인물로 말년에는 미륵 신앙에 기반한 정치, 폭정 등으로 인해 왕위에서 축출되었다.
③ 이성계 : 조선의 제1대 왕으로 조선을 건국한 인물이다. 위화도 회군을 계기로 고려 우왕을 폐위하고 정권을 잡았다.
④ 정약용 : 조선 후기 대표적인 실학자로 실학을 집대성하고 「목민심서」, 「경세유표」 등을 저술하였다.

≫ ANSWER　12.③　13.①　14.④　15.②

16 교사의 질문에 대한 답으로 옳지 않은 것은?

① 강화도 조약이 체결되었어요.

② 대한민국 임시 정부가 수립되었어요.

③ 중국의 5 · 4 운동에 영향을 주었어요.

④ 일제가 통치 방식을 이른바 문화 통치로 바꿨어요.

ADVICE ① 1919년 3 · 1운동은 전국적으로 확산된 비폭력 독립 만세 운동으로, 일제의 폭압 통치에 대한 민족적 저항이었다. 이 운동을 계기로 대한민국 임시 정부가 수립되어 독립운동의 조직적 기반이 마련되었고, 중국에서는 5 · 4 운동이 일어나 민족 해방 운동에 영향을 주었다. 또한 일제는 강압적인 무단 통치에서 이른바 '문화 통치'로 통치 방식을 바꾸었다. 강화도 조약 체결은 1876년 개항기 사건으로 시기상 맞지 않다.

17 다음 설명에서 ㉠에 해당하는 것은?

> 1931년 동아일보는 문맹 퇴치와 미신 타파를 목표로 농촌계몽 운동을 전개하였다. 이 운동은 러시아어로 '민중 속으로'라는 듯의 (㉠)으로 불리기도 하였다.

① 북벌 운동
② 새마을 운동
③ 브나로드 운동
④ 금 모으기 운동

ADVICE ③ 브나로드 운동 : 동아일보가 주도한 농촌 계몽 운동으로, 문맹 퇴치와 미신 타파를 목표로 한 민족 계몽 활동이었다. 브나로드는 러시아어로 '민중 속으로'라는 뜻이며, 학생과 지식인들이 농촌에 들어가 글을 가르치고 생활 개선을 돕는 활동을 전개하였다. 그러나 일제의 탄압으로 1935년에 중단되었다.
　　① 북벌 운동 : 병자호란의 치욕을 씻고자 청을 정벌해야 한다는 논리로 조선 효종 시기에 대두되었다. 그러나 민생의 어려움과 힘이 커진 청을 공격하는 것이 쉽지 않다는 현실적인 문제에 부딪혀 효종 사후 중단되었다.
　　② 새마을 운동 : 1970년부터 시작된 박정희 정부의 농촌 근대화 운동으로 근면 · 자조 · 협동의 정신을 바탕으로 한다.
　　④ 금 모으기 운동 : 김대중 정부 시기 외환 위기를 극복하기 위해 시민들이 자발적으로 금을 모은 운동이다. 이를 통해 IMF(국제 통화 기금)의 구제 금융을 조기 상환하였다.

18 ㉠에 해당하는 단체는?

연표로 보는 ㉠의 활동

1919	1923	1924
김원봉을 중심으로 만주 지역에서 결성	김상옥, 종로 경찰서에 폭탄 투척	김지섭, 일본 왕궁에 폭탄 투천

① 의열단
② 보안회
③ 황국 협회
④ 통일 주체 국민 회의

ADVICE ① 의열단 : 김원봉을 중심으로 만주에서 조직된 항일 무장 독립운동 단체이다. 이 단체는 일제의 식민 통치 기관과 주요 인물을 공격하여 항일 의지를 드러내는 의거 활동을 전개하였다. 주요 활동으로는 1923년 김상옥의 종로 경찰서 폭탄 투척 사건, 1924년 김지섭의 일본 왕궁 폭탄 투척 사건, 나석주의 동양 척식 주식회사 폭탄 투척 사건 등이 있다.
　　② 보안회 : 1904년 일본의 황무지 개간권 요구를 반대하기 위해 조직된 단체이다.
　　③ 황국 협회 : 1898년 6월 30일, 독립 협회를 견제하기 위해 결성된 단체로 대한제국 시기 황제의 권력을 옹호한다는 명분 아래 자주적 개혁 운동을 방해하였다.
　　④ 통일 주체 국민 회의 : 1970년대 유신 체제 아래에서 대통령을 간접 선출하던 기구이다.

» ANSWER 16.① 17.③ 18.①

19 다음 설명에 해당하는 것은?

> • 제1차 미·소 공동 위원회 결렬 이후 중도 좌파 여운형, 중도 우파 김규식을 중심으로 한반도 통일 정부 수립을 목적으로 추진
> • 냉전 체제가 격화되고 여운형이 암살당하면서 약화

① 형평 운동
② 위정척사 운동
③ 좌우 합작 운동
④ 국채 보상 운동

ADVICE ③ 좌우 합작 운동 : 제1차 미·소 공동위원회가 결렬된 후, 중도 좌파 여운형과 중도 우파 김규식을 중심으로 남북의 이념 대립을 완화하고 통일 정부를 수립하기 위해 추진된 운동이다. 이들은 좌우 합작 7원칙을 제시하며 남북 협력을 모색하였으나, 냉전 체제의 격화와 미·소 대립, 그리고 여운형의 암살로 운동은 점차 약화되었다.
① 형평 운동 : 1923년 백정에 대한 사회적 차별 철폐를 주장한 운동이다.
② 위정척사 운동 : 개화기 성리학을 따르는 유생들을 중심으로 서양 문물과 과학 기술 등을 받아들이는 개화에 반대하며 일어난 운동이다.
④ 국채 보상 운동 : 한국의 재정을 예속시키기 위해 일본이 공여한 차관을 갚기 위한 모금 운동으로 대구에서 서상돈 등에 의해 시작되어 전국으로 퍼져나갔다.

20 ㉠에 들어갈 내용으로 옳은 것은?

> 1941년 대한민국 임시 정부는 조소앙의 (㉠   )를 기초로 하여 건국 강력을 발표하였다. (㉠   )는 정치, 경제, 교육에서의 균등을 바탕으로 개인과 개인, 민조과 민족, 국가와 국가 간의 균등을 추구하자는 주장이다.

① 삼균주의
② 돈오점수
③ 시무 28조
④ 최혜국 대우

ADVICE ① 삼균주의 : 조소앙이 제시한 정치·경제·교육의 균등을 강조한 사상으로, 1941년 대한민국 임시 정부의 건국 강령의 기초가 되었다. 이 사상은 개인과 개인, 민족과 민족, 국가와 국가의 균등을 실현하여 자유롭고 평등한 국가를 세우자는 내용을 담고 있다.
② 돈오점수 : 단번에 진심을 깨우치고 점진적인 수행을 통해 번뇌를 없애야 한다는 불교 선종의 수행방법 중 하나이다.
③ 시무 28조 : 고려 성종 시기 최승로가 성종에게 올린 정치 개혁 건의문이다.
④ 최혜국 대우 : 조약에서 상대국에 가장 유리한 대우를 보장하는 국제법상의 원칙이다.

21 밑줄 친 '전쟁'으로 옳은 것은?

> <u>전쟁</u>이 교착 상태에 빠지자, 소련은 국제 연합에 정전을 제안하였다. 정전 협상은 군사 분계선, 포로 송환 문제 등으로 2년여 동안이나 이어졌고, 마침내 1953년 7월 27일 판문점에서 정전 협정이 체결되었다.

① 임오군란　　　　　　　　　　② 임진왜란
③ 6 · 25 전쟁　　　　　　　　　④ 임시 정부

ADVICE ③ 6 · 25 전쟁 : 북한군이 1950년 6월 25일 남침을 감행하면서 시작된 전쟁이다. 처음에는 북한군이 낙동강까지 남하하였으나, 유엔군의 참전 및 인천 상륙 작전으로 전세가 역전되었다. 이후 중국군의 참전으로 1 · 4 후퇴가 일어났고, 전쟁은 38도선 부근에서 교착 상태에 빠졌다. 결국 1953년 7월 27일 판문점에서 정전 협정이 체결되었다.
　① 임오군란 : 1882년 신식 군대인 별기군과의 차별 대우에 불만이 극에 달한 구식 군대가 일으킨 난이다.
　② 임진왜란 : 1592년부터 1598년까지 두 차례에 걸쳐 조선과 일본 사이에서 일어난 전쟁이다. 정유년에 있었던 일본의 두 번째 침입을 정유재란이라고도 한다.
　④ 청산리 대첩 : 1920년 김좌진이 이끈 북로 군정서가 일본군에 맞서 승리한 전투이다.

22 ㉠에 들어갈 내용으로 옳은 것은?

> 1980년대 대한민국의 민주주의 발전
>
> 5 · 18 민주화 운동 →(　　㉠　　）→ 대통령 직선제 개헌

① 아관 파천　　　　　　　　　　② 5 · 10 총선거
③ 6월 민주 항쟁　　　　　　　　④ 모스크바 3국 외상 회의

ADVICE ③ 6월 민주 항쟁 : 5 · 18 민주화 운동 이후 전두환 정부의 4 · 13 호헌 조치에 항거하여 전국적으로 시위가 일어난 사건이다. 이후 6 · 29 선언을 통해 대통령 직선제 개헌이 약속되었다.
　① 아관 파천 : 일본 세력이 궁을 습격하여 명성 황후를 살해한 을미사변 이후 위협을 느낀 고종이 러시아 공사관으로 거처를 옮긴 일이다.
　② 5 · 10 총선거 : 우리나라 최초의 민주적인 선거로 이를 통해 남한만의 단독 정부가 수립되었다.
　④ 모스크바 3국 외상 회의 : 1945년 광복 이후 한국의 임시 정부 수립을 위해 미 · 소 공동 위원회 설치와 한국의 신탁통치에 관한 사안이 결정된 회의이다.

》 ANSWER　19.③　20.①　21.③　22.③

23 ⊙에 들어갈 내용으로 옳은 것은?

① 사창제   ② 진대법
③ 친명배금 정책   ④ 경제 개발 5개년 계획

ADVICE ④ 경제 개발 5개년 계획 : 박정희 정부가 1960년대 정부의 경제 정책을 수정·보완하여 추진한 국가 주도형 경제 발전 계획이다.
① 사창제 : 조선 시대에 백성이 자율적으로 운영하던 곡물 대여 제도이다.
② 진대법 : 고구려 고국천왕 시기에 실시된 구휼 제도로 춘궁기에 곡식을 빌려주고 수확기에 갚도록 하는 방식으로 이루어졌다.
③ 친명배금 정책 : 조선시대 때 명을 중시하고 후금을 배척하겠다는 외교 정책이다.

24 다음 설명에 해당하는 제도는?

> • 김영삼 정부에서 투명한 금융 거래 정착과 부당한 정치 자금 거래 근절 등을 목적으로 시행
> • 금융 거래에서 실제 이름을 사용해야 하는 제도

① 농지 개혁   ② 노비안검법
③ 금융 실명제   ④ 황국 신민화 정책

ADVICE ③ 금융 실명제 : 김영삼 정부가 시행한 정책으로 모든 금융 거래에서 실제 이름을 사용하도록 한 제도이다. 이 제도는 투명한 금융 거래를 정착시키고 부당한 정치 자금 및 비자금 조성을 근절하기 위한 목적으로 도입되었다.
① 농지 개혁 : 1950년 제정·시행된 법으로 소작농에게 토지를 분배하여 자영농을 육성하고 지주제를 해체한 토지 개혁 정책이다.
② 노비안검법 : 억울하게 노비가 된 사람을 양인으로 회복시켜주는 제도로 고려 광종 시기 호족 견제를 목적으로 실시되었다.
④ 황국 신민화 정책 : 1930년대 일제가 한국인을 일본에 동화시키기 위해 추진한 정책이다.

25 ㉠에 들어갈 내용으로 옳은 것은?

제1조 남과 북은 서로 상대방의 체제를 인정하고 존중한다.

제9조 남과 북은 상대방에 대하여 무력을 사용하지 않으며 상대방을 무력으로 침략하지 아니한다.

– (㉠   )(1991) –

---

① 과전법

② 전주 화약

③ 국가 총동원법

④ 남북 기본 합의서

ADVICE ④ 남북 기본 합의서 : 대한민국과 북한이 체결한 최초의 남북한 간 공식 합의문으로, 서로의 체제를 인정하고 존중하며, 무력을 사용하지 않고 평화적으로 공존할 것을 약속한 내용이다.

① 과전법 : 전 · 현직 관료 등에게 경기도 지역의 토지(수조권지)를 지급하는 제도로 조선 초기의 토지 제도이다.

② 전주 화약 : 동학 농민군의 요구를 들어주겠다는 정부의 회유로 맺은 화약이다.

③ 국가 총동원법 : 1930년대 후반 일제가 전쟁 수행에 필요한 물자와 인력을 동원하기 위해 제정한 법이다.

> **ANSWER** 23.④ 24.③ 25.④

CHAPTER 09

2025년 제1회 기출문제

[전근대 한국사의 이해]

1 ㉠에 들어갈 유물로 옳은 것은?

○○ 박물관 기획전

손으로 체험하는 청동기 시대

▶ (　　㉠　　) 모형 만들기
▶ 비파형 동검 모형 만들기

---

① 고인돌
② 칠지도
③ 혼천의
④ 팔만대장경

ADVICE ① 고인돌 : 청동기 시대에는 지배층이 권력을 상징하는 무기와 장신구로 비파형 동검을 사용하였다. 또한 고인돌은 청동기 시대를 대표하는 무덤 유물로, 지배층의 권력과 사회적 위상을 상징하는 거대한 석제 무덤이다.
② 칠지도 : 백제 근초고왕 시기에 일본에 전달된 철제 칼이다.
③ 혼천의 : 조선 시대 목재로 만든 천체 관측 기구이다.
④ 팔만대장경 : 고려 시대 부처의 힘으로 몽골군의 침입을 막아내려는 염원을 담아 제작된 불교 경전이다.

2 **다음 정책을 펼친 왕은?**

> • 평양으로 천도하여 남진 정책을 추진함
> • 백제의 수도인 한성을 함락하고 한강 유역을 장악함

① 광종　　　　　　　　　　　　② 정조
③ 문무왕　　　　　　　　　　　④ 장수왕

ADVICE ④ 장수왕 : 고구려의 제20대 왕으로, 국내성에서 평양으로 천도하여 남진 정책을 추진하였으며 백제의 수도 한성을 함락하여 한강 유역을 차지하였다.
① 광종 : 고려 제4대 왕으로 노비안검법을 통해 불법으로 노비가 된 사람들을 양인으로 풀어줌으로써 호족을 약화시켰다. 또한 최초로 과거제를 실시하여 인재를 양성하였다.
② 정조 : 조선 제22대 왕으로 영조에 이어 각 붕당 간의 대립을 완화하는 탕평 정책을 펼쳤다. 또한 규장각과 장용영의 설치, 수원 화성 건설 등의 개혁 정책을 이어나갔다.
③ 문무왕 : 신라 제30대 왕으로 중국의 당(唐)나라와 연합하여 고구려를 멸망시키고, 당나라와의 전쟁에서 승리하면서 무열왕 대부터 이어지던 삼국통일 전쟁을 완수하였다.

3 **㉠에 들어갈 내용으로 옳은 것은?**

> 신문왕의 업적
>
> − 국학 설립
> − (㉠)
> − 9주 5소경 체제 정비

① 녹읍 폐지　　　　　　　　　② 별기군 창설
③ 장용영 설치　　　　　　　　④ 「경국대전」 완성

ADVICE ① 신문왕은 통일 신라의 왕으로, 아버지 문무왕의 삼국 통일 업적을 계승하여 통치 제도를 정비하였다. 그는 국학을 설립하여 유학 교육을 강화하고, 지방 행정 조직을 정비하기 위해 9주 5소경 체제를 완성하였다. 또한 진골 귀족의 경제적 기반을 약화시키기 위해 관료전을 지급하고 녹읍을 폐지하였다.
② 별기군은 개화 정책의 일환으로 1881년에 조직된 신식 군대이다.
③ 장용영은 정조 시기 왕권 강화를 위해 만든 친위 부대이다.
④ 「경국대전」은 조선 세조 시기부터 편찬되기 시작하여 성종 때 완성되었다.

》 ANSWER　1.① 2.④ 3.①

4 다음에서 설명하는 인물은?

> • 고려 제11대 왕인 문종의 넷째 아들이다.
> • 해동 천태종을 창시하고, 교종을 중심으로 선종을 통합하려 하였다.

① 김구 　　　　　　　　　　　② 의천
③ 신채호 　　　　　　　　　　④ 이차돈

ADVICE ② 의천 : 고려 전기를 대표하는 승려로, 불교 통합 운동을 전개하였다. 그는 교종의 입장에서 선종을 포섭하려는 '교관겸수'
　　　의 사상을 제시하고, 해동 천태종을 창시하였다.
　　① 김구 : 일제강점기 독립운동가로, 대한민국 임시 정부의 주석을 역임하였다.
　　③ 신채호 : 민족주의 사학자로, 「독사신론」을 저술하였다.
　　④ 이차돈 : 신라 법흥왕 때 불교 공인을 위해 순교한 인물이다.

5 다음 대화 내용에 해당하는 제도는?

① 대동법 　　　　　　　　　　② 방곡령
③ 전시과 　　　　　　　　　　④ 치안 유지법

ADVICE ① 대동법 : 조선 광해군 때 처음 시행된 공납 제도의 개혁이다. 기존의 공납 제도에서는 각 지역의 특산물을 바치는 부
　　　담이 컸기 때문에, 이를 쌀·포(베옷감)·동전으로 통일하여 납부하도록 한 제도이다. 또한 집집마다 부과하던 세금
　　　을 토지 면적에 따라 부과하여 세 부담을 공평하게 하였다.
　　② 방곡령 : 1889년 일본으로의 쌀 수출, 흉작 등으로 인해 미곡의 가격이 폭등하자, 이를 관리하기 위해 외국으로의 곡
　　　물 수출을 금지한 조치이다.
　　③ 전시과 : 신하들에게 수조권이 있는 전지(田地)와 땔감을 얻을 수 있는 시지(柴地)를 나눠주는 고려 시대의 토지 제도이다.
　　④ 치안 유지법 : 일제가 러시아 혁명 이후 널리 퍼진 사회주의 이념을 억압하고 사유 재산을 부정하는 등의 집회를 막기
　　　위해 제정된 법률이다.

6 밑줄 친 ㉠에 해당하는 내용으로 옳은 것은?

> 중종은 훈구를 견제하고자 조광조를 비롯한 사림을 등용하였다. 조광조는 유교적 도덕 정치를 강조하며 ㉠개혁을 추진하였다.

① 당백전 발행

② 현량과 실시

③ 산미 증식 계획 추진

④ 정동행성 이문소 폐지

ADVICE ② 중종은 훈구 세력을 견제하기 위해 조광조를 비롯한 사림 세력을 등용하였다. 조광조는 유교적 도덕 정치를 실현하기 위해 소격서를 폐지하고, 인재를 추천으로 등용하는 '현량과'를 실시하였다. 그러나 조광조의 개혁이 급진적으로 진행되자, 훈구의 반발로 기묘사화가 일어나 사림이 숙청되었다.

① 당백전은 1866년에 주조된 화폐로 흥선 대원군이 경복궁을 중건하는 데 쓸 자금 마련을 위해 발행하였다.

③ 산미 증식 계획은 일본 내의 쌀 부족 문제 해결을 목적으로 한국의 쌀 생산량을 늘려 수탈하려는 계획이었다. 관개 시설을 확충하고 화학 비료를 사용하게 하는 등의 방법으로 생산량을 늘리고자 하였다.

④ 정동행성 이문소는 원나라의 고려 내정 간섭에 핵심적인 역할을 했던 기구로 공민왕에 의해 폐지되었다.

7 ㉠에 해당하는 것은?

> **한국사 신문**
>
> **[특집 기사]** 외교로 거란의 침입을 극복한 사회
>
> 거란은 고려에 송과의 관계 단절을 요구하였다. 고려가 이를 거부하자, 거란은 고려를 침략하였다. 이에 고려의 서희는 외교 담판을 벌여 거란의 요구를 수용할 것을 약속하고, 그 대가로 압록강 일대의 (㉠)을/를 확보하였다.

① 대마도

② 우산국

③ 청해진

④ 강동 6주

ADVICE ④ 거란이 송과의 단교를 요구하며 고려를 침입하자, 고려의 서희는 거란 장수 소손녕과 외교 담판을 벌였다. 서희는 고려가 고구려의 계승국임을 주장하며 거란의 요구를 외교적으로 수용하는 대신, 압록강 일대의 '강동 6주'를 확보하였다.

≫ ANSWER 4.② 5.① 6.② 7.④

8 흥선 대원군 집권 시기에 시행되었던 정책으로 옳은 것을 〈보기〉에서 고른 것은?

─────── 〈보기〉 ───────

ⓐ 척화비 건립   ⓑ 호포제 시행
ⓒ 회사령 폐지   ⓓ 훈민정음 창제

① ㉠, ㉡
② ㉠, ㉢
③ ㉡, ㉣
④ ㉢, ㉣

ADVICE ㉠㉡ 흥선 대원군은 왕권 강화와 민생 안정, 재정 확충을 목표로 여러 개혁을 추진하였다. 붕당의 근거지이자 백성 수탈의 중심이 된 서원을 대폭 철폐하고, 평민에게만 부과되던 군포를 양반에게도 부담시키는 호포제를 시행하였다. 또한 척화비를 세워 외세의 침략을 막고자 하는 통상 수교 거부 정책을 강화하였다
  ㉢ 회사령 폐지는 1920년대 일제 강점기의 일이다.
  ㉣ 훈민정음 창제는 조선 세종 시기의 일이다.

9 다음 설명에 해당하는 것은?

• 조선이 맺은 최초의 근대적 조약이자 불평등한 조약이다.
• 부산 외 2개 항구의 개항과 조선 연해에 대한 측량권 및 영상 재판권을 허용하는 내용도 포함되어 있다.

① 톈진 조약
② 훈요 10조
③ 강화도 조약
④ 한 · 미 상호 방위 조약

ADVICE ③ 강화도 조약(조 · 일 수호 조규, 1876) : 조선이 외국과 맺은 최초의 근대적 조약이자 불평등 조약이다. 이 조약은 조선의 문호 개방을 강요한 불평등 조약으로, 이후 서구 열강의 침투와 개항의 계기가 되었다.
  ① 톈진 조약 : 갑신정변의 실패 이후 청과 일본이 조선에서 군대를 철수하기로 합의한 조약이다.
  ② 훈요 10조 : 고려 태조 왕건이 후대 왕들에게 남긴 통치 유훈이다.
  ④ 한 · 미 상호 방위 조약 : 1953년 한국전쟁 이후 체결된 군사 동맹 조약이다.

10 가상 일기의 내용과 관련 있는 사건으로 가장 적절한 것은?

1894년 ○월 ○일 우리는 전주성을 점령한 후 정부와 전주 화약을 체결하였고, 정부로부터 폐정 개혁을 약속 받았다.	1894년 △월 △일 일본군이 경복궁을 침범하여 내정을 간섭하고 있다. 우리는 나라를 위해 다시 힘을 뭉쳐 외세를 물리쳐야겠다.

① 예송 논쟁

② 동학 농민 운동

③ 물산 장려 운동

④ 원종과 애노의 난

ADVICE ② 동학 농민 운동 : 탐관오리의 수탈과 외세의 침략을 막기 위해 일어난 반봉건·반외세 운동으로 농민군은 고부 봉기를 시작으로 황토현·황룡촌 전투에서 승리한 뒤 전주성을 점령하고 정부와 '전주 화약'을 체결하였다. 이후 농민군은 각 고을에 집강소를 설치하여 폐정 개혁안을 실천하였다. 그러나 일본군이 철수를 거부하고 경복궁을 점령하자, 농민군은 2차 봉기를 일으켰으나 우금치 전투에서 패배하였다.

① 예송 논쟁 : 조선 후기 효종과 효종의 왕비인 조 대비의 사후 상복을 입는 기간을 둘러싸고 서인과 남인 사이에 벌어진 두 차례의 논쟁이다.

③ 물산 장려 운동 : 1920년대 토산품 애용 등의 취지로 시작된 운동이다. 조만식의 주도로 평양에서 시작되어 전국으로 확산되었다.

④ 원종과 애노의 난 : 신라 말기 귀족 간의 권력 다툼으로 인한 왕권 약화, 지방 통제의 약화로 민생이 피폐해짐에 따라 농민이었던 원종과 애노가 일으킨 난이다.

> **ANSWER** 8.① 9.③ 10.②

11 ㉠에 들어갈 내용으로 옳은 것은?

독립 협회의 활동

– 독립문 및 독립관 건립
– 강연회 및 토론회 개최
– (　　㉠　　)

① 탕평책 실시　　　　　　　　② 만민 공동회 개최
③ 수선사 결사 조직　　　　　　④ 22담로에 왕족 파견

ADVICE ② 독립 협회는 독립문과 독립관을 건립하여 자주독립의 의지를 드러내고, 강연회와 토론회를 열어 국민 계몽 활동을 추진하였다. 또한 서울 종로에서 상인·학생 등이 참여한 '만민 공동회'를 개최하여 언론·출판·집회·결사의 자유 등 민권 신장을 요구하였다.
　① 탕평책은 조선 영조와 정조 시기 붕당 간의 대립을 완화하기 위해 실시한 정책이다.
　③ 수선사는 고려 후기 지눌이 중심이 된 불교 결사(結社)로 당대의 불교를 비판하며 성립되었다.
　④ 백제 무령왕은 22담로에 왕족을 파견하여 지방에 대한 통치를 강화하였다.
　※ 담로 … 백제의 지방 행정 구역으로 22개가 존재하였다.

12 다음 내용의 시기에 볼 수 있는 모습은?

일본은 1930년대 침략 전쟁을 확대하면서 한국인을 일본인으로 동화시키는 민족 말살 정책을 시행하였다.

① 당으로 유학을 떠나는 승려
② 유신 체제에 저항하는 시민
③ 황국 신민 서사를 암송하는 학생
④ 몽골과의 강화를 반대하는 삼별초

ADVICE ③ 1930년대 일제는 민족 말살 통치를 시행하였다. 이 시기 학생들에게는 황국 신민 서사 암송과 신사 참배가 강요되었고, 학교 명칭도 소학교에서 국민학교로 바뀌었다. 또한 창씨개명과 일본어 사용 강요, 내선일체 구호를 내세워 한국인의 정체성을 말살하려 하였다.

13 다음에서 설명하는 것은?

> • 명석 황후 시해 사건과 단발령이 원인이 되어 발생함
> • 유인석, 이소응 등 반일 의식을 가진 유생층이 주도함

① 병자호란　　　　　　　　　② 을미의병
③ 무신 정변　　　　　　　　　④ 브나로드 운동

ADVICE ② 을미의병 : 명성 황후 시해 사건(을미사변)과 단발령 선포를 계기로 일어난 항일 의병 운동이다. 유인석, 이소응 등 유생층이 주도하였으며, 일본의 침략과 정부의 개혁 정책에 반대하여 항일 의병 운동을 전개하였다. 그러나 단발령 철회와 고종의 해산 권고로 대부분 해산되었다
　① 병자호란 : 1636년 청나라가 조선에 침입하여 일어난 전쟁으로 파란 간 남한산성에서 항전하던 인조는 결국 항복하였다.
　③ 무신 정변 : 1170년 문신에 비해 차별받던 고려의 무신들이 난을 일으켜 정권을 장악한 사건이다.
　④ 브나로드 운동 ; 동아일보의 주도로 전개된 계몽 운동이다. 야학 등을 운영하며 문자 보급에 힘썼다.

14 다음 설명에 해당하는 것은?

> • 1923년에 경남 진주에서 조직되어 백정에 대한 사회적 차별 철폐를 주장함
> • 다른 사회 운동 단체와 연대하여 항일 민족 운동을 전개함

① 별무반　　　　　　　　　② 신민회
③ 화랑도　　　　　　　　　④ 조선 형평사

ADVICE ④ 조선 형평사 : 1923년 경남 진주에서 백정들이 조직한 사회 운동 단체이다. 신분 차별과 백정에 대한 사회적 멸시를 철폐하기 위해 창립되었으며, 평등 사회 실현 운동을 전개하였다.
　① 별무반 : 고려 숙종 시기 여진족을 정벌하기 위해 조직된 군대이다.
　② 신민회 : 1907년에 안창호, 양기탁 등을 중심으로 조직된 비밀결사로, 대한매일신보를 발행하고, 오산학교를 설립하는 등 애국계몽 및 항일운동을 전개하였다.
　③ 화랑도 : 신라의 청소년 조직으로 교육적 · 군사적 성격을 지녔다.

》 ANSWER　11.②　12.③　13.②　14.④

15 ㉠에 해당하는 것은?

> (㉠)의 활동 내용
>
> − 한글 맞춤법 통일안과 표준어를 제정
> − 우리말 큰사전 편찬을 시도

① 근우회

② 수신사

③ 조선어 학회

④ 신흥 무관 학교

ADVICE ③ 조선어 학회 : 일제 강점기 우리말과 한글을 지키기 위해 조직된 단체로, 한글 맞춤법 통일안을 제정하고 표준어를 정리하였다. 또한 우리말 큰사전 편찬 사업을 추진하며 민족 문화 수호와 국어 연구에 앞장섰다.
　① 근우회 : 1927년 여성의 지위 향상과 사회 참여를 목적으로 조직된 여성 단체이다.
　② 수신사 : 조선이 일본에 파견한 외교 사절단이다.
　④ 신흥 무관 학교 : 독립군 양성을 위해 세워진 교육 기관이다.

16 ㉠에 들어갈 내용으로 옳은 것은?

> (㉠) 기념 영화 콘티
>
> 장면1 − 나주역에서 일본인 학생이 한국인 여학생을 희롱하자 한·일 학생 간에 다툼이 벌어짐
> 장면5 − 신간회가 진상 조사단을 파견함

① 임술 농민 봉기　　　　　　　　　② 제주 4·3사건

③ 7·4 남북 공동 성명　　　　　　　④ 광주 학생 항일 운동

ADVICE ④ 광주 학생 항일 운동 : 나주역에서 일본인 남학생이 한국 여학생을 희롱한 사건이 계기가 되어 일어난 대규모 학생 항일 시위이다. 이 사건을 계기로 광주 지역 학생들이 중심이 되어 시위를 벌였고, 전국 각지로 확산되었다.
　① 임술 농민 봉기 : 조선 후기 삼정(전정·군정·환곡)의 문란과 부패한 세도 정권의 수탈을 견디지 못한 백성들이 일으킨 봉기이다.
　② 제주 4·3 사건 : 남한만의 단독선거에 반발한 제주도의 남조선 노동당이 일으킨 무장 봉기를 진압하는 과정에서 수많은 민간인들이 휘말려 희생된 사건이다.
　③ 7·4 남북 공동 성명 : 박정희 정부 시기 남한과 북한이 동시에 발표한 7개 조항의 성명이다. 군사적인 충돌 방지, 평화적 방법의 통일 실현 등의 내용을 담고 있다.

17 ㉠에 해당하는 운동은?

> 박정희 정부는 1970년부터 농가 소득을 높이고, 낙후된 농촌을 근대화하여 도시와 농촌을 균형 있게 발전시키고자 (㉠)을 실시하였다.

① 3·1 운동
② 새마을 운동
③ 교조 신원 운동
④ 금 모으기 운동

ADVICE ② 새마을 운동 : 1970년 박정희 정부가 추진한 농촌 근대화 운동이다. 농가 소득을 높이고 낙후된 농촌의 생활 환경을 개선하여 도시와 농촌의 격차를 줄이는 것을 목표로 하였다. 정부는 자재를 지원하고, 마을 주민들이 근면·자조·협동 정신으로 마을 길을 포장하고 주택을 개량하도록 장려하였다.
　① 3·1 운동 : 일제로부터의 독립을 요구하는 비폭력적 만세 시위로 1919년 3월 1일에 시작되어 전국적으로 확산되었다. 이를 계기로 일제의 통치 방식에 변화가 생기며, 대한민국 임시정부가 수립되었다.
　③ 교조 신원 운동 : 처형당한 동학 교조 최제우의 억울함을 해소하고 종교의 자유를 위해 벌인 운동이다.
　④ 금 모으기 운동 : 김대중 정부 시기 외환 위기를 극복하기 위해 시민들이 자발적으로 금을 모아 기부한 운동이다.

18 ㉠에 해당하는 시기에 들어갈 사건은?

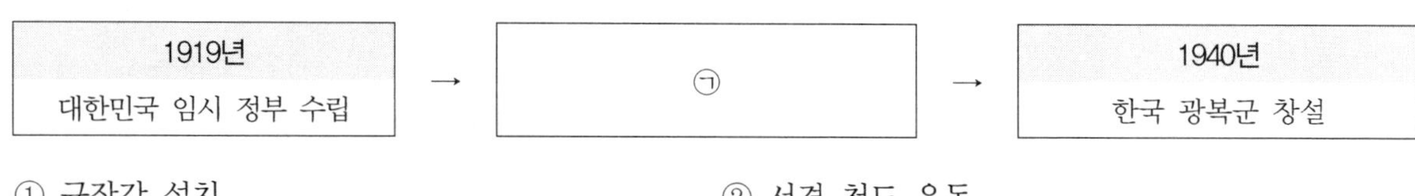

① 규장각 설치　　　　　　　② 서경 천도 운동
③ 쌍성총관부 공격　　　　　④ 국민 대표 회의 개최

ADVICE ④ 국민 대표 회의(1923)는 상하이의 대한민국 임시 정부가 수립된 후 독립운동의 방향을 논의하기 위해 열린 회의로, 창조파와 개조파의 대립으로 결론을 내리지 못하고 결렬되었다.
　① 규장각은 조선 정조 시기 개혁 정책의 일환으로 설치되었다.
　② 서경 천도 운동은 고려 인종 시기 묘청 등의 서경 세력이 풍수지리설을 바탕으로 도읍을 개경에서 서경으로 옮길 것을 주장하며 전개한 운동이다.
　③ 쌍성총관부는 원나라가 고려에 설치한 관부로 공민왕은 이곳을 공격하여 철령 이북의 영토를 회복하고 원의 영향력을 축소시키고자 하였다.

》 ANSWER 15.③ 16.④ 17.② 18.④

19 ㉠에 들어갈 내용으로 옳은 것은?

① 독도　　　　　　　　　　　② 강화도
③ 거문도　　　　　　　　　　④ 제주도

ADVICE ① 독도는 1877년 일본 정부가 '태정관 지령'을 통해 독도가 조선의 영토임을 공식 인정하였으며, 대한 제국 정부는 1900년 '칙령 제41호'를 공포하여 울릉도를 울도군으로 승격시키면서 독도를 그 관할 구역에 포함시켰다.

20 ㉠에 해당하는 것은?

6 · 25 전쟁의 전개 과정
북한군의 남침 → (㉠) → 1 · 4 후퇴 → 정전 협정 체결

① 귀주 대첩　　　　　　　　② 명량 대첩
③ 안시성 전투　　　　　　　④ 인천 상륙 작전

ADVICE ④ 인천 상륙 작전 : 6 · 25전쟁에서 결정적인 역할을 한 작전으로, 국군은 북한군의 남침으로 낙동강 유역까지 후퇴하였으나 인천 상륙 작전으로 서울을 탈환하며 전세를 뒤집었다. 인천에 상륙한 유엔군과 국군은 서울을 수복하고 북진하였으나, 중국군의 참전으로 1 · 4 후퇴가 일어났으며, 전쟁은 1953년 정전 협정 체결로 종결되었다.

① 귀주 대첩 : 고려 현종 시기 강감찬 등이 이끄는 군대가 귀주(서희의 외교 협상으로 확보한 강동육주 중 하나)에서 고려에 침입한 거란군을 크게 격파한 전쟁이다.

② 명량 대첩 : 1597년 임진왜란 시기 이순신이 이끈 조선의 수군이 명량(현재의 울돌목)에서 일본의 수군을 크게 무찌른 해전이다.

③ 안시성 전투 : 고구려를 침공해온 당나라의 군대에 안시성의 백성들이 항전한 전투로 당의 군대는 식량 고갈과 기상 악화로 퇴각하였다.

[대한민국의 발전]

21 다음 내용이 원인이 되어 발생한 사건은?

> 1960년, 자유당과 이승만 정부는 이기붕을 부통령에 당선 시키고자 하였다. 이를 위해 투표함 바꿔치기, 개표 조작 등의 부정을 행하였다.

① 아관 파천

② 4 · 19 혁명

③ 카이로 회담

④ 홍경래의 난

ADVICE ② 4 · 19 혁명 : 이승만 정부의 독재 및 부통령에 이승만이 측근인 이기붕을 부정하게 당선시키려 한 3 · 15 부정선거가 계기가 되어 발생하였다.
　① 아관 파천 : 일본세력에게 명성 황후가 시해(을미사변)된 이후 위협을 느낀 고종이 러시아 공사관으로 거처를 옮긴 일이다.
　③ 카이로 회담 : 1943년 이집트의 카이로에서 미국, 영국, 중국이 모여 진행한 회담이다. 이 회담에서 한국의 독립을 처음으로 약속하였다.
　④ 홍경래의 난 : 1811년 삼정의 문란 심화, 서북 지방에 대한 차별 대우로 인해 홍경래를 필두로 몰락농민, 일용노동자, 등이 합류하여 일어난 민란이다.

[일제 식민지 지배와 민족 운동의 전개]

22 다음에서 설명하는 사건은?

> 홍범도의 대한 독립군, 최진동의 군무 도독부군 등은 연합 부대를 편성하여 일본의 공격에 대비하였다. 1920년 6월, 독립군 연합 부대는 추격해 오는 일본군을 기습 공격하여 승리하였다.

① 3포 왜란 　　　　　　　　　　② 기벌포 전투

③ 봉오동 전투 　　　　　　　　　④ 위화도 회군

ADVICE ③ 봉오동 전투 : 홍범도가 이끄는 대한독립군, 최진동의 군무도독부군 등이 연합하여 일본군을 격퇴한 전투이다. 이 전투는 1920년 6월, 만주 봉오동 골짜기에서 일제의 보복 추격 부대를 기습하여 거둔 승리로, 독립군의 사기 진작과 항일 무장 투쟁 확대의 계기가 되었다.
　① 3포 왜란 : 조선 중종 시기 왜인에게 교역을 허락한 3포(염포, 부산포, 내이포)에서 왜인들이 일으킨 폭동이다. 왜인들의 폭동으로 3포는 폐쇄되고 교역도 중단되었다.
　② 기벌포 전투 : 삼국 통일 시기 신라의 수군이 기벌포(현 충청남도 서천군 장항읍 일대)에서 당나라 수군을 격파한 전투이다. 대당(對唐) 전쟁의 승리에 결정적인 역할을 한 전투이기도 하다.
　④ 위화도 회군 : 우왕의 명령으로 요동을 정벌을 떠난 이성계가 위화도(압록강 하류의 섬)에서 회군하여 고려로 돌아가 정권을 장악한 사건이다.

» ANSWER 19.①　20.④　21.②　22.③

23 ㉠에 들어갈 내용으로 가장 적절한 것은?

> **한국사 묻고 답하기**
>
> 질문 : 노태우 정부 시기에 있었던 일에 대해 알려주세요.
> 답변 : 서울 올림픽 대회를 개최함
> 답변 : (　　　　　㉠　　　　　)

① 금융 실명제를 시행함　　　　　② 남면북양 정책을 실시함
③ 친명 배금 정책을 추진함　　　　④ 남북 기본 합의서를 발표함

ADVICE ④ 노태우 정부 시기에는 서울 올림픽이 개최되었고, 남북한이 유엔에 동시 가입하였다. 또한 1991년 남북 기본 합의서
가 발표되어 상호 존중과 불가침, 교류 협력을 약속하였다.
① 금융실명제는 금융 거래를 실제 명의로 하고, 가명 또는 무기명 거래는 인정하지 않는 제도로 1993년 김영삼 정부
시기에 실시되었다.
② 남면북양 정책은 1930년대 일제강점기의 정책으로 일제는 한반도 남쪽에서는 면포를 생산하고 북쪽에서는 양모 생산
에 집중하도록 계획하였다.
③ 친명 배금 정책은 조선 인조 시기의 대외 정책으로 명나라를 가까이 하고 후금을 배척한다는 방책이 그 내용이다.

24 다음에서 설명하는 사건은?

> • 전개 : 4·13 호헌 조치에 맞서 시민들이 호헌 철폐와 독재 타도를 외치며 전국적으로 시위를 벌임
> • 결과 : 정부가 시민들의 요구를 받아들여 대통령 직선제 개헌안을 수용함

① 만적의 난
② 5·10 총선거
③ 국채 보상 운동
④ 6월 민주 항쟁

ADVICE ④ 6월 민주 항쟁 : 전두환 정부가 4·13호헌 조치를 발표하여 대통령 직선제 개헌 요구를 거부한 것에 대한 국민의 대규
모 항쟁이다. 시민들은 "호헌 철폐, 독재 타도"를 외치며 전국적으로 시위를 벌였다. 결국 정부는 국민의 요구를 수용
하여 대통령 직선제 개헌안을 발표하였다.
① 만적의 난 : 고려 시대 노비 만적을 중심으로 일어난 저항으로, 신분 해방에 목적을 두고 있었다.
② 5·10 총선거 : 우리나라 최초의 민주적인 선거로 이 선거를 통해 남한만의 단독 정부가 수립되었다.
③ 국채 보상 운동 : 한국의 재정을 예속시키기 위해 일본이 공여한 차관을 갚기 위한 모금 운동으로 대구에서 서상돈 등
에 의해 시작되어 전국으로 퍼져나갔다.

25 ㉠에 해당하는 인물은?

① 김홍집

② 방정환

③ 윤봉길

④ 전태일

ADVICE ③ 윤봉길 : 일제 강점기 독립운동가로, 1932년 상하이 훙커우 공원에서 열린 일본 제국주의 전승 기념식에 폭탄을 투척하여 일본군 장성과 고관들을 처단한 인물이다. 이 의거로 대한민국 임시 정부의 존재가 국제 사회에 알려졌으며, 중국 국민당 정부가 임시 정부를 적극적으로 지원하는 계기가 되었다.

① 김홍집 : 개화파 관료로, 갑오개혁을 추진하였다.

② 방정환 : 아동 문학가로 아동 잡지 〈어린이〉를 창간하고, '어린이날'을 제정하는 등 아동 인권을 주장하였다.

④ 전태일 : 1970년대 근로 조건 개선을 요구하며 분신한 노동 운동가이다.

➤ **ANSWER** 23.④ 24.④ 25.③

2025년 제2회 기출문제

CHAPTER 10

[전근대 한국사의 이해]

1 다음 중 ㉠에 들어갈 유물로 옳은 것은?

○○○ 시대의 생활

- 생활 모습
  - 농경과 목축의 시작
  - 정착 생활
- 대표 유물 : 가락바퀴, (㉠)

① 상감 청자

② 호우명 그릇

③ 빗살무늬 토기

④ 불국사 3층 석탑

ADVICE ③ 빗살무늬 토기 : 신석기 시대에는 농경과 목축이 시작되어 사람들이 정착 생활을 하였으며, 이 시기 대표적인 유물은 빗살무늬 토기이다.

① 상감청자 : 상감(象嵌) 기법으로 만들어진 청자(靑瓷)로 고려 시대에 고품질의 청자가 만들어졌다.

② 호우명 그릇 : 신라의 무덤에서 나온 청동제 그릇으로 바닥면에 '광개토 대왕을 기리며 제작한 열 번째 호우'라는 내용이 적혀 있다. 이를 통해 신라와 고구려의 관계를 유추할 수 있다.

④ 불국사 3층 석탑 : 신라 시대에 창건된 불국사 내부에 세워진 석탑으로 석가탑(釋迦塔)이라고도 불린다.

※ 상감 기법 … 그릇에 홈을 파고 금, 은 등 다른 재료를 홈 안에 넣어 무늬를 새기는 기법이다.

[전근대 한국사의 이해]

2 다음 설명에 해당하는 책은?

- 일연이 민간에서 전승되는 자료를 수집하여 지은 책이다.
- 단군 신화, 전설, 향가, 불교 관련 내용 등이 수록되어 있다.

① 동의보감

② 목민심서

③ 삼국유사

④ 조선책략

ADVICE ③ 삼국유사 : 고려 후기 승려인 일연이 편찬한 역사서로 고조선부터 후삼국까지의 역사가 기록되어 있다. 설화나 민담, 불교 관련 내용 등이 포함되어 있다.

① 동의보감 : 조선시대 허준이 완성한 한의학 서적이다.

② 목민심서 : 조선 후기 실학자인 정약용이 완성한 책으로, 목민관(지방 수령)이 지켜야 하는 자세와 행정 지침을 담은 책이다.

④ 조선책략 : 청나라 외교관 황준헌이 저술한 외교 전략서로 조선이 취해야 하는 외교 방침에 대해 제시한 책이다.

3 다음 중 ㉠에 들어갈 사건으로 옳은 것은?

고대 국가의 발전 과정

시기	4세기	5세기	6세기
국가	백제	고구려	신라
역사적 사건	근초고왕이 마한을 복속하였다.	㉠	진흥왕이 한강 유역을 차지하였다.

① 광해군이 대동법을 시행하였다.

② 장수왕이 평양으로 천도하였다.

③ 정조가 탕평 정책을 실시하였다.

④ 공민왕이 반원 정책을 추진하였다.

ADVICE ② 5세기 고구려 장수왕은 국내성에서 평양으로 천도하여 남진 정책을 추진하였다.
① 광해군의 대동법 시행은 조선 17세기의 일로 시기가 다르다.
③ 정조의 탕평 정책은 조선 18세기의 일로 고구려와 관련이 없다.
④ 공민왕의 반원 정책은 고려 14세기의 일로 시기상 맞지 않다.

4 다음 설명에 해당하는 제도는?

> 군포는 농민에게 큰 부담이었다. 조선 영조는 농민이 부담하는 군포를 1필로 줄여 주었고, 부족한 재정 수입은 결작, 선무군관포 등을 내게 하여 보충하였다.

① 균역법   ② 삼림령

③ 합영법   ④ 신문지법

ADVICE ① **균역법** : 농민의 부담을 줄이고 군역 제도를 정비한 조치이다. 조선 영조는 군역 부담이 과중해지자 농민이 내던 군포를 2필에서 1필로 줄였으며, 부족해진 국가 재정을 보충하기 위해 결작과 선무군관포를 거두었다.
② **삼림령** : 일제 강점기 일제가 식민지 통치 비용 마련 등의 목적으로 시행한 법이다. 이 법은 한국에서 실시한 임야조사사업의 근거로 작용하였다.
③ **합영법** : 1984년 9월 북한이 서방 국가 등과 경제·기술적 협력을 목적으로 제정한 법이다.
④ **신문지법** : 일제강점기 신문의 창간, 발행을 관리할 목적으로 제정된 법이나, 실질적으로는 언론을 통제하기 위해 제정되었다.

》 ANSWER 1.③ 2.③ 3.② 4.①

5 고려 광종의 정책으로 옳은 것을 〈보기〉에서 고른 것은?

---〈보기〉---

㉠ 과거제 시행　　　　　　　　　　㉡ 척화비 건립
㉢ 훈민정음 창제　　　　　　　　　　㉣ 노비안검법 실시

① ㉠, ㉡　　　　　　　　　　② ㉠, ㉣
③ ㉡, ㉢　　　　　　　　　　④ ㉢, ㉣

ADVICE ㉠㉣ 고려 광종은 왕권 강화를 위해 여러 개혁 정치를 실시하였다. 과거제를 시행하여 능력에 따라 관리를 선발하였고, 노비안검법을 실시하여 불법으로 노비가 된 자들을 해방시켰다.
㉡ 척화비는 개항기 두 차례의 양요(병인양요, 신미양요)를 겪은 이후 흥선 대원군이 각 지방에 세운 비석으로 서양 세력과는 절대 화친할 수 없다는 내용을 담고 있다.
㉢ 훈민정음은 조선 세종 시기에 창제되었다.

6 다음 중 ㉠에 들어갈 사건으로 옳은 것은?

답사 계획서

• 주제 : (　㉠　)의 흔적을 따라가 보는 여행
• 답사 장소 및 역사적 사건
　− 한산도 : 이순신의 한산도 대첩
　− 진주 : 김시민의 진주 대첩

---

① 을미사변　　　　　　　　　　② 임진왜란
③ 살수 대첩　　　　　　　　　　④ 청산리 전투

ADVICE ② 임진왜란 : 1592년에 일본의 도요토미 히데요시가 조선을 침략하면서 시작된 전쟁이다. 이순신은 조선 수군을 이끌고 한산도 대첩에서 일본군을 크게 격파하였고, 김시민은 진주 대첩에서 일본군을 막아냈다. 또한 권율이 행주산성에서 승리하면서 조선은 전세를 회복하였다
① 을미사변 : 1895년 일본 세력이 경복궁을 습격하여 명성 황후를 살해한 사건이다. 이로 인해 고종은 러시아 공사관으로 거처를 옮기게 되었다(아관 파천).
③ 살수 대첩 : 고구려의 장수 을지문덕이 살수(현재의 청천강) 일대에서 수나라 군대를 크게 무찌른 전투이다.
④ 청산리 전투 : 1920년 김좌진이 이끈 북로 군정서가 일본군에 맞서 승리한 전투이다.

7 다음 설명에 해당하는 사건은?

> • 배경 : 1905년 제2차 한 · 일 협약 체결로 대한 제국의 외교권이 박탈됨
> • 특징 : 유생뿐만 아니라 평민 출신 의병장도 활약함

① 을사의병　　　　　　　　　② 아관 파천
③ 새마을 운동　　　　　　　　④ 김흠돌의 난

ADVICE ① 을사의병 : 1905년 을사늑약(제2차 한일 협약)으로 대한 제국의 외교권이 박탈되자, 이에 반발하여 일어난 항일 의병 운동이다. 유생뿐만 아니라 평민 출신 의병장들도 참여하여 전국적으로 전개되었다. 대표적인 의병장으로 최익현(유생), 신돌석(평민) 등이 활동하였다.
② 아관 파천 : 일본 세력이 궁을 습격하여 명성 황후를 살해한 을미사변 이후 고종이 러시아 공사관으로 거처를 옮긴 일이다.
③ 새마을 운동 : 1970년부터 시작된 박정희 정부의 농촌 근대화 운동으로 근면 · 자조 · 협동의 정신을 바탕으로 한다.
④ 김흠돌의 난 : 신문왕의 장인인 김흠돌이 일으킨 난이다. 신문왕은 이 난을 진압하면서 왕권을 강화할 수 있었다.

8 다음 설명에 해당하는 인물은?

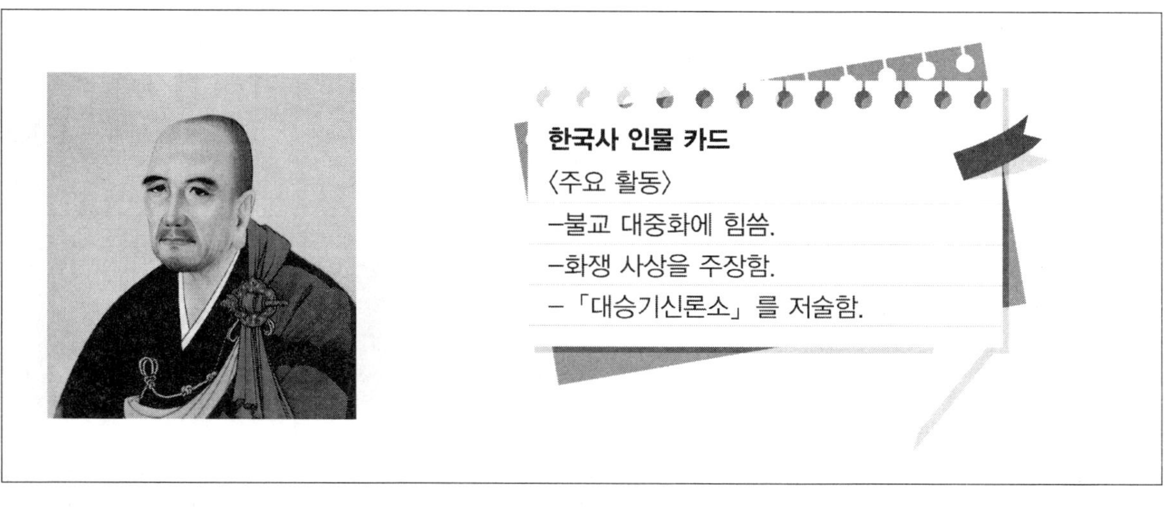

① 김구　　　　　　　　　　　② 원효
③ 김옥균　　　　　　　　　　④ 전태일

ADVICE ② 원효는 통일 신라 시대의 승려로, 불교의 대중화에 힘쓴 인물이다. 그는 화쟁 사상을 주장하여 여러 불교 종파의 교리를 조화롭게 통합하려 하였고, '나무아미타불'을 외우면 누구나 극락정토에 이를 수 있다고 강조하며 정토종을 보급하였다.

> ANSWER 5.② 6.② 7.① 8.②

9 다음 설명에 해당하는 사건은?

> • 1866년에 흥선 대원군의 천주교 박해를 구실로 프랑스 군대가 강화도를 침입함
> • 양헌수가 이끄는 조선군이 정족산성에서 프랑스군을 물리침

① 병인양요   ② 정읍 발언

③ 만적의 난   ④ 매소성 전투

ADVICE ① 병인양요 : 1866년 흥선 대원군이 천주교를 탄압하자(병인박해), 이를 구실로 프랑스 함대가 강화도를 침입한 사건이다. 조선군은 양헌수의 지휘 아래 정족 산정에서 프랑스군을 격퇴하였으며, 병인양요와 신미양요를 차례로 겪은 흥선 대원군은 척화비를 세우고 쇄국 의지를 더욱 공고히 하였다.
    ② 정읍 발언 : 1946년 이승만이 전라북도 정읍에서 남한만의 단독 정부 수립을 언급한 발언이다.
    ③ 만적의 난 : 고려 시대 노비 만적을 중심으로 일어난 저항으로, 신분 해방에 목적을 두고 있었다.
    ④ 매소성 전투 : 삼국 통일 시기 신라가 당나라 군대를 상대로 매소성에서 큰 승리를 거둔 전투이다.

10 다음 중 ㉠에 들어갈 내용으로 옳은 것은?

> 한국사 신문
>
> **통리기무아문에서 개화 정책을 추진하다!**
>
> 강화도 조약 체결 이후 정부는 개화 업무를 총괄할 기구로 통리기무아문을 설치하여 개화 정책을 추진하였는데, 국방력 강화를 위해서 (㉠   )

① 동북 9성을 쌓았다.

② 경복궁을 중건하엿다.

③ 강동 6주를 설치하였다.

④ 신식 군대인 별기군을 창설하였다.

ADVICE ④ 통리기무아문은 강화도 조약 체결 이후 설치된 근대적 개화 추진 기구이다. 개화 정책의 일환이자 국방력 강화 목적으로 창설된 별기군은 일본식 군사 제도를 도입한 신식 군대로 구식 군대보다 우대받았다. 이러한 차별 대우는 이후 임오군란(1882)의 원인이 되었다.
    ① 동북 9성은 고려 숙종 시기 윤관이 여진족을 정벌한 뒤 동북 지역에 쌓은 9개의 성이다.
    ② 경복궁 중건은 흥선 대원군이 추진한 왕권 강화 정책 중 하나로 이를 위해 당백전을 발행하기도 하였다.
    ③ 강동 6주는 고려 성종 시기 거란의 소손녕을 상대로 벌인 외교 담판을 통해 압록강 주변 지역의 영유권을 인정받아 설치한 주(州)이다. 흥화 · 용주 · 철주 · 곽주 · 통주 · 구주 총 6개이다.

11 다음 내용에 해당하는 사건은?

> 농민군이 황토현과 황룡촌 전투에서 승리하고 전주성을 점령하자 정부는 농민군과 전주 화약을 체결하였다. 이후 농민군은 전라도 50여 개 군현에 집강소를 설치하여 각종 개혁을 실천하였다.

① 나·당 전쟁
② 한·일 협정
③ 동학 농민 운동
④ 광주 학생 항일 운동

ADVICE ③ 동학 농민 운동 : 1894년 전라도 고부에서 시작된 농민 봉기로, 부패한 관리와 외세의 침략에 맞서 일어났다. 농민군은 황토현 전투와 황룡촌 전투에서 연달아 승리하고 전주성을 점령하였으며, 이에 정부는 농민군과 전주 화약을 체결하였고, 농민군은 집강소를 설치하여 자치와 개혁을 추진하였다.
① 나·당 전쟁 : 삼국 통일 시기 신라와 당나라 사이에 벌어졌던 전쟁이다. 신라는 당나라와 연합하여 백제와 고구려를 멸망시켰고, 연합이었던 당나라와의 전쟁에서 승리하여 삼국 통일을 완성하였다.
② 한·일 협정 : 박정희 정부 시기 경제 개발에 필요한 자금 및 기술을 들여오기 위해 일본과의 국교를 정상화하고 그와 관련된 규정에 조인한 협정이다.
④ 광주 학생 항일 운동 : 1929년 광주에서 일어난 항일 운동으로 학생들이 주도하여 대규모 시위로 발전하였다.

12 다음 중 ⊙에 들어갈 내용으로 옳은 것은?

> ### 1910년대 일제의 식민 통치
>
> − 헌병 경찰제 시행
> − 토지 조사 사업 실시
> − (⊙) 공포

① 영정법
② 호포제
③ 회사령
④ 유신 헌법

ADVICE ① 영정법 : 조선 인조 시기에 제정된 토지세 징수법으로 풍년과 흉년에 관계없이 토지가 비옥한 정도에 따라 세금을 부과하였다.
② 호포제 : 일반 백성에게만 부과하던 군포를 양반에게도 부과한 제도로, 흥선 대원군의 개혁 정치 중 하나였다.
④ 유신 헌법 : 대통령의 중임 제한 철폐와 임기를 6년으로 연장하고 통일 주체 회의의 간접 선거로 대통령 선출 등 박정희의 장기집권을 위한 내용을 담고 있는 내용을 담은 헌법이다.
※ 1910년 을사늑약 이후 일제는 무단 통치를 실시하였다. 이 시기에는 헌병 경찰제를 시행하여 한국인을 강압적으로 통제하고, 토지 조사 사업을 통해 농민의 토지를 수탈하였으며, 경제 지배를 강화하기 위해 회사령(1910)을 공포하여, 한국인 기업 설립을 총독부의 허가제로 제한하였다. 이러한 정책은 식민지 경제 구조를 구축하고 한국인의 자본 형성을 억제하였다.

> **ANSWER** 9.① 10.④ 11.③ 12.③

13 다음 중 ㉠에 들어갈 운동으로 옳은 것은?

이 조형물은 1907년 대구에서 시작된 (㉠   )을 기념하는 것이다. (㉠   )은 국민들이 성금을 모아 대한 제국의 국채 1,300만 원을 갚고 국권을 회복하자는 운동이다.

① 형평 운동
② 브나로드 운동
③ 백제 부흥 운동
④ 국채 보상 운동

ADVICE ④ 국채 보상 운동 : 이 운동은 서상돈 등의 인물이 주도하여 한국이 일제에게 강제로 지게 된 빚 1,300만 원을 국민의 힘으로 갚아 국권을 회복하자는 취지로 전개되었다. 전국적으로 운동에 참여하는 움직임이 나타났지만, 일제의 방해로 실패하였다. 그러나 민족의 자주 의식을 고취시킨 민중 운동으로 평가된다.
① 형평 운동 : 백정에 대한 신분 차별에 반대하여 일어난 운동이다.
② 브나로드 운동 : 동아일보의 주도로 전개된 계몽 운동이다. 야학 등을 운영하며 문자 보급에 힘썼다.
③ 백제 부흥 운동 : 백제가 나·당 연합군에 의해 멸망한 이후 복신, 흑치상지, 도침 등의 인물을 중심으로 백제의 부흥을 꾀한 운동이다.

14 다음 중 ㉠에 들어갈 사건으로 옳은 것은?

1928년 라이징 선 석유 회사에서 일본인 감독이 한국인 노동자를 구타한 사건이 계기가 되어, 1929년 (㉠   )이 일어났다. 국내는 물론이고 국외 노동 단체까지 지지를 보내왔지만 일제의 탄압으로 실패하였다.

① 광무개혁
② 귀주 대첩
③ 원산 총파업
④ 위화도 회군

ADVICE ③ 원산 총파업 : 1929년 함경남도 원산의 석유 회사에서 일본인 감독이 한국인 노동자를 구타한 사건을 계기로 발생하였다. 이 일로 분노한 노동자 약 120명이 파업을 시작하였고, 이후 원산 지역 전체로 확산되어 일제 강점기 최대 규모의 노동 운동으로 발전하였다.
① 광무개혁 : 대한 제국 시기 구본신참(舊本新參)을 기본 이념으로 삼아 추진한 근대적 개혁이다.
② 귀주 대첩 : 고려 현종 시기 강감찬 등이 이끄는 군대가 귀주(강동육주 중 하나)에서 고려에 침입한 거란군을 크게 격파한 전쟁이다.
④ 위화도 회군 : 고려 우왕의 명령으로 요동을 정벌을 떠난 이성계가 위화도에서 회군하여 고려로 돌아가 정권을 장악한 사건이다.

15 다음 질문에 대한 답으로 옳은 것은?

① 독립신문   ② 경국대전

③ 삼국사기   ④ 독서삼품과

ADVICE ① 독립신문 : 1896년 서재필이 정부의 지원을 받아 창간한 신문이다. 한글판과 영문판으로 발행되어 국민 계몽과 국내
소식의 해외 전달을 목적으로 하였다. 이 신문은 근대적 민중 계몽운동의 시초로 평가되며, 독립협회 활동과 함께 자
주·민권 의식 확산에 큰 영향을 미쳤다

② 경국대전 : 조선 세조 때 편찬을 시작해 성종 때 완성된 통치 법전이다.

③ 삼국사기 : 고려 인종 때 김부식이 편찬한 기전체 역사서이다.

④ 독서삼품과 : 통일 신라 시대에 관리 등용을 위해 시행된 제도이다.

≫ ANSWER 13.④ 14.③ 15.①

16 **다음 중 밑줄 친 '이 운동'에 해당하는 것은?**

> 1920년 평양에서 조만식 등의 주도로 시작되어, 전국으로 확산되었다. <u>이 운동</u>은 '내 살림 내 것으로', '조선 사람 조선 것' 등의 구호를 앞세우며 민족 산업의 보호와 육성을 위해 토산품 애용, 근검저축 등을 주장하였다.

① 교조 신원 운동
② 물산 장려 운동
③ 6 · 10 만세 운동
④ 고구려 부흥 운동

ADVICE ② 물산 장려 운동 : 1920년 평양에서 조만식 등의 주도로 시작되어 전국적으로 확산된 민족 경제 자립 운동이다. '내 살림 내 것으로', '조선 사람 조선 것'이라는 구호를 내세워 토산품 애용과 근검저축 등을 강조하였다. 이는 일제의 경제 침탈에 대응하여 민족 산업을 보호하고 육성하려는 목적이었다.
① 교조 신원 운동 : 1864년에 처형당한 동학의 창시자 최제우의 억울함을 해소하고 종교의 자유를 위해 벌인 운동이다.
③ 6 · 10 만세 운동 : 1926년 6월 10일 순종의 장례일을 기하여 일어난 만세 운동이다. 학생들을 중심으로 전개되었다.
④ 고구려 부흥 운동 : 나 · 당 연합군에 의해 고구려가 멸망한 이후, 검모잠 등의 고구려 유민들이 보장왕의 서자 안승을 왕으로 받들어 고구려의 부흥을 꾀한 운동이다.

17 **다음 중 ㉠에 들어갈 내용으로 옳은 것은?**

> 한국사 묻고 답하기
> 학생 질문 : 3 · 1운동을 계기로 일어난 변화와 대해 알려 주세요.
> 교사 답변 : 일제의 통치 방식 '문화 통치'로 바뀌게 되었습니다.
> 교사 답변 : (㉠   )

① 비변사의 기능이 확대되었습니다.
② 대한민국 임시 정부가 수립되었습니다.
③ 도병마사가 도평의사사로 개편되었습니다.
④ 관료전이 지급되고 녹읍이 폐지되었습니다.

ADVICE ② 1919년에 일어난 3 · 1 운동은 일제의 식민 통치에 저항하여 일어난 전국적 독립 운동으로, 이로 인해 일제는 기존의 식민지 통치 정책인 무단 통치를 문화 통치로 바꾸었다. 또한 독립 운동 세력들은 상하이에서 대한민국 임시 정부를 수립하여 조직적인 독립 운동을 전개하게 되었다.
① 비변사는 조선 시대 왜구의 침입에 대응할 목적으로 설치된 임시 국방 관련 기구였으나, 임진왜란을 거치면서 그 기능이 확대되었다.
③ 도병마사는 고려 전기 군사적 문제를 의논하는 기구였으나, 충렬왕 시기에 도평의사사로 개편되어 기능이 확대되었다.
④ 녹읍은 통일 신라 시기 신문왕에 의해 폐지되고 대신 관료전이 지급되었다.

18 다음 중 ㉠에 들어갈 법으로 옳은 것은?

> 중·일 전쟁을 일으킨 일제는 1938년에 전쟁 수행을 위하여 (　㉠　)을 제정하고 이를 한반도에도 적용하였다.
> 이후 일제는 이 법에 근거하여 국민 징용령 등 각종 통제 법령을 공포하고, 전시 동원 체제를 강화하였다.

① 과전법
② 진대법
③ 노비종모법
④ 국가 총동원법

ADVICE ④ 국가 총동원법 : 1938년 중·일 전쟁을 일으킨 일본이 전쟁 수행에 필요한 물자를 조달하기 위해 제정한 법이다. 이 법은 조선에도 적용되어, 일제가 인적·물적 자원을 마음대로 징발할 수 있도록 하였다. 그 결과 국민 징용령, 징병제, 공출제 등이 시행되어 조선인들이 강제로 전쟁터와 군수 공장에 동원되었다.
① 과전법 : 전·현직 관료 등에게 경기도 지역의 토지(수조권지)를 지급하는 제도로 조선 초기의 토지 제도이다.
② 진대법 : 식량이 떨어진 봄에 곡식을 대여해 주고 추수를 하는 가을에 갚게 하는 제도로 고구려 고국천왕 시기에 시행되었다.
③ 노비종모법 : 조선 후기 영조 시기에 제정된 법으로, 노비의 신분을 어머니의 신분에 따르게 한 법이다.

19 다음 중 ㉠에 들어갈 지역으로 옳은 것은?

① 독도
② 진도
③ 강화도
④ 제주도

ADVICE ① 독도는 삼국 시대 신라의 이사부가 우산국을 정벌하면서부터 신라에 편입되었다. 또한 대한제국 칙령 제41호에 독도를 울릉도와 함께 관리하도록 한다는 기록이 남아 있다.

≫ ANSWER 16.② 17.② 18.④ 19.①

20 다음 중 ㉠에 들어갈 사건으로 옳은 것은?

> 학습 주제 : (　㉠　)
>
> － 개최 시기 및 장소 : 1943년, 이집트
> － 참여국 : 미국, 영국, 중국
> － 목적 : 제2차 세계 대전 전후 처리 논의
> － 내용 : '적당한 시기'에 한국의 독립 약속

① 한성 조약

② 화백 회의

③ 카이로 회담

④ 남북 적십자 회담

> **ADVICE** ③ 카이로 회담 : 1943년 제2차 세계 대전 중 이집트 카이로에서 미국, 영국, 중국의 정상이 모여 전후 처리 문제를 논의한 회담으로 이 회담에서 한국의 독립을 약속하였다.
>
> ① 한성 조약 : 급진 개화파의 갑신정변이 실패한 이후 조선과 일본이 맺은 조약으로 청군에게 일본이 입은 피해를 조선이 보상하는 내용이 담겨 있다.
>
> ② 화백 회의 : 신라의 귀족 회의로 국가의 중대사를 의논하는 자리였다.
>
> ④ 남북 적십자 회담 : 1972년 남한과 북한 간에 열린 회담으로 남북의 적십자사가 참여하여 성립되었다. 남북 이산가족 찾기, 방문, 가족 결합 등이 회담의 주요 내용이었다.

21 다음 설명에 해당하는 전쟁은?

> 1950년 북한군이 남침을 감행하였고 낙동강 일대까지 진출하였다. 이에 맥아더 유엔군 총사령관은 인천 상륙작전을 감행하여 전세를 역전시켰다. 이후 1·4 후퇴를 거쳐 38도선 일대에서 공방전이 지속되다가 1953년 정전 협정이 체결되었다.

① 신미양요

② 정묘호란

③ 6·25 전쟁

④ 봉오동 전투

> **ADVICE** ③ 6·25 전쟁 : 1950년 6월 25일 북한군이 남침을 감행하면서 발발한 전쟁이다. 전쟁 초기에 북한군은 낙동강 일대까지 남하하였으나, 맥아더 유엔군 총사령관이 지휘한 인천 상륙 작전으로 전세가 역전되었다. 이후 국군과 유엔군은 평양까지 진격했으나, 중국군의 개입으로 1·4 후퇴가 발생하였다. 전쟁은 38도선 부근에서 장기적인 공방전으로 이어졌고, 1953년 7월 27일 판문점에서 정전 협정이 체결되었다.
>
> ① 신미양요 : 1871년 제너럴 셔먼호 사건을 계기로 미국이 강화도를 침략한 사건이다.
>
> ② 정묘호란 : 조선 인조 시기 후금이 조선을 침입하여 벌어진 전쟁이다. 당시 조선이 추진한 친명 배금 정책이 전쟁의 결정적인 원인이었다.
>
> ④ 봉오동 전투 : 1920년 홍범도의 대한 독립군과 다른 독립군 부대들이 연합하여 일본군을 격퇴한 전투이다.

22 다음 중 ㉠에 들어갈 내용으로 옳은 것은?

반민족 행위자 처벌을 위한 노력

제헌 국회는 반민족 행위 처벌법 제정하고, 이를 근거로 반민족 행위 특별 조사 위원회(반민 특위)를 조직하였다. 반민 특위는 1949년 1월부터 각종 자료, 증언 등을 바탕으로 (㉠)

---

① 국자감을 설치하였다.

② 친일파를 검거하였다.

③ 현량과를 실시하였다.

④ 조선 의용대를 조직하였다.

ADVICE ② 제헌 국회는 1948년 반민족 행위 처벌법을 제정하고, 이 법에 따라 반민족 행위 특별 조사 위원회(반민 특위)를 설치하였다. 이듬해부터 반민 특위는 일제에 협력한 친일파를 조사·검거하여 처벌하는 활동을 전개하였다. 그러나 이승만 정부와 경찰의 방해로 활동이 위축되어 결국 해체되었다.
① 유학 교육을 통해 인재를 양성하기 위한 목적으로 설치된 교육기관인 국자감은 고려 성종 시기에 설치되었다.
③ 천거(薦擧)와 시험이 합쳐진 형태의 특별 과거(科擧)인 현량과는 조선 중종 시기에 실시되었다.
④ 일제 강점기 독립 운동 단체인 조선 의용대는 1938년 김원봉을 필두로 하여 창설되었다.

》 ANSWER 20.③ 21.③ 22.②

23 **다음 설명에 해당하는 것은?**

> 박정희 정부는 1967년부터 1971년까지 기간산업을 육성하여 산업 구조를 개편하고 사회 간접 자본의 확충에 주력하였다. 이 시기에 경부 고속 도로가 개통되었고 포항 제철을 짓기 시작하였으며 경제가 급속히 성장하였다.

① 만민 공동회
② 산미 증식 계획
③ 제1차 미·소 공동 위원회
④ 제2차 경제 개발 5개년 계획

ADVICE ④ 제2차 경제 개발 5개년 계획 : 박정희 정부는 1967년부터 1971년까지 제2차 경제 개발 5개년 계획을 추진하였다. 이 시기 정부는 경공업 중심의 성장 기조를 유지하면서 도로·항만 등 사회 간접 자본을 확충하였다. 그 결과 1970년 경부 고속도로가 개통되고, 포항 제철이 착공되는 등 산업 기반이 강화되었다. 또한 '베트남 특수'와 파독 근로자 송금 등으로 외화가 유입되어 경제 성장이 가속화되었다
① 만민 공동회 : 독립 협회의 주도로 개최되었던 민중 집회로 국가의 자주독립 등이 핵심 내용이었다.
② 산미 증식 계획 : 일본 내의 쌀 부족 문제 해결을 목적으로 한국의 쌀 생산량을 늘려 수탈하고자 시도한 계획이다.
③ 제1차 미·소 공동 위원회 : 광복 이후 1946년 한반도에 설치된 공동위원회로 제1차 미·소 공동 위원회에서는 한국의 임시 정부 수립에 관한 안건을 논의하였다.

24 **다음 설명에 해당하는 사건은?**

> 1980년 신군부의 계엄령 확대와 휴교령에 반대하여 광주에서 시위가 일어났다. 광주의 학생과 시민들은 '광주 시민 궐기문'을 발표하고 격렬하게 저항하였다.

① 예송 논쟁
② 기벌포 전투
③ 홍경래의 난
④ 5·18 민주화 운동

ADVICE ④ 5·18 민주화 운동 : 1980년 5월 17일 신군부가 비상계엄을 전국으로 확대하자, 이에 반대하는 광주 지역의 학생과 시민들이 항거하면서 일어난 민주화 운동이다. 5월 18일 광주에서 시위가 시작되었고, 신군부는 공수부대를 투입해 무자비하게 진압하였다. 이에 분노한 시민들이 시민군을 조직하여 저항하였으나, 결국 5월 27일 계엄군의 무력 진압으로 끝났다. 이 운동은 이후 1980년대 민주화 운동의 밑거름이 되었으며, 그 기록물은 2011년 유네스코 세계기록유산에 등재되었다.
① 예송 논쟁 : 조선 후기 효종과 효종의 왕비인 조 대비의 사후 상복을 입는 기간을 둘러싸고 서인과 남인 사이에 벌어진 두 차례의 논쟁이다.
② 기벌포 전투 : 삼국 통일 시기 신라의 수군이 기벌포(현 충청남도 서천군 장항읍 일대)에서 당나라 수군을 격파한 전투이다.
③ 홍경래의 난 : 조선 후기 삼정의 문란 심화, 서북 지방에 대한 차별 대우로 인해 홍경래를 필두로 일어난 민란이다.

25 다음 중 ㉠에 들어갈 정부로 옳은 것은?

① 장면 정부

② 김대중 정부

③ 이명박 정부

④ 이승만 정부

ADVICE ② 김대중 정부 시기에 외환 위기를 극복하기 위해 '금 모으기 운동'이 전개되었으며, 분단 이후 처음으로 남북 정상 회담이 평양에서 개최되었다.

PART

03

기출동형 모의고사

01 제1회 기출동형 모의고사

[전근대 한국사의 이해]

1 다음 ㉠에 들어갈 유물로 옳은 것은?

> 선사시대인 체험 부스 : 신석기
> 당신도 신석기인이 될 수 있습니다.
>
> • 신석기인 체험 1 : (㉠   ) 모형 만들기
> • 신석기인 체험 2 : 움집 모양의 숙소에서 1박하기

① 고인돌

② 주먹 도끼

③ 세형 동검

④ 빗살무늬 토기

ADVICE ④ 빗살무늬 토기 : 신석기 시대의 대표적인 토기이다. 식재료를 보관하는 등의 용도로 사용되었다.

① 고인돌 : 청동기 시대의 무덤이다. 군장이 사망하면 그 권력을 나타내기 위해 고인돌을 만든다.

② 주먹 도끼 : 구석기 시대의 대표적인 유물로, 돌을 깨트려 만든 뗀석기다.

③ 세형 동검 : 철기 시대의 대표적인 유물로, 비파형 동검과 달리 칼날이 좁고 가늘다.

2 **다음 설명에 해당하는 왕은?**

> • 유학을 교육하고 인재를 양성하기 위해 태학을 설립하였다.
> • 중국으로부터 불교를 수용하여 통치의 정당성을 강화하였다.

① 미천왕

② 장수왕

③ 소수림왕

④ 광개토 대왕

ADVICE ③ 소수림왕 : 고구려 제17대 왕으로 태학 설립과 불교 수용뿐만 아니라 율령까지 반포하여 중앙집권 체제의 기틀을 마련하였다.

① 미천왕 : 고구려 제15대 왕으로 낙랑군을 축출해내는 데 성공하여 대동강 유역을 확보하였다.

② 장수왕 : 고구려 제19대 왕으로 수도를 국내성에서 평양으로 천도하여 남진정책을 펼쳤다. 그로 인해 5세기 고구려는 가장 큰 영토를 소유하게 되었고, 이에 대항하여 백제와 신라는 나·제 동맹을 맺었다.

④ 광개토 대왕 : 고구려 제18대 왕으로 영락이라는 독자적인 연호를 사용했고 요동과 만주 일대를 고구려의 영토로 장악하였다.

※ 낙랑군(樂浪郡) … 중국 한(漢)나라의 무제(武帝)가 위만조선을 공격한 뒤 한반도에 설치한 군현 중 하나다. 다른 군현으로는 임둔(臨屯)·진번(眞蕃)·현도(玄菟)가 있다.

3 **다음 ㉠에 들어갈 내용으로 옳은 것은?**

> 신문왕의 정책
>
> • 전국을 9주로 나누고 5소경을 설치하였다.
> • (㉠)
> • 국학을 설립하여 인재를 양성하였다.

① 화랑도를 개편하였다

② 나·당 동맹을 성사시켰다.

③ 녹읍을 폐지하고 관료전을 지급하였다.

④ 이차돈의 순교를 계기로 불교를 공인하였다.

ADVICE ③ 수조권(조세를 걷을 수 있는 권리)과 함께 노동력을 징발할 수 있는 녹읍을 폐지하고 관료전(수조권만 존재)을 지급함으로써 귀족들의 힘을 약화시켰다.

① 화랑도 개편은 신라 제24대 왕 진흥왕의 정책이다. 화랑도는 교육적이고 군사적인 성격의 청소년 단체로 많은 인재를 배출해냈다.

② 나·당 동맹의 성사를 이끈 인물은 김춘추로 신라 제29대 왕 무열왕이다.

④ 불교의 공인은 신라 제23대 왕 법흥왕 시기로 이때 율령의 반포와 골품제의 정비도 진행되었다.

》 ANSWER 1.④ 2.③ 3.③

4 다음이 설명하는 왕은?

- 노비안검법을 시행하였다.
- 쌍기의 건의를 받아들여 과거제를 실시하였다.

---

① 성종 ② 광종

③ 태조 ④ 공민왕

ADVICE ② 광종 : 고려 제4대 왕으로 노비안검법을 통해 불법으로 노비가 된 사람들을 양인으로 풀어줌으로써 호족을 약화시 켰다. 또한 최초로 과거제를 실시하여 인재를 양성하였다.

① 성종 : 고려 제6대 왕으로 최승로의 시무28조를 수용하여 유교를 정치 이념으로 삼았다. 유학 교육기관인 국자감 을 설치하여 유학 교육을 통한 인재 양성을 시도하기도 했다.

③ 태조 : 고려 제1대 왕으로 고려를 건국하고 호족들과의 정략결혼을 통해 건국 초기의 기틀을 잡았다. 그와 동시에 사심관 제도와 기인 제도를 실시하였다.

④ 공민왕 : 고려 제31대 왕으로 원 간섭기의 왕이다. 전민변정도감을 설치하여 권문세족이 무단으로 차지한 노비와 토지를 원래대로 돌림으로써 왕권을 강화했고, 쌍성총관부를 공격하여 영토의 일부를 회복하였다.

※ 사심관 제도와 기인 제도

ㄱ 사심관 제도 : 지방에 연고가 있는 인물이 해당 지방을 다스리도록 사심관으로 임명한 제도다. 통일 신라의 마 지막 왕이었던 경순왕이 경주의 사심관으로 임명된 바가 있다.

ㄴ 기인 제도 : 지방의 호족 세력을 견제하기 위해 그들의 자제를 수도에 머무르게 한 제도다. 일종의 인질을 잡는 제도로 신라의 상수리 제도에서 그 기원을 찾을 수 있다.

5 다음에서 설명하는 사건은?

> 이성계는 네 가지의 이유를 들며 요동을 공격해서는 안 된다고 말하였으나, 고려 우왕은 듣지 않았다. 요동으로 향하던 이성계는 위화도에서 독단으로 군사를 돌렸다. 개경으로 돌아온 이성계는 우왕을 폐위시키고 권력을 잡는 데 성공하였다.

① 무신 정변
② 묘청의 난
③ 이자겸의 난
④ 위화도 회군

ADVICE ④ 위화도 회군 : 고려 우왕의 명령으로 요동을 정벌을 떠난 이성계가 위화도(압록강 하류의 섬)에서 회군하여 고려로 돌아가 정권을 장악한 사건이다. 이를 계기로 고려가 멸망하고 조선이 건국되었다.
　① 무신 정변 : 문신을 우대하고 무신을 차별했던 당시 고려 사회에 반발하여 무신들이 일으킨 반란이다. 무신 정중부와 이의방 등이 주도하여 정변을 일으켰고, 무신들은 권력을 차지하는 데 성공하였다.
　② 묘청의 난 : 개경을 기반으로 한 문벌귀족의 득세가 이어지자 승려 묘청, 문신 정지상 등의 서경파는 풍수지리설을 근거로 하여 수도를 서경으로 옮겨야 한다고 주장했다. 이를 수용한 인종은 천도를 위해 서경에 궁궐 공사를 시작하나 개경파(개경의 귀족)의 반대로 무산되었다. 서경 천도 실패에 묘청은 서경에 거점을 잡고 반란을 일으켰으나 김부식이 이끈 군대에게 진압되었다.
　③ 이자겸의 난 : 딸을 왕비로 만들어 강력한 외척으로 성장한 이자겸이 자신을 제거하려고 한 인종에게 반발하여 척준경을 동원하여 일으킨 난이다. 이후 인종은 척준경을 포섭하여 난을 진압하였다.
　※ 4불가론(四不可論) : 이성계가 요동정벌을 반대하며 들었던 네 가지 이유이다.
　　㉠ 작은 나라(고려)가 큰 나라(명나라)를 공격하는 것은 불가능하다.
　　㉡ 농사를 지을 시기에 군사를 징발하는 것은 어렵다.
　　㉢ 요동을 공격하는 동안 왜구가 쳐들어올 수도 있다.
　　㉣ 비가 자주 내리는 여름철에는 전염병이 퍼질 수도 있고 갑옷이 비에 젖어 무거워진다.

» ANSWER 4.② 5.④

6 **다음 자료가 설명하는 사화는?**

> 중종은 조광조와 같은 사림 세력을 등용하여 개혁하고자 하였다. 그러나 이에 반발한 세력은 "조광조 등이 서로 붕당을 맺고 자신들에게 찬성하는 자는 천거하고 뜻이 다른 자는 배척하고 있다."라고 하며 조광조에게 죄를 물을 것을 청하였다.

① 을사사화   ② 무오사화
③ 기묘사화   ④ 갑자사화

ADVICE ③ 기묘사화 : 훈구 세력의 도움으로 반정을 일으켜 왕이 된 중종은 훈구를 견제하기 위해 조광조 등의 사림 세력을 등용하여 개력을 추진하였다. 그러나 조광조의 개혁안은 매우 급진적이었고, 훈구 세력의 반발 또만 만만치 않았다. 이에 부담을 진 중종은 훈구의 손을 들어주며 사림 세력을 숙청하게 되는데, 이것이 기묘사화이다.
    ① 을사사화 : 조선 명종 시기 외척 윤임(대윤)과 윤원형(소윤)의 권력 다툼으로 사림이 피해를 입게 된 사건이다.
    ② 무오사화 : 연산군 시기 「성종실록」을 편찬할 때 김종직이 쓴 「조의제문」이 문제가 되어 사림이 숙청당한 사건이다.
    ④ 갑자사화 : 연산군 시기 연산군의 생모 윤 씨가 폐위되는 데 일조한 세력을 대대적으로 제거된 사건이다.
    ※ 사화 … 조선 시대 신하 및 선비들이 정치적으로 반대파에 있는 이들에게 몰려 화를 입은 일을 뜻한다.
    ※ 조의제문 … 세조가 단종을 폐위하고 왕위를 찬탈한 일을 탐탁지 않게 여겨 이를 중국 진나라의 항우가 초나라의 회왕 의제를 살해한 것에 빗대어 지은 글이다.

7 **다음 ㉠에 들어갈 역사서는?**

> 김부식의 (㉠   )
>
> • 왕명에 따라 편찬되었다.
> • 현존하는 역사서 중 가장 오래 되었다.
> • 기전체 서술 형식으로 본기 · 열전 · 지 · 연표 · 통치 제도 등의 구성으로 되어 있다.

① 삼국사기   ② 삼국유사
③ 고려사절요   ④ 조선왕조실록

ADVICE ② 삼국유사 : 승려 일연이 개인적으로 편찬한 역사서로, 역사뿐만 아니라 고대의 설화 같은 내용도 함께 기록되었다. 처음으로 단군 신화를 기록하였다.
    ③ 고려사절요 : 조선 전기 김종서 등의 문신이 왕명에 따라 고려 시대 전반을 정리한 역사서이다. 편년체 형식으로 기록되었다.
    ④ 조선왕조실록 : 조선 태조부터 철종까지의 역사를 편년체 형식으로 기록한 역사서이다. 실록은 사관이 기록하며 왕의 사망 후 편찬된다.
    ※ 편년체 … 역사적 사실을 연대순서로 기록하는 역사 서술 형식이다.

8 다음 내용에 해당하는 사건은?

> 나라의 이름을 후금에서 청으로 고친 청나라는 조선에 군신(君臣)관계를 요구하였다. 인조는 이를 거절하였고 청은 군대를 이끌고 조선을 침입하였다. 남한산성으로 피신한 인조와 신하들은 결국 청에게 항복하는 것을 택하였다. 그 결과 세자와 세자빈을 비롯한 조선인들이 청에 인질로 끌려갔다.

① 임진왜란　　　　　　　　　　　　② 병자호란
③ 인조반정　　　　　　　　　　　　④ 정묘호란

ADVICE　② 병자호란 : 1636년 청나라가 조선에 침입하여 일어난 전쟁으로 남한산성으로 피난 간 인조는 삼전도에서 항복하였다.
　① 임진왜란 : 일본을 통일한 도요토미 히데요시는 명나라까지 정벌하겠다는 야망을 가지고 조선에 길을 열어달라고 요구하였다. 그러나 조선이 요구를 거절하자 일본은 조선을 침략하였다. 1592년부터 1598년까지 두 차례에 걸쳐 이어진 전쟁으로 1597년, 정유년에 있었던 두 번째 침입을 정유재란이라 하기도 한다.
　③ 인조반정 : 서인 세력이 광해군과 당시 집권하고 있던 대북 세력을 몰아내고 인조를 왕으로 즉위시킨 정변이다.
　④ 정묘호란 : 왕위에 오른 인조는 광해군 시기에 실시되었던 중립 외교가 아닌 명을 가까이 하고 후금을 멀리하는 친명 배금 정책을 추진하였다. 그 결과 후금이 광해군의 복수를 하겠다는 명분으로 조선을 침략한 사건이다. 이후 후금은 조선과 형제 관계를 맺으며 물러났다.
　※ 중립 외교 … 광해군 시기 명과 후금 사이에서 치우침 없이 지내며 실리를 추구한 외교 정책이다.

9 다음의 정책을 추진한 인물은?

> • 서원을 철폐하였다.
> • 경복궁을 중건하였다.
> • 호포제를 실시하였다.

① 고종　　　　　　　　　　　　　　② 대조영
③ 견훤　　　　　　　　　　　　　　④ 흥선 대원군

ADVICE　④ 흥선 대원군은 고종의 아버지로 당시 심각했던 세도 정치와 삼정의 문란을 바로잡기 위한 정책을 펼쳤다. 왕실의 권위를 바로세우기 위해 경복궁을 중건하였고, 세도 정치의 중추였던 안동 김씨 세력을 축출하였다. 민생을 안정시키기 위해서 호포제를 실시하여 평민에게만 거두던 군포를 양반에게까지 거두었다. 서원을 붕당과 백성 수탈의 근거지로 보고 대폭 철폐하였다. 그 결과 서원 철폐와 호포제의 실시는 양반의 반발을 불러왔고, 경복궁을 중건하기 위해 발행한 당백전, 기부금의 징수 등으로 인해 양반뿐만 아니라 일반 백성의 불만을 사기도 하였다.
　※ 삼정의 문란 … 세도 정치로 인해 전정(땅에 거두는 세금)·군정(병역 면제를 대가로 거두는 세금인 군포)·환곡(봄에 곡식을 빌려주고 가을에 갚도록 하는 제도)이 어지러워져 백성이 착취당한 일을 뜻한다.
　※ 당백전 … 조선 시대에 일반적으로 쓰이던 상평통보보다 100배의 가치를 지니는 것을 목적으로 하여 발행된 화폐이다. 당백전의 발행으로 물가가 폭등하는 상황이 벌어졌다.

＞ ANSWER　6.③　7.①　8.②　9.④

10 다음 중 갑오개혁의 내용으로 옳은 것을 〈보기〉에서 고른 것은?

〈보기〉

㉠ 신분제를 폐지하고 과부의 재가를 허용하였다.
㉡ 개혁을 담당하는 기구인 군국기무처가 설치되었다.
㉢ 개혁의 기본 강령을 담은 대한국 국제를 반포하였다.
㉣ 구본신참을 기본 원칙으로 내세우고 개혁을 단행하였다.

---

① ㉠, ㉡ ② ㉠, ㉢

③ ㉡, ㉢ ④ ㉢, ㉣

> **ADVICE** ㉠㉡ 군국기무처는 갑오개혁의 중추적인 역할을 하였던 관아이다. 개혁의 내용으로는 신분제 폐지와 과부의 재가 허용뿐만 아니라, 청의 연호 사용 중단, 과거제가 폐지되었으며 조세의 납부를 현물이 아닌 화폐로 납부하도록 한 것 등이 있다.
> ㉢ 갑오개혁의 기본 강령은 홍범 14조이다. 대한국 국제는 광무개혁 당시 대한 제국의 기본적인 통치원리를 규정한 법으로 대한 제국이 자주 독립국임을 알릴 목적으로 만들어졌다.
> ㉣ 구본신참은 옛것을 근본으로 하여 새로운 것을 참고한다는 뜻으로 광무개혁의 기본 원칙이다.

11 다음에서 설명하는 단체는?

• 공화정에 바탕을 두고 조직된 비밀 결사 단체다.
• 대성 학교와 오산 학교를 설립하였다.
• 남만주에 신흥무관학교를 설립하여 독립군을 양성하였다.

---

① 신간회 ② 신민회

③ 대한 독립군 ④ 한인 애국단

> **ADVICE** ② 신민회 : 안창호와 양기탁 등을 중심으로 1907년에 조직된 비밀 결사 단체로 근대 국민 국가 건설을 목표로 하였다. 1911년 105인 사건으로 인해 많은 수의 회원들이 투옥되면서 해체되었다.
> ① 신간회 : 1927년 민족주의자들과 사회주의자들이 연합하여 항일운동을 하기 위해 조직된 단체다. 1931년 내부적인 갈등으로 인해 해체되었다.
> ③ 대한 독립군 : 1919년 만주에서 홍범도를 중심으로 조직된 독립 운동 단체로 1920년 6월 봉오동에서 다른 독립군 부대와 함께 일본군을 격퇴하였고, 같은 해 10월 김좌진의 북로 군정서와 연합하여 청산리에서 일본군을 상대로 승리를 거두었다.
> ④ 한인 애국단 : 대한민국 임시 정부가 큰 성과 없이 침체되자 이를 타개하기 위해 1931년 중국 상하이에서 김구가 조직한 독립 운동 단체다. 소속 단원인 윤봉길은 상하이 홍커우 공원에서 열린 기념식에 폭탄을 투척하여 일본 고위 관료 다수를 살상하였다.

12 다음 ㉠에 들어갈 단체는?

> 한글을 지키고자 했던 (㉠)
>
> • 우리말 큰사전을 편찬하려고 시도했다.
> • 한글 맞춤법 통일안과 표준어, 외래어 표기법 통일안을 제정했다.

① 근우회
② 의열단
③ 대종교
④ 조선어 학회

ADVICE ④ 조선어 학회 : 1931년에 조선어 연구회를 고쳐 재탄생한 단체로 주시경을 계승한 인물들을 중심으로 조직되었다. 한글의 연구와 발전을 목표로 하였다. 1942년 조선어 학회 사건으로 강제 해산되었다.
　① 근우회 : 1927년에 조직된 여성운동 단체이자 독립운동 단체다. 여성의 해방과 일제로부터의 해방을 목표로 삼았으며, 신간회의 자매 단체이기도 했다.
　② 의열단 : 1919년 만주에서 김원봉의 주도로 조직된 단체다. 단원이었던 나석주가 동양 척식 주식회사에 폭탄을 투척하는 등 일제의 식민 통치에 반발하는 의열 투쟁을 펼쳤다.
　③ 대종교 : 1909년 나철이 조직한 종교로, 단군을 숭배하는 사상을 기초로 한 민속 신앙이다. 중광단을 조직하여 항일 무장 투쟁을 전개하였다. 후에 중광단은 북로 군정서로 개편되었다.

13 다음에서 설명하는 것은?

> 민족대표 33인이 태화관에 모여 독립 선언서를 낭독하였다. 이들은 일제에 붙잡혀 연행되었고, 학생과 시민들은 탑골 공원에 모여 독립 선언식을 진행하였다. 만세 운동은 곧 전국으로 퍼져 나갔다. 일제는 평화적 시위를 이어 나가는 사람들을 폭력적으로 진압하였다. 이러한 만세 운동을 계기로 일제의 통치 방식에 변화가 생겼으며, 대한민국 임시 정부가 수립되었다.

① 3·1 운동
② 국채 보상 운동
③ 6·10 만세 운동
④ 민립대학 설립 운동

ADVICE ① 3·1 운동 : 일제로부터의 독립을 요구하는 비폭력적 만세 시위로 1919년 3월 1일에 시작되어 전국적으로 확산되었다.
　② 국채 보상 운동 : 한국의 재정을 예속시키기 위해 일본이 공여한 차관을 갚기 위한 모금 운동으로 대구에서 서상돈 등에 의해 시작되어 전국으로 퍼져나갔다.
　③ 6·10 만세 운동 : 1926년 6월 10일 순종의 장례일을 기하여 일어난 만세 운동으로 학생들을 중심으로 전개되었다.
　④ 민립대학 설립 운동 : 한국인의 힘으로 대학을 설립하자는 목표로 전개한 모금 운동으로 이상재, 이승훈 등이 주도하였다. 일제의 경성 제국 대학 설립과 저조한 모금으로 인해 중단되었다.

》 ANSWER 10.① 11.② 12.④ 13.①

14 다음이 설명하는 일제의 정책은?

> • 황국 신민 서사 암송을 강요하였다.
> • 소학교의 명칭을 초등학교로 바꾸었으며, 창씨 개명을 강요하였다.
> • 한국어와 한국사 과목을 폐지하였다.

① 산미 증식 계획
② 헌병 경찰 제도
③ 민족 말살 정책
④ 병참 기지화 정책

> **ADVICE** ③ 민족 말살 정책 : 1930년대 일제가 내선일체(內鮮一體), 일선동조론(日鮮同祖論)을 내세우며 한국 민족의 정체성을 없애고자 실시한 정책이다. 일제는 황국 신민 서사 암송 강요뿐만 아니라 신사 참배와 창씨 개명을 강요하고, 한글로 된 모든 잡지를 폐간하였다.
> ① 산미 증식 계획 : 일본 내의 쌀 부족 문제를 해결하기 위해 한국에서 쌀을 확보하고자 한 목적에서 등장한 계획이다. 한국의 농민들에게 화학 비료를 사용하게 하고 수리 시설을 확대함으로써 쌀 생산량을 늘리고자 하였으나 기대치만큼 늘어나지 못했다. 그러나 쌀의 반출은 그대로 진행되었고, 수리 시설 확충 비용을 농민들이 부담하게 되면서 몰락이 가속화 되었다.
> ② 헌병 경찰 제도 : 헌병이 직접 경찰을 지휘하여 한국 사람들을 통제하고, 재판 없이도 벌금 등의 처벌을 부과하는 즉결 처분을 가능하게 한 제도다.
> ④ 병참 기지화 정책 : 1930년대 일본이 한국을 전쟁에 필요한 물자 및 인력을 조달할 병참 기지로 만들 계획으로 펼친 정책이다. 한반도 북부에는 중화학 공장과 발전소를 건설하였고, 남부에서는 공업에 필요한 원료를 확보하기 위해 목화를 재배하게 하였다.
> ※ 내선일체(內鮮一體) … 일본과 조선이 하나의 몸이라는 의미이다.
> ※ 일선동조론(日鮮同祖論) … 일본인과 조선인의 조상이 동일하다는 이론이다.

15 다음에서 밑줄 친 회의(회담)은?

> 미국, 영국, 소련이 모여 각종 안건들에 대해 논의하였다. 이 <u>회의</u>에서 한국의 임시 정부 수립을 돕기 위한 미·소 공동 위원회 설치가 결정되었다. 또한 한국의 신탁통치에 대해 협의한다는 사안이 결정되었다.

① 포츠담 회담
② 카이로 회담
③ 만국 평화 회의
④ 모스크바 3국 외상 회의

> **ADVICE** ④ 모스크바 3국 외상 회의 : 1945년 광복 이후 한국의 임시 정부 수립을 위해 미·소 공동 위원회 설치와 한국의 신탁통치에 관한 사안이 결정된 회의이다.
> ① 포츠담 회담 : 1945년 독일의 포츠담에서 미국, 영국, 소련이 모여 제2차 세계대전의 전후 처리 문제를 논의한 회담이다. 이 회담에서 한국의 독립을 재확인하였다.
> ② 카이로 회담 : 1943년 이집트의 카이로에서 미국, 영국, 중국이 모여 진행한 회담이다. 이곳에서 한국의 독립을 처음으로 약속하였다.
> ③ 만국 평화 회의 : 1907년 네덜란드의 헤이그에서 각국의 대표들이 모여 세계 평화를 논의한 회의다. 고종은 이 회의에 특사를 파견하여 을사늑약의 불법성을 알리려 하였으나 일본의 방해로 실패했다. 특사 파견을 구실로 고종은 일제에 의해 강제 퇴위 당하였다.

16 다음 설명에 해당하는 인물은?

> • 한인 애국단을 조직하였다.
> • 1944년 임시정부의 주석으로 취임하였다.
> • 광복 이후 남한만의 단독 선거에 반대하여 남북 협상을 추진하였다.

① 김구
② 여운형
③ 전봉준
④ 이승만

ADVICE ① 김구는 독립운동가로 1931년 한인 애국단을 조직해 독립 운동을 지속하였고, 1944년에는 임시정부의 주석으로 취임하여 국내 진공 작전을 준비했다. 광복 이후 신탁통치에 반대하여 신탁통치 반대 운동에 적극적으로 참여하였다. 또한 남한만의 단독 선거에 반대하여 남북 협상을 추진하였다.

17 다음이 설명하는 것은?

> 여수에 주둔하고 있는 일부 군인들은 제주에서 일어난 사건의 진압 명령에 불복하고 반란을 일으켰다. 이들은 전라남도 동부의 6개 군을 점거하였다. 정부는 군대를 파견하여 이들을 진압하려 했고 그 과정에서 대규모 민간인 피해 및 학살이 발생하였다.

① 제주 4·3 사건
② YH 무역 사건
③ 여수·순천 사건
④ 좌우 합작 운동

ADVICE ① 제주 4·3 사건 : 제주의 남로당(남조선 노동당)은 5월 10일 남한만의 단독 선거에 반대하며 무장 봉기를 일으켰고, 정부가 이를 진압하는 과정에서 수많은 민간인들이 희생된 사건이다.
② YH 무역 사건 : 가발을 수출하는 회사인 YH 무역의 여성 노동자들이 회사의 위장 폐업에 항의하여 벌인 시위에서 경찰의 폭력적인 진압으로 해산된 사건이다.
④ 좌우 합작 운동 : 여운형과 김규식 등이 주도하여 남한과 북한의 통일 정부 수립을 주장한 운동이다. 미국의 지원을 받아 좌우합작 위원회까지 구성하였으나 여운형이 암살되고 냉전이 본격적으로 진행되면서 중단되었다.

》 ANSWER 14.③ 15.④ 16.① 17.③

18 다음 ㉠에 들어갈 내용은?

6 · 25 전쟁의 경과

북한의 남침 → 서울 함락 후 낙동강 유역까지 후퇴 → 유엔군 참전 → (㉠   ) → 서울 수복

① 중국군 개입
② 1 · 4 후퇴
③ 인천상륙작전
④ 정전 협정 체결

> **ADVICE** ③ 6 · 25 전쟁은 북한의 남침으로 발발하였으며 '북한의 남침(1950.6.25) → 서울 함락 → 낙동강 유역으로 후퇴 → 유엔군 참전 → 인천상륙작전(1950.9.15) → 서울 수복 → 압록강 유역까지 북진 → 중국군 개입 → 1 · 4 후퇴 (1951, 북한군 서울 점령) → 유엔군 서울 재탈환 → 38도선에 이르러 교착 상태 돌입 → 휴전 협상(1951.7.10) → 정전 협정 체결(1953.7.27.)' 흐름으로 전개되었다.

19 다음 설명에 해당하는 것은?

1954년, 이승만은 초대 대통령에 한하여 3선을 금지하는 조항을 적용하지 않는다는 내용의 개헌안을 발의하였다. 국회 표결 결과 재적인원 203인의 3분의 2인 136표에서 1표가 부족하여 부결되었으나, 여당은 딱 떨어지지 않는 재적인원 203인의 3분의 2를 반올림하면 135가 되므로 가결을 주장하였다. 이후 개헌안은 통과되었다.

① 발췌 개헌
② 유신 헌법
③ 12 · 12 사태
④ 사사오입 개헌

> **ADVICE** ① 발췌 개헌 : 1952년에 추진된 개헌으로 대통령 직선제와 양원제에 대한 내용을 담고 있다. 이 개헌으로 이승만은 대통령 재선에 성공했다.
> ② 유신 헌법 : 대통령의 중임 제한 철폐와 임기를 6년으로 연장하고 통일 주체 회의의 간접 선거로 대통령 선출 등 박정희의 장기집권을 위한 내용을 담고 있는 내용을 담은 헌법이다.
> ③ 12 · 12 사태 : 1979년 10월 26일 박정희가 피살되고(10 · 26 사태) 전두환과 노태우 등의 신군부 세력이 쿠데타를 일으켜 정권을 잡은 사건이다.
> ※ 대통령 직선제와 양원제
> ㉠ 대통령 직선제 : 전체 국민이 투표하여 대통령을 선출하는 제도이다.
> ㉡ 양원제 : 미국의 상의원 · 하의원처럼 국회를 두 양의원으로 구성하는 제도이다.

20 다음 ㉠에 들어갈 내용으로 옳은 것은?

> 박정희 정부의 (　㉠　)
>
> • 제1차 : 베트남에 군인 파병, 독일에 광부와 간호사 파견 등으로 자금을 마련하였다. 또한 경공업을 중심적으로 육성하였다.
> • 제2차 : 경부 고속 국도를 개통하였다.

① 삼백 산업
② 서울의 봄
③ 새마을 운동
④ 경제 개발 5개년 계획

ADVICE ④ 경제 개발 5개년 계획 : 국가가 주도하여 추진한 경제 개발 계획으로 1차부터 4차까지 진행되었다. 3차와 4차 경제 개발 계획에서는 기계 산업을 육성하면서 중화학 공업이 성장하였다. 그러나 제1차, 2차 석유 파동을 겪으며 경제 성장률이 감소하게 되었다.
① 삼백산업 : 1950년대 미국이 원조한 물자인 면화, 밀가루, 설탕에 의존한 산업이다.
② 서울의 봄 : 1979년 10월 26일부터 1980년 5월 17일까지 일어난 민주화 운동으로 비상계엄을 해제하고 민주화를 요구한 것이 운동의 내용이었다. 서울의 봄은 체코슬로바키아의 프라하의 봄에 비유한 표현이다.
③ 새마을 운동 : 1970년부터 시작된 지역사회 개발 운동으로 도시와 농촌 간의 소득격차가 심해지면서 등장하였다. 근면 · 자조 · 협동 정신을 강조하였다.

21 다음에서 설명하는 인물은?

> 서울 평화시장의 재단사로 일하며 열악한 노동환경을 목격하고 이러한 실태를 정부와 언론에 알리고 개선을 요구하려 하였다. 피켓시위를 벌이려다 경찰에 의해 실패하자 휘발유를 뒤집어쓴 채 자신의 몸에 불을 붙이고 "근로기준법을 준수하라"는 구호를 외쳤다.

① 전태일
② 안중근
③ 이봉창
④ 이한열

ADVICE ① 근로기준법을 요구하는 전태일의 분신 사건을 계기로 노동 문제가 언론의 집중을 받게 되었고, 노동 운동이 본격화되었다.

≫ **ANSWER** 18.③ 19.④ 20.④ 21.①

22 다음 ㉠에 들어갈 내용으로 옳은 것은?

> ### 친일파를 청산하자
>
> 1948년 9월, 제헌 국회는 (㉠)을 제정하여 본격적으로 친일파를 처벌할 계획을 발표하였다. 이를 위해 조직된 반민 특위는 최린, 이광수 등의 친일파를 체포하고 기소하였다.

① 대동법
② 전시과
③ 농지 개혁법
④ 반민족 행위 처벌법

ADVICE ④ 반민족 행위 처벌법 : 일제 강점기에 친일 행위를 한 사람들을 처벌하기 위해 1948년 9월에 제정된 특별법이다. 친일 행위의 정도에 따라 사형까지 처할 수 있게 하였다.
① 대동법 : 조선 시대의 세금 중 하나인 공물(각 지역의 특산물을 현물로 내는 것)을 쌀로 납부하게 한 제도다. 광해군 시기부터 실시되었다.
② 전시과 : 고려 시대에 수조권(조세를 거둘 수 있는 권리) 행사가 가능한 전지(田地)와 땔감을 구할 수 있는 시지(柴地)를 관료에게 지급한 토지 제도다.
③ 농지 개혁법 : 1949년 제헌 국회에서 제정한 법률로 한 가구당 3정보의 토지를 소유할 수 있도록 상한을 설정하였다.
※ 1정보 … 1만m^2에 해당한다.

23 다음 설명에 해당하는 것은?

> 12 · 12 사태 이후 신군부는 비상 계엄령은 전국으로 확대하였다. 광주의 대학생들은 비상 계엄령 확대를 반대하는 시위를 벌였고, 신군부는 이를 무자비하게 진압하였다. 하지만 학생들이 시작한 시위에 광주 시민들도 합류하면서 더욱 확산되었다. 이윽고 광주에는 계엄군이 투입되었고, 계엄군은 시민들을 향해 총을 발포하여 시위를 무력 진압하였다.

① 4 · 19 혁명
② 6월 민주 항쟁
③ 5 · 18 민주화 운동
④ 부 · 마 민주화 운동

ADVICE ① 4 · 19 혁명 : 당시 이승만 정부는 장기 집권을 위해 부정선거를 자행하였고(3 · 15 부정선거), 이를 규탄하는 시위가 마산에서 시작되었다. 경찰 진압으로 최루탄을 맞아 사망한 김주열의 시신이 마산 해변가에서 발견되자 시위가 전국적으로 확산되면서 이승만은 대통령직에서 물러났다.
② 6월 민주 항쟁 : 1987년, 전두환 정부는 대통령 직선제로의 개헌 요구를 무시하고 개헌 논의를 중단하겠다는 조치를 내렸다(4 · 13 호헌조치). 이에 반발한 시민들은 시위에 나섰고, 전국 각지에서 대규모 시위가 벌어지자 전두환 정부는 대통령 직선제 개헌 요구를 받아들였다.
④ 부 · 마 민주화 운동 : 박정희 정부의 유신 체제는 정치적 · 사회적인 갈등을 빚어냈다. 이에 더해 1970년대 말에 일어난 2차 석유 파동으로 한국의 경제가 침체된 상태였다. 이러한 갈등들이 모여 유신 체제에 반대하는 시위가 부산과 마산을 중심으로 일어났다.

24 김영삼 정부 시기에 있었던 사실로 옳은 것을 〈보기〉에서 고른 것은?

〈보기〉

㉠ 금 모으기 운동
㉡ 서울 올림픽 개최
㉢ 금융 실명제 실시
㉣ 역사 바로 세우기

① ㉠, ㉡
② ㉠, ㉢
③ ㉡, ㉣
④ ㉢, ㉣

ADVICE ㉢ 금융 실명제 : 금융 거래를 실제 명의로 하고, 가명 또는 무기명 거래는 인정하지 않는 제도다. 비실명 금융 거래로 인한 폐해를 해결하기 위해 시행되었다.
㉣ 역사 바로 세우기 : 김영삼 정부의 출범 초기부터 추진한 정책이다. 조선 총독부 건물 철거 등 일제 잔재 청산과 불법 군인 조직인 하나회를 청산하는 등 군사 정권의 잔재를 없앴다.
㉠ 금 모으기 운동 : 김대중 정부 시기 외환 위기를 극복하기 위해 시민들이 자발적으로 참여한 운동이다. 이를 통해 IMF(국제 통화 기금)의 구제 금융을 조기에 상환하였다.
㉡ 서울 올림픽 : 1988년 노태우 정부 시기 대한민국 서울에서 개최되었던 올림픽이다.

25 다음이 설명하는 것은?

김대중 대통령과 김정일 북한 국방위원장이 평양에서 개최된 남북 정상 회담에서 만나 남북 관계 개선과 평화를 위해 합의하였다. 이후 개성 공단이 조성되었고, 금강산 관광 산업이 확대되었다.

① 남북 기본 합의서
② 6 · 15 남북 공동 선언
③ 7 · 4 남북 공동 성명
④ 4 · 27 판문점 선언

ADVICE ① 남북 기본 합의서 : 노태우 정부 시기 남한과 북한 간 합의된 기본적인 사항들을 담은 외교문서다. 남북 상호 불가침, 남북 교류 등의 내용을 담고 있다.
③ 7 · 4 남북 공동 성명 : 박정희 정부 시기 남한과 북한이 동시에 발표한 7개 조항의 성명이다. 군사적인 충돌 방지, 평화적 방법의 통일 실현 등의 내용을 담고 있다.
④ 4 · 27 판문점 선언 : 문재인 정부 시기 남한과 북한의 관계 개선, 북한의 비핵화 이행을 목표로 합의한 선언이다.

≫ ANSWER 22.④ 23.③ 24.④ 25.②

CHAPTER 02

제2회 기출동형 모의고사

[전근대 한국사의 이해]

1 다음이 설명하는 유물이 제작된 시기는?

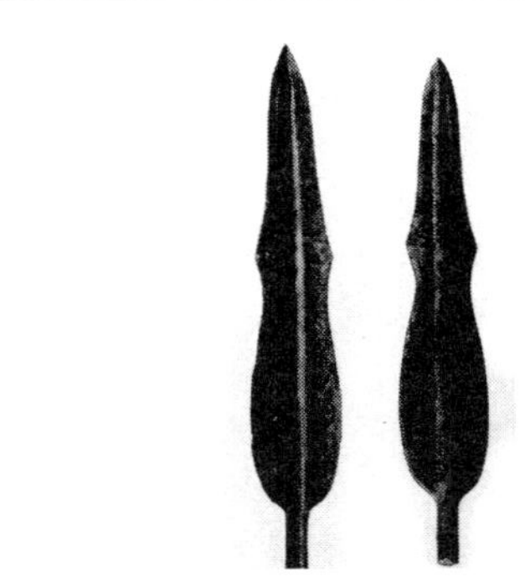

보통 지배 계층의 장신구나 무기로 활용되었다. 고인돌과 함께 출토 범위를 살피면 고조선의 영토 범위가 어느 정도였는지 알 수 있다.

① 철기 시대

② 구석기 시대

③ 청동기 시대

④ 신석기 시대

ADVICE ③ 해당 유물은 비파형 동검으로, 그 외의 청동기 시대 유물로는 민무늬 토기, 미송리식 토기, 반달 돌칼 등이 있다. 청동으로 된 물건은 주로 권력을 상징하는 도구였고 농사나 사냥에는 여전히 석기가 사용되었다.

[전근대 한국사의 이해]

2 다음 ㉠에 들어갈 내용으로 옳은 것은?

> **동예의 풍습**
>
> • 같은 씨족 안에서의 결혼을 피하는 족외혼을 했다.
> • 다른 씨족의 영역을 침범하면 우마(牛馬)로 배상하는 (　㉠　)가 있었다.
> • 매년 10월 무천이라는 제천행사를 했다.

① 영고

② 책화

③ 서옥제

④ 민며느리제

ADVICE ① 영고 : 매년 12월에 열렸던 부여의 제천행사로 수확제의 성격을 지녔다.
③ 서옥제 : 고구려의 혼인 풍습으로, 남편이 처가에서 지내며 한동안 노동력을 제공하다가 자식을 낳아 그 자식이 성장하면 본래의 집으로 돌아가는 형태였다. 이때 처가에서 생활하는 별채를 서옥이라고 했다.
④ 민며느리제 : 옥저의 혼인 풍습으로, 10세 정도의 여자 아이를 예비 신랑의 집안이 데려와 키운 뒤 아이가 성장하면 여자의 집에 예물을 주고 정식으로 혼인하는 형태였다.

3 **다음이 설명하는 왕은?**

> 신라 제17대 왕이다. 왕의 칭호를 '마립간'이라고 부르기 시작하였고, 박·석·김이 돌아가며 왕위를 계승했던 과거와 달리 김 씨의 왕위 계승을 확립하였다. 왜(倭)가 침입하였을 때 고구려 광개토 대왕의 도움을 받아 격퇴하였다.

① 내물왕
② 진흥왕
③ 법흥왕
④ 문무왕

ADVICE ② 진흥왕 ; 신라 제24대 왕으로 백제와 연합하여 고구려를 공격하여 한강 상류 지역을 차지하고 다시 백제를 공격해 한강 하류 지역까지 차지하는 데 성공하였다. 확장한 영토에 북한산 순수비 등 4개의 순수비를 건립하였다.
③ 법흥왕 : 신라 제23대 왕으로 신라의 관등제도였던 골품제를 정비하고 율령을 반포하는 등 나라의 기틀을 잡았다. 이차돈의 순교를 계기로 불교를 받아들였다.
④ 문무왕 : 신라 제30대 왕으로 중국의 당(唐)나라와 연합하여 고구려를 멸망시키고, 끝에 당나라와의 전쟁에서 승리하여 무열왕 대부터 이어지던 삼국통일 전쟁을 완수하였다.

4 **다음이 설명하는 책은?**

> 통일 신라 시기 승려였던 혜초가 저술한 견문록으로 인도의 5개 국가와 다른 나라들을 10여 년 동안 순례하고 돌아와 저술하였다. 각 지역의 풍속이나 이야기 등이 기록되어 있다. 현재는 전체의 일부만 존재하며 프랑스 파리의 국립 박물관에 보관되어 있다.

① 농사직설
② 경국대전
③ 팔만대장경
④ 왕오천축국전

ADVICE ① 농사직설 : 조선 초기 세종의 명으로 정초 등이 지은 농업서로 당시 조선의 풍토에 맞는 농사법이 수록되어 있다.
② 경국대전 : 조선 시대 통치의 기준으로 사용된 법전이다. 세조 때부터 집필되기 시작하여 성종 때 완성되었다.
③ 팔만대장경 : 부처의 힘으로 몽골군의 침입을 막아내려는 염원을 담아 제작된 불교 경전이다. 현재 합천 해인사에서 소장하고 있다.

》 ANSWER 1.③ 2.② 3.① 4.④

5 다음 ㉠에 들어갈 것은?

고려의 지방 행정 제도 파헤치기

- 5도는 고려의 일반적인 행정 구역으로 각 도에 안찰사를 파견하여 관리하게 하였다.
- 양계는 국경선이 있는 곳에 위치한 군사적 성격의 행정 구역으로 북계와 동계로 나뉜다. 이곳에는 병마사가 파견되어 관리하였다.
- (㉠)은/는 고려에 존재했던 특수한 행정 구역으로 해당 구역에 사는 사람들은 자유롭게 다른 지역으로 이동할 수 없었다. 또한 일반적인 행정 구역에 비해 부담하는 세금이 더 컸다.

---

① 소도
② 5소경
③ 낙랑군
④ 향 · 소 · 부곡

> **ADVICE** ① 소도 : 삼한의 제사장인 천군이 다스리는 지역이다. 삼한은 제정분리 사회였기 때문에 범죄를 저지른 인물이 소도로 도망가더라도 마음대로 잡아갈 수 없었다.
> ② 5소경 : 신라 시대의 특수한 행정 구역으로, 수도인 경주가 동남쪽으로 치우쳐져 있는 점을 보완하기 위해 5개의 소경을 설치하였다.
> ③ 낙랑군 : 중국 한(漢)나라의 무제(武帝)가 위만조선을 공격한 뒤 한반도에 설치한 4개의 군현 중 하나다.

6 다음이 설명하는 것은?

고려의 수도인 개경과 가까운 예성강 하구에 자리한 무역항이다. 중국의 송나라 상인과 더불어 일본, 아라비아 상인들까지 왕래하여 국제 무역항으로 발전하였다. 통행하는 사람이 많은 교통의 요지이기도 했다.

---

① 청해진
② 벽란도
③ 탐라국
④ 국자감

> **해 석** ① 청해진 : 통일 신라 말 장보고의 건의로 전라남도 완도에 설치된 무역 · 해군 기지이다. 신라와 당나라, 일본을 해로로 이어주는 역할을 하였다.
> ③ 탐라국 : 삼국 시대 제주도에 있었던 국가로 삼국 통일 시기 신라의 속국이 되었다가 말기에 벗어났다. 이후 고려 숙종 시기 고려의 군현 중 하나로 편입되었다.
> ④ 국자감 : 고려의 교육 기관으로 관료로 선발할 인재를 양성하기 위해 수도인 개경에 설치되었다. 국자감 설치로 인해 유학 교육이 더욱 활발해졌다.

7 **다음에서 설명하는 조선의 왕은?**

> 조선이 건국되는 데 결정적인 역할을 하였으며, 왕권의 강화를 위해 외척을 제거하였다. 또한 이전까지 존재하였던 사병을 없애고 6조가 의정부를 거치지 않고 왕에게 직접 보고하는 6조 직계제를 실시하였다.

① 세종
② 태조
③ 태종
④ 성종

ADVICE ① 세종 : 조선의 제4대 왕으로 태종의 셋째 아들이다. 학문 연구와 인재를 양성하기 위해 궁궐에 집현전을 설치하였다. 또한 태종대를 거치며 강해진 왕권을 바탕으로 정치 체제를 의정부 서사제로 바꾸었다.
② 태조 : 조선의 제1대 왕으로 위화도 회군을 통해 고려의 정권을 장악하고, 조선을 건국하는 데 성공하였다.
④ 성종 : 조선의 제9대 왕으로 세조대부터 집필된 「경국대전」을 완성하였다. 또한 세조 시기에 폐지된 경연을 부활시키고, 집현전을 계승한 홍문관을 설치하였다.

8 **다음 ㉠에 들어갈 내용으로 적절한 것은?**

> 광해군의 외교적 노선은 친명 배금(親明排金)을 추구하는 신하들과 달랐다. 명과 후금 사이의 대립이 한층 더 심화되자 광해군은 두 나라 중 한쪽으로 치우치지 않으면서 다툼을 피할 (㉠)을/를 선택하였다.

① 과거제
② 골품제
③ 중립 외교
④ 남진 정책

해설 ① 과거제 : 시험을 통해 관리를 선발하는 제도로 고려 광종 시기에 처음으로 실시되었다. 조선 시대의 과거는 문과, 무과, 잡과로 나뉘었으며, 고려 시대에도 무과가 있었지만 문과가 주를 이루었다. 또한 고려는 불교가 국교였던 국가인 만큼 승려를 대상으로 하는 승과도 존재하였다.
② 골품제 : 신라의 신분제도로 성골과 진골, 6두품으로 나뉜다. 혈통에 따라 올라갈 수 있는 관직이 정해져 있었다. 관직뿐만 아니라 집의 규모, 마차, 복색까지 제한이 있을 정도로 엄격하였다.
④ 남진 정책 : 삼국 시대 고구려의 장수왕이 추진했던 정책으로 남쪽에 있는 신라와 백제를 공격하여 영토를 확장하였다. 이를 계기로 신라와 백제는 나·제 동맹을 맺어 고구려에 대항하였다.
※ 친명 배금(親明排金) … 명나라를 가까이 하고 후금을 멀리한다는 조선의 대외 정책 중 하나이다.

》 ANSWER 5.④ 6.② 7.③ 8.③

9 다음 ㉠에 들어갈 것은?

> 조선은 주변국과 관계를 맺을 때 (㉠   )을/를 원칙으로 하였다. 이에 따라 중국의 명나라에게는 정기적으로 조공(朝貢)을 보내 경제적 · 문화적인 이익을 얻으며 실리를 추구하였다. 그리고 일본과는 대등한 관계로 평화를 추구하였다.

① 직전법

② 사대교린

③ 탕평정책

④ 훈요10조

ADVICE ② 사대교린(事大交隣) : 한자를 풀이하면 큰 나라를 섬기고 이웃 나라와는 평화롭게 지낸다는 뜻이다.

① 직전법 : 조선의 토지 제도. 세조 시기 관리들에게 지급할 토지가 줄어들자 조선 초기의 과전법을 대체하여 현직 관리에게만 토지를 지급하는 직전법으로 바뀌었다.

③ 탕평정책 : 조선 영 · 정조 시기 극심화된 붕당 간의 대립을 완화하고 균형을 유지하기 위해 실시한 정책이다.

④ 훈요10조 : 고려의 제1대 왕 태조가 후대 왕들에게 내리는 지침이다. 거란을 경계하고, 연등회와 팔관회를 성대히 열며, 서경을 중요시 하라는 등의 내용이 담겨 있다.

※ 조공 … 종속국(從屬國)이 종주국(宗主國)에게 예물을 바치는 일 또는 예물을 뜻한다. 상하관계(上下關係)를 골자로 하는 행위지만, 전근대 동아시아에서는 실리를 추구하는 외교적 행위로 여겨진다.

10 다음 일기가 설명하는 것은?

> 나라는 죽은 백성과 아직 어린 아이에게도 군포를 물리는 지경에 이르렀다. 한 되 빌린 쌀이 갚을 때가 되어 수십 말로 늘어 있고, 원래 거둬가던 토지세의 몇 배를 가져가 배를 곯는 이들이 지천에 널려 있다. 서러워 우는 백성들의 곡소리가 밤낮으로 끊이질 않는다.

① 진대법   ② 화쟁 사상

③ 풍수지리   ④ 삼정의 문란

ADVICE ④ 삼정의 문란 : 조선 후기 세도 정치와 부패한 관리들로 인해 전정, 군정, 환곡 제도가 올바르게 시행되지 못해 백성이 착취당한 일을 의미한다.

① 진대법 : 봄에 곡식을 빌려주고 수확기인 가을에 갚게 한 제도로 고구려 고국천왕 시기 마련되었다. 조선 시대의 환곡 역시 이와 유사하게 행해졌다.

② 화쟁 사상 : 불교의 여러 종파 간의 논쟁을 멈추고 화합하자는 의미의 불교 교리이다. 삼국 시대 승려인 원효에 의해 집대성되었다.

③ 풍수지리 : 해당 지역의 지형 또는 방위를 통해 사람의 길흉화복(吉凶禍福)을 예상하는 학문이다. 집을 짓거나 못자리를 정할 때 주로 사용되었다.

11 다음이 설명하는 사건은?

> 당시 평안도 관찰사였던 박규수와 평양 관민들이 미국의 상선 '제너럴 셔먼호'를 불태운 사건을 구실로 삼아 미국은 조선에 손해배상과 통상을 요구하였다. 이윽고 미국은 군함을 이끌고 강화도로 들어왔으며, 초지진에 이어 덕진진, 광성보까지 함락당하였다. 그러나 조선이 쇄국정책을 강력히 내세우면서 미국은 큰 성과 없이 돌아갔다.

① 신미양요   ② 병인양요
③ 갑신정변   ④ 임오군란

해 설 ② **병인양요(1866)** : 흥선 대원군이 프랑스 선교사 9명과 수천 명의 천주교 신도들을 처형한 일(병인박해, 1866)을 계기로 프랑스 함대가 강화도를 침략하였다. 문수산성에서 한성근의 부대가 항전하였고, 이후 정족산성에서 양헌수 부대가 승리를 거둠으로써 프랑스군은 강화도에서 철수하였다.
③ **갑신정변(1884)** : 김옥균, 박영효 등의 급진 개화파 인물들이 우정총국 개국 연회를 이용해 일으킨 정변이다. 이들은 문벌 폐지, 청에 대한 조공 폐지 등의 내용이 담긴 혁신 정강을 발표하였으나, 청군의 개입으로 인해 정변은 실패하였다.
④ **임오군란(1882)** : 신식 군대인 별기군과의 차별, 군료로 지급한 곡식에 모래를 섞는 등의 대우에 분노한 구식 군인들이 일으킨 난이다. 임오군란 수습을 계기로 물러나 있던 흥선 대원군이 재집권하게 되지만, 곧 청나라의 개입으로 인해 청으로 압송되었다.

12 다음 ㉠에 들어갈 내용으로 옳은 것은?

> 일본 세력이 경복궁에 침입하여 명성황후를 살해하고 그 시신을 불태우는 전대미문의 사건이 발생하였다. 이에 신변 위협을 느낀 고종은 비밀리에 (　　　㉠　　　).

① 강제 퇴위 당하였다.
② 대한제국을 선포하였다.
③ 러시아 공사관으로 거처를 옮겼다.
④ 태양력과 '건양'이라는 연호를 사용하였다.

ADVICE ③ 1886년, 고종은 을미사변 이후 러시아 공사관으로 거처를 옮겨 러시아에 신변을 의탁하였다. 이러한 아관 파천으로 인해 조선에 대한 러시아의 영향력이 강화되었다.
① 고종은 을사늑약(1905) 이후, 그 불법성을 알리고자 만국 평화 회의에 특사를 파견하였다. 그러나 일제의 방해로 회의 참석에 실패하였고 이를 구실로 1907년, 일제는 고종을 강제 퇴위시켰다.
② 아관 파천 이후 고종은 1년 만에 경운궁(덕수궁)으로 환궁하였고, 황제로 즉위하여 '대한 제국'을 선포하였다.
④ '옛것을 근본으로 하고 새로운 것을 참고한다'는 구본신참(舊本新參)을 기본 원리로 내세운 광무개혁의 내용 중 하나이다. 고종은 대한 제국의 기본 원리를 담은 대한국 국제를 반포하고, 황제가 통솔하는 군부인 원수부를 설치하는 등 대한 제국이 전제 군주 국가임을 확실히 하였다.

» ANSWER 9.② 10.④ 11.① 12.③

13 다음이 설명하는 인물은?

> 남포의 돈의학교를 인수하여 경영하며 인재를 양성하는 데 힘썼다. 이후에는 의병에 참가하여 대한의군참모중장으로 활동하였다. 1909년, 만주의 하얼빈 역에서 첫 번째 조선 통감이었던 이토 히로부미를 저격하여 사살하였다.

① 안창호
② 윤봉길
③ 안중근
④ 이봉창

ADVICE ③ 안중근은 독립 운동가로 이토 히로부미를 사살한 직후 체포되었다. 일본은 서양 세력과 같은 침략에 대한 욕망을 버리고, 한·중·일이 합심하여 서양 열강들의 침략에 맞서야 한다는 주장이 담긴 「동양 평화론」을 옥중에 집필하였다. 1910년 3월 26일, 뤼순 감옥의 형장에서 순국하면서 「동양 평화론」은 미완으로 남았다.

14 다음에서 설명하는 일제의 식민 지배 방식은?

> • 보통 경찰제를 실시하였다.
> • 한글 신문을 간행할 수 있게 하였다.
> • 조선 총독부의 총독으로 문관 총독을 임명하겠다고 하였다.

① 무단 통치
② 문화 통치
③ 산미 증식 계획
④ 토지 조사 사업

ADVICE ② 문화 통치 : 3·1 운동을 계기로 변화한 1920년대 일제의 식민지 통치 방식이다. 무단 통치 시기의 강압적인 방식을 완화한 것처럼 보이나, 실상은 한국인의 반발을 줄이고 더욱 수월한 수탈을 위한 기만적인 통치였다.
① 무단 통치 : 1910년대 일제의 식민 지배 방식으로 헌병이 지휘하는 경찰들이 한국인의 일상을 감시하며 통제하였고 즉결 처분권을 행사하였다. 또한 학교의 교사까지 제복과 칼을 착용하였다.
③ 산미 증식 계획 : 일본 내의 쌀 부족 문제 해결을 목적으로 한국의 쌀 생산량을 늘리려는 계획이었다. 관개 시설을 확충하고 화학 비료를 사용하게 하는 등의 방법으로 생산량을 늘리고자 하였다.
④ 토지 조사 사업 : 토지를 소유하고 있음을 신고하도록 한 사업이다. 이는 신고되지 않은 토지들을 국가 재산으로 만들어 일본인에게 낮은 가격으로 팔기 위함이었다. 소유권과 경작권을 분리해서 보던 한국과 달리, 경작권을 인정하지 않아 소작농들이 피해를 입었다.

15 다음 ⊙에 해당하는 것은?

> 3·1 운동을 계기로 성립된 (⊙)은/는 중국의 상하이를 거점으로 활동하였다. 국내와의 연락을 위해 연통제를 조직하였으며, 미국에 구미위원부를 설치하는 등 외교 활동도 이어나갔다. 또한 독립 신문을 발간하여 독립 활동을 선전하였다.

① 독립 협회
② 한국 광복군
③ 북로 군정서
④ 대한민국 임시 정부

ADVICE ① 독립 협회 : 서재필을 필두로 하여 개화파 지식인들이 창립한 단체다. 서울 종로에서 만민 공동회(집회)를 개최하여 러시아의 내정 간섭에 대한 문제를 제기하며 자주 독립을 주장하였다. 이후 고종에게 헌의 6조를 올리는 등의 활동을 펼쳤으나, 왕을 없애고 공화정을 실현하려고 한다는 모함을 받아 강제 해산되었다.
② 한국 광복군 : 대한민국 임시정부의 군대로 지청천이 총사령관으로 지휘하였다. 미국의 OSS(미국 전략 정보국)와 협약을 맺고 특수 공작 훈련을 실시했으며, 국내 진공 작전을 계획하기도 하였다. 그러나 일제의 항복으로 국내 진공 작전은 실패로 돌아갔다.
③ 북로 군정서 : 만주에서 조직된 독립군으로, 김좌진이 총사령관으로 활동하였다. 일제는 군대를 보내 만주의 독립군을 토벌하고자 하였고, 북로 군정서는 청산리에서 일본군과 맞붙어 10여 차례의 전투를 치렀다.

16 다음이 설명하는 신문은?

> • 순수 한문으로 되어 있다.
> • 박문국에서 발행한 우리나라 최초의 근대 신문이다.
> • 정부의 정책이 담긴 관보나 각국의 상황에 대한 내용의 기사 등이 있다.

① 독립신문
② 한성순보
③ 황성신문
④ 대한매일신보

ADVICE ① 독립 신문 : 독립 협회의 서재필 등의 합작으로 발간된 순수 한글 신문으로, 영문판으로도 발행되었다. 민주주의 사상과 근대화 사상을 강조한 내용을 통해 국민들을 계몽하고자 하였다.
③ 황성 신문 : 남궁억, 나수연 등이 창간한 일간 신문이다. 신문의 주필이었던 장지연은 을사늑약 이후 그 부당함을 폭로하기 위해 '시일야방성대곡(是日也放聲大哭)'이라는 제목의 논설문을 신문에 게재하였다.
④ 대한 매일 신보 : 양기탁과 영국인 베델이 창간한 신문으로, 한글과 영문으로 발간하였다. 영국인인 베델의 신분을 빌려 일제의 검열을 피하고 의병운동 등을 그대로 보도하였다.

» ANSWER 13.③ 14.② 15.④ 16.②

17 다음 설명의 ㉠에 해당하는 것은?

> 1930년대 후반, 일제는 전쟁에 필요한 물자와 인력을 동원하기 위해 (　㉠　)을 제정하였다. 무기 제작을 목적으로 수저와, 놋그릇 등을 모두 **빼앗아** 갔고, 강제로 징용하여 광산이나 근로 정신대로 동원하였다. 또한 젊은 나이의 청년과 어린 학생들을 징병하여 전쟁터로 끌고 갔다.

① 회사령
② 일선동조론
③ 치안 유지법
④ 국가 총동원법

ADVICE ① 회사령 : 일제는 한국에서 회사를 설립하고자 할 경우 조선 총독부의 허가를 받도록 규정하였다. 일본인이 한국에 회사를 설립하겠다는 계획은 대부분 허가되었으나, 한국인의 경우에는 엄격하게 규제되었다.
　　② 일선동조론 : 한국인과 일본인의 조상이 동일하다는 의미로, 일제가 한국을 통치하는 데 정당성을 부여할 목적으로 펼친 주장이다.
　　③ 치안 유지법 : 일제가 러시아 혁명 이후 널리 퍼진 사회주의 이념을 억압하고 사유 재산을 부정하는 등의 집회를 막기 위해 제정된 법률이다. 사회주의 운동뿐만 아니라 독립 운동을 일본의 제국주의를 변혁하려는 목적이라 하여 치안 유지법을 적용하였다.

18 다음 밑줄 친 ㉠의 내용과 연관 있는 것은?

> 우리나라에서 처음으로 진행된 민주적인 선거는 ㉠5 · 10 총선거이다. 그러나 이 선거에는 김구, 김규식 등 남북 협상을 추진했던 인물들은 참석하지 않았다.

① 좌우합작 운동을 전개하였다.
② 반민족 행위 처벌법이 제정되었다.
③ 신탁 통치 반대 운동을 전개하였다.
④ 만 21세 이상의 국민에게 투표권을 부여하였다.

ADVICE ④ 5 · 10 총선거는 제헌 국회를 구성하기 위해 실시된 국회의원 선거로 남한 지역만의 단독 선거로 진행되었다. 만 21세 이상의 모든 국민이 투표에 참여할 수 있었으며, 투표 이후 구성된 제헌 국회에서 이승만을 대통령으로 선출하였다.
　　① 1946년 여운형과 김규식 등의 주도로 일어난 좌우합작 운동은 광복 이후 남북한의 통일 정부 수립을 목표로 좌 · 우익 세력의 대립을 완화하고 민족 분열을 막고자 한 운동이다.
　　② 남한 정부 수립 이후 제헌 국회에서 제정된 반민족 행위 처벌법은 일제강점기 일본에 협조하는 등 반(反)민족적 행위를 한 인물을 체포하여 처벌한다는 내용이다.
　　③ 광복 이후 한국에 대해 최장 5년까지 신탁 통치를 실시한다는 안건이 모스크바 3국 외상 회의에서 결정되었다. 이에 김구 등은 신탁 통치에 반대한다는 운동을 전개하였다.

[대한민국의 발전]

19 다음 내용을 시간 순서대로 배치한 것은?

> ㉠ 1 · 4 후퇴
> ㉡ 인천 상륙 작전
> ㉢ 유엔군 참전
> ㉣ 중국군 개입

① ㉠ － ㉡ － ㉢ － ㉣
② ㉠ － ㉢ － ㉣ － ㉡
③ ㉡ － ㉢ － ㉠ － ㉣
④ ㉢ － ㉡ － ㉣ － ㉠

ADVICE ④ 6 · 25 전쟁은 북한의 기습적인 남침(1950)으로 발발하였다. 짧은 시간에 서울이 함락당했지만, 유엔군의 참전과 인천 상륙 작전의 성공으로 서울을 수복한 뒤 압록강까지 치고 올라갔다. 그러나 중국군의 개입으로 인해 다시 후퇴하게 되고(1 · 4 후퇴) 이후 서울을 재탈환하나, 38도선 부근에서 교착상태에 들어갔다. 1953년에 정전 협정 이 체결되고 현재까지 휴전 중인 상태이다.

[일제 식민지 지배와 민족 운동의 전개]

20 다음이 설명하는 인물은?

> 안창호 등의 주도로 조직된 신민회에 가입하여 출판 부문에서 활동하였다. '국혼'을 강조한 사학자이자 독립 운동가였으며, 한국의 근대사를 서술한 「한국통사」와 항일 독립운동의 역사에 관한 「한국독립운동지혈사」 등을 저술하였다.

① 박은식
② 신채호
③ 백남운
④ 최남선

ADVICE ② 신채호 : 독립 운동가이자 사학자로 황성신문에 논설을 쓰고 대한매일 신보의 주필로 활동하기도 하였다. 「조선상고사」, 「조선사연구초」 등의 역사서를 저술하였다.
③ 백남운 : 민립대학 설립 운동 등의 민족 운동에 참가했고, 한국의 역사가 세계사적 발전 과정과 일치하는 방향으로 발전해왔음을 강조한 「조선사회경제사」를 집필하였다.
④ 최남선 : 월간 잡지 「소년」을 발행한 문인이자 사학자이다. 3 · 1 운동 당시에 독립선언서를 작성하기도 하였으나, 이후 친일 활동에 적극적으로 나섰다.

》 ANSWER 17.④ 18.④ 19.④ 20.①

21 **다음 정책을 추진한 정부는?**

> • 유신 헌법
> • 베트남 파병
> • 한 · 일 국교 정상화
> • 경제 개발 5개년 계획

① 이승만 정부

② 김영삼 정부

③ 박정희 정부

④ 전두환 정부

> **ADVICE** ③ 박정희 정부는 경제 개발에 필요한 자금을 마련할 목적으로 한 · 일 기본 조약을 체결하면서 국교를 재개하였다. 또한 경제 개발 5개년 계획을 추진하여 4차까지 경제 개발 정책을 이어나갔다. 파병의 대가로 미국이 경제적 지원을 약속한 브라운 각서를 체결한 뒤에는 베트남에 군대를 파견하였다. 이후 대통령 임기를 6년으로 늘리고 중임 제한을 철폐하는 유신 헌법 개정을 단행하여 유신 체제를 성립시켰다. 유신 체제에 반대하는 운동이 전개되던 중 김재규에게 피살되었다.

22 **다음 ㉠에 들어갈 것은?**

> 러 · 일 전쟁 시기 일본은 무주지 선점론을 주장하며 (㉠)를 영토에 편입하였다. 하지만 (㉠)는 대한 제국 칙령 제41호에 울릉도와 함께 관리하도록 한다고 기록되어 있다. 따라서 일본의 무주지 선점 논리는 유효하지 않으며, 불법적인 영토 편입이라고 할 수 있다.

① 독도

② 간도

③ 제주도

④ 강화도

> **ADVICE** ① 삼국 시대 신라의 장군 이사부가 우산국을 정벌하면서부터 독도는 신라에 편입되었다. 이후 고려 시대에 이어 조선 시대까지 독도는 명백한 우리나라의 영토임을 나타내는 기록이 남아있다.

23 **다음 중 모스크바 3국 외상 회의에 대한 설명으로 옳지 않은 것은?**

① 미국, 중국, 소련이 모스크바에서 논의한 회의다.

② 김구와 이승만은 신탁 통치 결정에 반대하였다.

③ 미 · 소 공동 위원회를 설치하기로 결정되었다

④ 최대 5년까지 신탁 통치를 실시하기로 결정되었다.

> **ADVICE** ① 모스크바 3국 외상 회의는 미국, 영국, 소련이 모여 논의한 회의다.

24 다음이 설명하는 것은?

> 가발 수출업체에서 일하는 여성 노동자들은 장시간의 노동과 저임금에 시달리고 있었다. 그런 와중 회사가 경영 부실을 겪으면서 노동자 인원이 감축되고, 이내 폐업이 결정되었다. 이에 여성 노동자들은 반발하여 시위를 벌였다. 경찰은 시위를 강제로 진압하였고 그 과정에서 여성 노동자 한 명이 사망하는 일이 발생하였다.

① 장면 내각
② 석유 파동
③ YH 무역 사건
④ 전태일 분신 사건

ADVICE ③ YH 무역 사건 : 이 사건으로 김영삼이 국회에서 제명당하면서 신민당 소속의 국회의원 모두가 사퇴하였다. 혼란스러운 정치적 상황에 더해 경제 위기까지 맞게 되면서 부·마 항쟁이 촉발되었다. 따라서 YH 무역 사건은 박정희 정부 몰락의 단초가 되었다고 할 수 있다.
　① 장면 내각 : 4·19 혁명으로 이승만이 대통력직에서 물러난 직후 수립된 내각이다.
　② 석유 파동 : 두 차례에 걸쳐 석유 가격이 폭등하고 석유 공급이 부족해짐에 따라 세계적으로 경제가 혼란했던 일이다.
　④ 전태일 분신 사건 : 서울 평화시장의 재단사로 일했던 전태일이 열악한 노동 환경을 알리고 이를 개선하기 위해 자신의 몸에 불을 붙인 채 노동 환경 개선을 요구한 사건이다. 이를 통해 노동 문제가 공론화 되면서 노동 운동이 본격화 되었다.

25 다음 ㉠에 들어갈 내용으로 적절한 것은?

> 중국 정부는 2002년부터 동북 지역의 지린성, 랴오닝성, 헤이룽장성까지 세 개의 성과 관련된 역사 및 현실 문제를 연구하기 위한 (　㉠　)을 진행하였다. 그 과정에서 우리나라의 고구려 역사를 중국에 편입하려는 역사 왜곡의 정황이 드러났다.

① 구본신참
② 동북공정
③ 내선일체론
④ 동도서기론

ADVICE ① 구본신참 : 대한 제국 시기 광무개혁의 기본 원리로, 옛것을 근본으로 하되 새로운 것을 참고한다는 의미이다.
　③ 내선일체 : 일본과 조선은 하나라는 의미로, 1930년대 일제가 실시한 황국 신민화 정책에서 내세운 주장 중 하나다.
　④ 동도서기 : 1880년대의 개화사상으로, 전통적인 사상과 제도는 유지하되 근대적인 서구 기술은 수용하자는 의미이다. 중국 양무운동(洋務運動)의 원리인 '중체서용론(中體西用論)'과 같은 결이다.

》 ANSWER　21.③　22.①　23.①　24.③　25.②

시사용어사전 1228

매일 접하는 각종 기사와 정보! 공기업/언론사/기업체/공무원 채용을 준비하는 수험생과
현대인이 꼭 알아야 할 최신 시사상식을 쏙쏙 뽑아 이해하기 쉽도록 영역별로 정리

경제용어사전 1050

주요 경제용어는 거의 다 실었다! 금융권/공기업/언론사/기업체/공무원 채용을 준비하기 전에,
경제 공부를 시작하기 전에 읽어보면 경제가 쉬워지도록 사전식으로 구성

부동산용어사전 1310

부동산에 대한 이해를 높이고 부동산의 개발과 활용, 투자 및 부동산 용어 학습에도
적극적으로 이용할 수 있는 교재, 공인중개사 출제용어도 수록